THE ACCIDENTAL ECOSYSTEM

都市に侵入する獣(ケモノ)たち

クマ、シカ、コウモリとつくる都市生態系

ピーター・アラゴナ［著］

川道美枝子＋森田哲夫＋細井栄嗣＋正木美佳［訳］

築地書館

この本をサーファーでスラッガー、数学者にしてゾンビスレイヤーの息子ソールに捧げる。

彼は私の野生動物に関するあれやこれやを聴いて育った。

この世界で、私がねぐらを共有したいのは唯一彼だけだ。

THE ACCIDENTAL ECOSYSTEM
People and Wildlife in American Cities
by
Peter S. Alagona

Japanese translation rights arranged with University of California Press, Oakland, California
through Tuttle-Mori Agency, Inc., Tokyo
Japanese translation by Mieko Kawamichi, Tetsuo Morita, Eiji Hosoi, Mika Masaki
Published in Japan by Tsukiji-Shokan Publishing Co., Ltd., Tokyo

まえがき――あるボブキャットとの出合い

数年前のよく晴れたある冬の日、私は荷物をまとめ、服を着替え、自転車に飛び乗って、職場から家に向かった。その日は金曜日で、週末を早く迎えるにふさわしいと思ったからだ。一〇年近くを費やした私の最初の本の最後の仕上げをちょうどしたところで、手が空いていたのだ。しかし、今のところ、私は午後の休暇を取ることで満足していた。

自宅へと向かう自転車道は、職場である大学のキャンパスから海辺を抜け、高速道路に沿って湿地を横切り、いくつかの小さな農場を回り、静かな郊外を抜け、にぎやかな繁華街へと続いている。この道は私の研究室から約一・六キロメートルのところでアタスカデロ川に合流する。アタスカデロとは、可愛らしくない場所を表す可愛い言葉である。スペイン語で「沼地」のような意味だが、この悲しい小川はその名にふさわしいものだ。砂利道と平行に流れるこの川は、小川というより運河のような形をしていて、不自然なほどまっすぐだ。鉄砲水対策のために、長い区間がコンクリートで固められている。しかし、ほとんどの日は、ぬるぬるした緑の岩の上を濁った水がちょろちょろ流れ、アスファルトのように真っ黒で生ぬるい淀みのあるドブ川と化している。

走りはじめて一五分ほどで、小川にかかる橋を渡り、分譲地とゴルフ場の間を東に曲がった。その時、私の九〇メートルほど前を、何か変わったものが大股で横切った。小型犬くらいの大きさだったが、小さな丸い頭、とがった大きな耳、漫画のように大きな腰と、遠くから見ると、大皿のように平らで幅広の足をしていた。惰力走行で進みながら、私は容疑者リストをチェックした。シカ？　いいえ。アライグマ？　いいえ。スカンク？　いいえ。コヨーテ？　たぶん違う。イヌ？　もしかしたら。イエネコ？　大きすぎるが、ネコのような動きをしていた。

その生物を見たと思しき場所に着くと、自転車を止め、茂みの中を覗き込んだ。私からわずか四・五メートル先に座っていたのはボブキャットだった。丸々と太った成熟個体で、豪華なまだら模様の毛に明るい緑色の目、そしてトレードマークの房がついた耳をもっていた。そのボブキャットは最盛期にあった。ボブキャットの体重は九キログラムにも満たないことが多いが、私をじっと見つめるその姿は、まるでライオンのように大きく見えた。私たちは数秒間、目を合わせた。二匹の哺乳類が互いに相手を見極めようとする古来の行為であった。

私は過去に二度、野生のボブキャットを見たことがある。一度目は、秋のさわやかな朝、夜明け直後のハイシエラの高山湖畔で。その斑点のある灰色のネコは、花崗岩の背景に完璧に溶け込んでいた。二度目は、暖かい夏の夕方、モントレーの丘陵地帯にある牧場で。この二匹目のネコは、周囲の小麦色によく似た黄褐色の毛をもち、草地の丘の上に立ち止まり、肩越しに私をちらりと見てから藪（やぶ）の中に消えていった。

ボブキャットにはこれまでにも出合ってはいるにもかかわらず、この三匹目のボブキャットとの出合いは驚きと新事実の連続だった。

これまで見たことのあるような野生の場所にいるボブキャットばかりをいつも思い描いていたので、驚いた。さらに驚いたのは、私が目撃したのは特別なことではなかったということだ。北アメリカの温帯から亜熱帯にかけて生息するボブキャットは、フロリダのエバーグレーズ、ケベックのノースウッズ、メキシコのソノラ砂漠など、大きく変化する生息地で生活している。ボブキャットは人間を避ける傾向があるのだが、彼らが好む餌にネズミなどの小型哺乳類が含まれるため、まれに郊外やその周辺に出没する。私の友人や同僚の多くは、以前に私の地元で彼らを目撃していた。どうやら、私はその存在を知った最後の一人のようである。

次に明らかになったのは、このことだ。私はそれまで一〇年間、絶滅危惧種——すなわち大まかな定義によればほとんどの人が見ることができない生物、その研究をしてきた。しかし、ここにこの野生の捕食者がいたのである。ある視点から見れば、アラスカヒグマやベンガルトラと同じくらい大胆で美しく恐るべき存在が、南カリフォルニアの郊外をうろついていた。それからの数日間、私は都市に棲む野生動物についていろいろと考えるようになった。あのボブキャットのおかげでこの本ができたのである。

また私は、自分が既存の思考パターンに陥っていたことに気づいた。何十年もの間、科学者や自然保護活動家の多くは、都市部とそこに生息する生き物を敬遠し、代わりにもっと遠隔地に生息する希少種に注目してきた。野生生物に関心をもつ人々は、都市を人工的で破壊的、そして退屈なものと考えていたのだ。そのような場所から学ぶことはほとんどなく、都市の中に救ったり養ったりすべき動物などいないと思われていた。野生生物保護団体が都市部に関心をもつようになったのは、ごく最近のことである。私と同じように、彼らも都市部に目を向けるようになるまでに長い時間がかかった。しかし、ついには、私もそうだったが、自分たちが発見したものにびっくり仰天したのである。

自転車道でボブキャットと出合ってから数年後、私が都会の野生動物を研究していると言うと、必ずと言って良いほど、その手の話が返ってきた。この本を書いたり、そのような話すべてを聞いたりしているうちに、あの出合いを注目すべきものにしたのは、それがめずらしいことではなく、ごく普通のことだったからだということがわかってきた。この後のページで私が目指すのは、このような状況にいたった経緯と、アメリカのあらゆる都市のほぼすべての住民が自分自身の野生動物の物語をもっているということの意味の両方を説明することである。

もくじ

*〔　〕は訳者による註です。

*本文中の表記について、単に「アメリカ」とある場合は特に説明がない限り「アメリカ合衆国」を指します。なお、「南／北アメリカ」においては「アメリカ大陸」を意味します。

*書籍や映画のタイトルについて、正式な邦題があるものにはタイトルの前に「邦題」と記しました。

序論　猛獣たちのいるところは、今

この本は、けっして存在するはずはなかった生態系について書かれたものだ。

数千年前に中東で最初の都市が誕生して以来、プラトンからヴォルテール、ジェイン・ジェイコブズまで、都市を研究したあらゆる偉大な思想家は、一つの点で合意している――都市は人間のためにある。都市部では、ごく一部の丈夫な野生動物が繁栄してきたが、そのほとんどは都市が大きく、高密度になるにつれて駆逐されていった。家畜たちも、かつては大量に街路を歩き回っていたが、やがてそのほとんどが追い出されるか、管理下に置かれ、田園地帯で群飼いされるか、人間の家で飼われるようになった。二〇世紀半ばには、世界で最も発展した都市に住む動物の数は、以前よりも少なくなっていた。このような状況は、自然なことのように思われはじめ、この状況が続くと信じるに足る理由があった。[*1]

そして、一九七〇年頃から、ヨーロッパ、北アメリカ、一部の東アジアなどの都市に住む人々が、ある異変に気づいた。それまで何十年も、または、ある場合にはこれまで姿を見せたことのなかった野生動物が、最もあり得ない都市環境で出現するようになったのだ。自然保護論者はこれらの生物をフルークス〔まぐれでお目にかかった野生動物〕と呼び、スモッグに窒息しコンクリートに埋もれた自然界の断末魔と表現した。しかし、目撃例は後を絶たなかった。まもなく、新たな都市での新しい種の報告がない週はほとんどなくなった。

二〇二〇年までには、郊外の芝生で草を食むシカ、ゴルフ場の池に飛び込むワニ、都会の公園でハトをむさぼり食うタカ、近所の家の木からリンゴをもぎ取るクマ、にぎやかな埠頭で日光浴をするアザラシを見たことのある人は都市が野生動物で埋め尽くされていることを否定できなくなった。

都市部では野生動物の個体数が増加しても、都市部以外ではその多くが減少している。一九七〇年以降、世界の野生動物の個体数は平均六〇パーセント減少した。北アメリカでは、鳥類の三〇パーセントが減少している。キリンやゾウなど、かつては安全だと考えられていた象徴種〔環境保護促進のため、その地域で特別に選ばれた種のこと〕も、今では絶滅の恐れがある。野生の生息地の大部分は、伐採、整地、耕作、舗装され、少なくとも一〇〇万種が絶滅の危機に瀕している。[*2]

世界の他の地域から野生動物が消えつつあるにもかかわらず、すべての地球の生態系の中で最も人工的で人間が支配している多くの都市で、なぜこれほどまでに野生動物が繁栄しているのだろうか。そして、このパラドックスは、都市化が進む地球において、都市、人間、野生動物、そして自然にとって何を意味するのだろうか。

本書は、アメリカの都市がいかにして野生動物で満たされたかを物語る。この本は、都市が野生動物を惹き寄せる目的で建設されたわけではないにもかかわらず、人々が数十年前に大半は別の理由でしばしば行った決断のために、豊かな野生動物生息地、いやむしろ奇妙な野生動物保護区になったことを論ずる。アメリカの都市における最近の野生動物の激増は、自然保護の黎明期以来、生態系における最大の成功例の一つであるが、これはほとんど偶然に起こったことである。アメリカ中の科学者、自然保護論者、計画立案者、市民指導者たちが、都市を多様な多種の生物群集が生息する肥沃な生態系として研究し、取り組み、評価しはじめたのは前世代からにすぎないのだ。しかし、これらの動物を復活させるのは簡単なことだった。難しいのは、彼らがここにいる今、彼らとともに生きることであり、私たちの前にある本当の仕事はこれなのだ。

都市生態系をめぐる二つの立場

生態学者や自然保護論者は、アメリカの多くの都市にこれほど多くの野生動物が生息するようになった変化を理解するのが遅かった。しかし、ここ数十年の間に、都市の野生生物と生態系への関心が高まるにつれ、二つの考え方が生まれてきた。この二つのグループを懐疑派と応援団と呼ぼう。

懐疑派によれば、都市はほとんど破壊の元凶である。都市は、多様な在来生物を、より少数の手強い外来種に置き換えてしまう。外来種は人間と一緒になって増殖し、時には有害生物のような存在になることもあるが、あまり世界に貢献することはない。さらに、都市はその境界を越えて、資源をむさぼり食い、自然の生息地を蹂躙（じゅうりん）する。その結果、地球はより均一化され、面白みに欠けるようになる。都市の野生動物は、一般の人々を教育し、より自然のままの地域での保護への支持を高めるのに役立つかもしれないが、都市とそこに生息する生き物の大半は、彼らが破壊するものに比べれば、生態学的価値はほとんどないのである。[*3]

一方、都市は新しい生態系であり、授粉、暴風雨の防止、水のろ過など、そこに住む人々にとって重要なサービスを提供しているのだ、と応援団は答える。都市には、何百もの絶滅危惧種や渡りを行う種を含む、多様な野生生物が生息している。都市で繁栄する生物は、尊敬に値する、驚異的な適応力と回復力をもつ。都市環境は、人間活動によってますます形づくられるようになる地球の未来を予見するものであるため、私たちは都市環境を受け入れ、そこから学び、雑草のような輝きを放つ都市を育成すべきである。[*4]

本書は、懐疑派と応援団の両方から洞察とひらめきをもらい、都市の野生生物との共存が困難であっても、彼らを尊重し育成するべきだと結論づける。そして、懐疑派と応援団、どちらかの側に立つのではなく、なぜこのような議論ができるようになったのか、そしてこの議論が野生動物についてだけでなく、私たち自身について何を語っているのか、そのストーリーを描く。

「都市」「野生生物」の定義と本書の主役

都市の野生生物について書かれた本は、まず「都市」と「野生生物」という二つの言葉を定義することから始めなければならないが、この二つの言葉は見た目以上に厄介なものである。

都市は、地域および地球の生態系に偏った影響を及ぼしている。二〇二〇年までに、氷のない地表の二パーセント程度が都市部で覆われたにすぎないが、アフリカやアジアを中心に多くの都市が誕生し、すでに世界人口の五六パーセント以上がそこに集まっている。アメリカでは、約八三パーセントの人が都市部に住んでおり、そのうち最も都市化が進んでいるカリフォルニア州では、九五パーセント近くの人が都市部に住んでいる。都市は地球上の土地のごく一部を占めるにすぎないが、多くの人が住んでいるため、大量の資源を消費し、大量の廃棄物を生み出す。

しかし、何をもって都市とするかは時代とともに変化している。一九四〇年代まで、米国国勢調査は、都市を「二五〇〇人以上の人口をもつ地方自治体内の地域、人々、住戸のすべてからなる」と定義していた。

一九五〇年、国勢調査局は「都市化地域」という言葉を導入し、現在では人口五万人以上、二六〇ヘクタールあたり一〇〇〇人以上の人口密度をもつ連続した区域を含むようになっている。国勢調査局は、大都市統計地域を、少なくとも一つの市街化区域とその隣接郡、および一定の基準を満たす周辺郡を含む、より大きな地域と定義している。調査局以外の研究者は、たとえば、衛星画像を用いて都市部における建築物や舗装された土地と緑地の比率をマップ化することで、都市を定義する別の方法を開発した。[*5]

野生動物にとって、「都市」という言葉は連続体を意味すると考えた方が良い。繁華街では、人がそこら中にいて、ほとんどの路面が舗装され、ほんの少数の丈夫な野生生物が長くとどまっているにすぎない。郊外は、二六〇ヘクタールあたりの人口が少なくて緑が多く、都市がもたらす豊かさを利用しつつ、危険を避けることができる生物に、より多くの機会を提供する。郊外の、都市と野生地の境界と呼ばれる地域では、多様な種が、避難場所と資源の両方を適度に享受しているのである。都市に従属する衛星地域は、隣接する都市から数十キロメートル、あるいは数百キロメートル離れていることもある。しかし、この二つの場所は密接につながっている。たとえば、遠く離れた大都市に水と電力を供給するために建設されたダムは、都市を形成すると同時に、流域を変化させる。ヨセミテ渓谷のような人気観光地を含む、都会とは思えないような場所も、ゴミ捨て場から交通渋滞まで、都市に典型的に見られる特徴を多くもっている。最後に、都市部には水路が存在する。私たちは都市と陸地を同一視しがちだが、ニューヨーク港からサンフランシスコ湾、フロリダ州エバーグレーズまで、都市化によって、水生生物の生息地は大規模に変化してしまった。二足歩行の霊長類にとって、このような変化は、認識しづらいものだが。

本書では、鳥類、哺乳類、魚類、若干の爬虫類など、脊椎動物の野生生物に焦点を当てる。昆虫、クモ形類、その他の小さな生き物は、都市生態系を支える重要な役割を担っている。しかし、スペースが限られていることや、個体数の経年変化など、まだほとんどわかっていないこともあり、この物語ではほんの少ししか登場しない。また、都市に生息する野生動物のうち、最も身近な種について述べることも、比較的少ない。リスは早々にデビューするが、カラス、ハト、ネズミ、スカンク、オポッサム、アライグマは舞台裏に隠れている。このドラマの主役は、ハクトウワシ、アメリカクロクマ、アシカなど、五〇年、一〇〇年前には都市部で繁栄することをほとんど予想できなかった大型でカリスマ性のある生物である。現代アメリカのいくつかの都市に生息する彼らの姿は、数十年前の私たちがいかに彼らのことを知らなかったか、また、いかに多くのことをまだ学ばなければならないかを思い起こさせるのである。

私たちがけっして知ることができないこともある。生態学の大きな皮肉の一つは、私たちの多くが自身の住んでいる場所についてほとんど何も知らないということだ。何十年もの間、ほとんどの生態学者は都市の野生生物を無視して、基礎データを収集し、増えつづける個体数をモニタリングする機会を逃してきた。しかし、過去三〇年ほどの間に、都市の生態系に関する我々の理解は飛躍的に深まった。ただ、科学者たちのスタートが遅かったため、過去について統計的に満足のいく答えを出すためのデータが不足している課題は多い。このルールにはいくつかの例外がある。鳥については、一世紀以上にわたって、多くのファンが都市で鳥を追いかけてきた。しかし、鳥類は特殊なケースである。本書は、歴史的・科学的な記録とインタビューや野外での知見とを組み合わせ、時間の経過とともに変化する物語を組み立てる。

都市の野生動物について人々と話しはじめる時、一つのことが明らかになる。最近、都市に住むほとんどの人は、必ずと言って良いほど動物に遭遇する。そして常にその体験に意味を見出すのである。都市の動物を病気の脅威、犯罪組織、埃にまみれた泥棒、誠実な使用人、良き隣人、立派な市民、回復力の象徴、または希望の源泉として描く決まり文句は、それが表現しようとする生き物についてよりも、それを表現する人たちについて常に多くを語ってきた。

在来種と外来種を例にして考えてみよう。外来種は、生息地の破壊に次いで、世界の生物多様性損失の二番目に大きな要因となっている。在来種と外来種を区別することは、特に新しく導入された種については意味がある場合もある。しかし、都市においては、この区別はしばしば破綻する。都市が、北アメリカで最も古いものでもほんの数百年前にしか遡(さかのぼ)ることができない新しい生態系であるとすれば、一部の種はその中で生きることに適応しているかもしれないが、生態学的・進化学的に深い意味でその都市に固有の種は存在しない。都市には、開発地域を通過したり、そこに定住したりする在来種が存在する。また、都市には新参者も存在し、問題を起こすものもいれば、良性の、あるいは有益なニッチを見つけたものもいる。祖先の出身地だけを根拠に属するものと属さないものの間に明確な線引きをすることは、排他的思想の危険をもたらす。都市の野生動物を研究する目的の一つは、より若い、より多様な有権者を保護に参加させることであるのだから、この線引きは不当で無分別である。[*6]

アメリカの都市における野生生物の物語は、場所によって異なる展開を見せている。一つの共通テーマは、どの場所でも勝者と敗者がいることである。都市は、ある生物にとっては聖域であっても、ある生物にとっては罠である。本書は、繁殖力、柔軟性、大胆不敵さなど、都市環境での繁栄を可能にする何らかの特質をもつ種、つまり勝者たちに主に焦点を当てている。しかし、本書で取り上げた種が繁栄する一方で、本書で取り上げていない多くの種が都市で次第に減少したり、消滅したりしている。都市の孤立した生息地で苦闘している生物たちを守る管理者は、自然保護活動の中でも最も困難な仕事を担当する。野生生物との共存とは、多くの人が好むカリスマ的な種を称えるだけでなく、多くの人が好まない普通種を人道的に扱い、苦労している種には必要なスペースと資源を与えることだ。

今こそ、これらの生き物のことを考え、より多くのそしてより良い決断を開始する時である。一部の先進的な人々や場所はすでにそうしており、残りの私たちもそれに加わることが重要だ。野生生物に影響する課題は人間にも影響し、ある都市でなされた決定が、他の都市や地域、そして遠く離れた自然保護区や原生自然環境保全地域にも影響を及ぼすことを以降に続く話で示す。私たちが今日行う選択は、今後何世代にもわたって、都市やその他の地域の野生生物に影響を与え、生態系を形成していくことになるのだ。

1 都市は生命あふれる場所にこそつくられた

　人間が訪問者で野生動物が自由に歩き回り、生態系が少なくとも表面的には比較的手つかずに見える、そんな自然保護区を生態学者たちは愛している。しかし、人間が自然界のほとんどすべての側面を変えつつある現代では、そのような場所はますます例外的になってきている。二一世紀の野生動物を理解するために、遠い山々や人里離れた原野に行く必要はない。スタテン島フェリーで、二五分間の無料の航海に出れば良い。マンハッタン南部のホワイトホール・ターミナルから南へ向けて、フェリーはこの地球上で最も都会的な海域を往復している。北側には金融街の超高層ビル群、ワン・ワールド・トレード・センターがそびえ立っている。西側には自由の女神とエリス島がある。東側には一部人工的に造られたガバナーズ島があり、その向こうにはニューヨーク港とニュージャージー州の巨大なレッドフック船着場がある。

　よく見ると、ブルックリンのグリーンウッド墓地の緑豊かな丘や、ヴェラザノ・ナローズ橋の向こう側にロウアー湾〔ニューヨーク湾のナローズ橋以南にあたる部分〕と大西洋があるが、かつての偉大な生態系の痕跡を見るだろう。乳白色の波間に目を凝らすと、近年、長い間姿を消していたザトウクジラやゼニガタアザラシが戻っていて、上空ではカモメやアジサシ、ミサゴが旋回するなど、かつての生態系の部分的回復を垣間見ることができる（23頁図参照）。

ヨーロッパとの接触が始まる前、私たちが現在ニューヨークと呼ぶ場所は生命に満ちあふれていた。景観生態学者で著述家のエリック・サンダーソンによれば、マンハッタン島だけでも、同規模の典型的なサンゴ礁や熱帯雨林よりも多い五五の異なる生態学的群集が存在したと推定されている。その草原、湿地、池、小川、森林、海岸線には、六〇〇〜一〇〇〇種の植物と三五〇〜六五〇種の脊椎動物が生息していた。[*1]

初期の訪問者や入植者は、ニューヨークの野生生物に驚嘆した。一六二三年頃に、デビッド・ピーターズ・ド・フリースは、「たくさんのキツネ、たくさんのオオカミ、ヤマネコ、真っ黒なリス、灰色のモモンガ、たくさんのビーバー、ミンク、カワウソ、シマスカンク、クマ、多くの種類の毛皮獣」がいると記している。また、鳥の甲高い声やカエルのしわがれ声がうるさくて、「人の声が聞こえない」と嘆く人もいた。しかし、この騒音はたいして害にはならなかったのだ。一七世紀の政治家でかつ実業家だったダニエル・デントンによれば、ニューヨークの豊かな土地と温暖な気候は「人間と獣の双方に健康」を保証するものであった。[*2]

植民地時代のニューヨークと、現在のアメリカ人の野生の自然に対する基準であるイエローストーン国立公園を比較してみよう。米国議会は一八七二年、景観と野生生物を保護し、ニューヨークと違って他に経済的な展望がほとんどなかったこの地域に観光客を呼び込むために、世界初の国立公園であるイエローストーン国立公園を設立した。現在、イエローストーン国立公園は国連の生物圏保護区と世界遺産に指定されている。年間四〇〇万人以上（マンハッタンとブルックリンを合わせた区域の人口とほぼ同じ）の観光客が訪れる、アメリカ有数の大自然のワンダーランドだ。また、アメリカ本土四八州の中で、自然がそのまま残っている数少ない地域の一つでもある。クズリ、ハイイログマ、オオヤマネコからオオツノヒツジ、シロイワヤギ、エルク、ヘラジカ、プロングホーン、バイソンにいたるまで、固有の動物がイエローストーンには生息する。

イエローストーンは生態学者にとってパラダイスと言えるかもしれない。一九七〇年以降、国立公園で実施された研究に基づく査読つき論文の三分の一以上をイエローストーンが占めている。しかし、極寒の冬、短い生育期間、岩が多く、酸性で栄養価の低い土壌など、国立公園に実際に生息する生物にとってはピクニックどころではない。[*3] 特に、私たちが現在ニューヨーク市として知っている地域をかつて定義づけた、豊かで温和な景観や水路と比べると、この公園は棲むには厳しい場所だ。一九世紀まで、イエローストーンの大型野生種のほとんどすべてがより湿潤で、より穏やかで、より生産的で、より豊富な資源をもつ場所にも生息していた。そのような地域ではしばしば、これらの生物は、より多くの個体数をもち、より小さな行動圏で自身のニーズを満たした。今日、彼らの多くが公園内にとどまっているのは、そこが理想的な生息地だからではなく、人々が公園を保護し、他に行く場所がほとんどないためである。イエローストーンは、今もなお、計り知れない自然的価値をもつ土地である。しかし、それは自然が生物多様性を授けたからではなく、人が保護することを選んだからこそ、重要なのである。

この数字がすべてを物語っている。ヨーロッパ人と接触する前のマンハッタンは、わずか六〇〇〇ヘクタールほどの島だったが、現在約九〇万ヘクタールに及ぶ山、谷、森、大草原が広がるイエローストーン国立公園とほぼ同数の種が生息していたのだ。つまり、単位面積あたりで、昔のマンハッタンには、現在のイエ

ローストーンの約一五〇倍の動植物種が生息していたことになる。もし、ヨーロッパからの入植者が、北アメリカの野生動物を乱獲して一攫千金を狙うのではなく、保護しようと考えたならば、ワイオミング州北西部に大都市を建設し、ハドソン川河口に国立公園を設置したことだろう。

ニューヨークがこれほどまでに生物のにぎわいを内包していたのには、いくつかの理由がある。二五〇万年もの間、氷河が崖を削り、丘を丸め、土を耕し、岩盤を磨き、変化に富んだ景観を残してきたのである。大西洋中部とニューイングランドの境界に位置するこの地は、北と南の種が重なり合い、混ざり合う生物学的な交差点であった。また、海水と淡水、陸と海という対照的な生息地にまたがっている。アディロンダック山地から流れる栄養豊富な雪解け水は、広大な河口に流れ込み、潮流とともに循環し、植物や動物を肥やし、干潟や湿地、砂浜に土砂を供給していた。[*4]

人間もまた、重要な役割を担っていた。レナペ族とその先人たちは、何千年もの間、この地域で狩猟、採集、漁労を行ってきた。季節ごとに移動して資源を採集し、避難場所を探すと同時に、やぶを取り払って、植物の成長を促し、野生生物の生息地をつくるために火を放ち、その土地を守り、形づくってきたのだ。考古学者は、沿岸部のレナペ族は内陸部のアルゴンキン族と同様に、カボチャやトウモロコシなどの主食作物に頼っていたと考えていた。しかし、最近の研究は、ニューヨーク市となった地域では、自然資源が非常に豊富だったため、繁栄した地元の人々は作物をほとんど必要としなかったと考えられている。農園はよく見られたが、人々が消費するカロリーの二〇パーセント以下しか供給していなかった。残りは生態系から得ていたのである。[*5]

一六〇九年にニューヨークに到着し、一六二四年に定住したオランダ人もまた、この地を気に入った。ここには、造船用の木材、漁獲用の魚、捕獲用の毛皮、沖合で捕れるクジラなど、近代資本主義経済の燃料となる原材料があった。入植者たちは、この地域の中心的位置、内陸部の河川へのアクセス、水深の深い港が、資源の収集や先住民とヨーロッパ人との交易に理想的な場所であることをすぐに理解した。ニューヨークはすぐに北アメリカ、そして大西洋を横断する商業の中心地となった。一七九〇年に行われた最初の国勢調査では、ニューヨークはアメリカで最も人口の多い都市となった。

地理的な特徴

ニューヨークは例外的に見えるかもしれないが（ニューヨーク市民は確かにそう思っている）、その生態系の豊かさにおいて、ニューヨークはけっして特別な存在ではない。アメリカの大都市の多くは、その建設以前は周囲の地域と比較して生物学的に多様で生産性が高かった場所に位置している。それらの場所にも、野生動物がうようよしていたのだ。

このような生態系の豊かさと都市の発展が重なり合うパターンには、いくつかの要因がある。いくつかの都市は、食糧や水などの資源の入手に好都合な位置にある、先住民の入植地の跡地に誕生した。たとえばカリフォルニアでは、一七六九年にスペイン語を話す司祭、兵士、官僚が海岸沿いや近くの渓谷に一連の伝道施設を設立した。これら辺境の植民地拠点は先住民コミュニティの近くに建設され、その土地の快適な気候、多様な魚類や狩猟鳥獣、オークのような主要食用植物そして乾燥地帯ではめずらしい一年中利用可能な淡水といった恩恵を受けていた。一八二一年にメキシコが独立を果たすと、古い伝道施設の周りにプエブロ〔集合住宅）が形成され、後に農業都市となり、最終的には都市となった。カリフォルニアの四大都市、ロサンゼルス、サンディエゴ、サンフランシスコ、サンノゼは、いずれもこうした先住民、伝道施設、プエブロのルーツをもっている。

ロサンゼルスは、十分に立証された生態系の歴史ゆえに特筆に価する。神父たちがサン・ガブリエルとサン・フェルナンドに伝道施設を設立した時、そのわずか約二四キロメートル先で、一〇〇年後に農民や石油労働者、ひいては古生物学者が過去五万年にわたる世界最大の化石群の一つを発見するとは思いもよらなかったのだ。二〇世紀初頭の南カリフォルニアの石油ブームの火つけ役となった鉱床から形成されたラ・ブレア・タールピットは、約二〇〇種の脊椎動物の遺骸を含む、三〇〇万以上の化石を産出した。その中には、コロンビアマンモスやジャイアント・ショートフェイス・ベアなどの絶滅した巨大生物や、スカンクやコヨーテなど現存するたくましい動物が含まれている。これらの生き物がそこにいたのには理由がある。ロサンゼルス盆地は、温暖な気候と多様な生息地を提供して劇的に豊富な野生動物を支えた。先の氷河期が終わるまでにこの盆地の大型動物相の大半が姿を消すが、その後でさえ、この盆地はアメリカのセレンゲティ〔東アフリカのタンザニア北部にある国立公園〕のような存在でありつづけた。ロサンゼルスはニューヨークと同様、生物多様性のホットスポットだったのだ。

先住民のコミュニティが小規模であったり、存在しなかったりする場所でも、アメリカの都市は入植者が豊かな自然資源を容易に手に入れられる地域に発展する傾向があった。これらの資源のちょうど真上に発展した都市もあれば、供給ハブとして機能するほど近くに出現した都市もあった。また、広大な地域から資源を集め、加工することができる戦略的な場所に形成された都市もある。モントリオールやセントルイスは毛皮貿易の拠点として始まり、デンバーはロッキー山脈付近の鉱山の中継地や補給基地として機能し、シカゴは西部からの木材、牛肉、穀物の集散地として一九世紀最大の新興都市になった。[*6]

アメリカの大都市の多くは、交通の要である水にアクセスできる場所に発展した。天然資源を収穫しても、それを市場に運ぶ手段がなければ、あまり意味がない。アメリカでは、古くからある大都市のほとんどが海辺に誕生し、現在でもアメリカ人の半数以上が海岸線から約八〇キロメートル圏内に住んでいる。建物を建てるための高台があり、水深が深くて海運に適した、保護された河口は、都市建設に向いていた。海岸線に面していない都市は、内陸の航行可能な水路で結ばれていることが多い。その端的な例はピッツバーグとミネアポリスである。[*7]

海岸線と河川回廊は、都市にとって好ましい場所であるだけでなく、多くの野生生物を引き寄せる傾向もある。特に河口や三角州は、多様な生息地が狭い範囲にまとまっており、生産性が高く、魚類、海洋哺乳類、鳥類の移動のための重要な経路となっているのである。サクラメントやニューオーリンズのような都市は、現在、こうした水の多い景観の多くを占めている。

また、飲料水の確保は入植地を決定する上で重要な要素であった。アメリカで五番目に大きく、二番目に乾燥した大都市、フェニックスの例を見てみよう。約二〇〇〇年前、ホホカム文化の人々はソルト川沿いに運河と農場、そして豊かな村を築いた。その後、先住民はこのインフラの多くを再利用し、独自の活気に満ちた社会を築き上げた。一八六七年に書かれたこの渓谷の記録には、「一年中きらめく小川、ヒロハハコヤナギとヤナギに縁取られたその岸辺、平坦で灌漑しやすい土地。先史時代の民族の痕跡がいたるところに残っていた」とある。高台には一年草の絨毯が敷かれ、「家畜の最も優れた飼料」となっていた。この水と飼料が、何百種もの渡り鳥、ビーバーなどの水生動物、エルクやレイヨウのような草食動物、さらにはそれらを狩るオオカミやピューマ、ジャガーといった多様な野生動物を引き寄せた。砂漠の都市フェニックスは、かつては緑豊かで水量も豊富だったこの土地に広がっているのだ。[*8]

他の都市は、しばしば不便な湿地帯で発展した。マイアミは、広大な湿地帯や森林、アメリカ本土で唯一のサンゴ礁へのアクセスに恵まれている。しかし一方で四辺の境界であふれる水により呪われている。東は大西洋、西はエバーグレーズ、上空はアメリカで二番目に雨の多い大都市となった亜熱帯の湿った気候、下は海面上昇で塩水が充満した多孔質の石灰岩である。ヒューストンは、一九〇〇年のガルベストン・ハリケーンでメキシコ湾岸の開発が内陸に追いやられた後、主要な大都市に成長した。その後、数十年にわたる無謀な建設により、現在の全米第四の都市は、二〇一七年のハリケーン「ハービー」を頂点とする一連の洪水に対して脆弱な状態になっている。貯水池に転用され、後に分譲地になった湿地は水で満たされ、何千頭ものヘビ、ワニ、アライグマ、その他の生物が郊外の地域に押し出され、少なくとも数日間、ヒューストン市民に自分たちがまだバイユー（湿地）に住んでいることを思い出させることになった。[*9]

生態学的に何の理由もないように見える場所に存在する多くの都市でさえ、奇妙なほど生物多様性の高い地域に位置していることが多い。ラスベガスは、コロラド川からの大量の水と電力、そしてアメリカ合衆国政府が提供する安価な砂漠の土地に、その存在そのものが依存している。野生の自然の柔軟なアンチテーゼを強く表す場所はほとんどないが、ラスベガスには、アメリカの他の大都市とは異なり、驚くべき自然史がある。ラスベガスという名前は、かつてその谷底を覆っていた青々とした草原にちなんでつけられたスペイン語である。フェニックスよりも乾燥した気候のラスベガスだが、開発される以前は、近くのスプリング山脈のおかげで、モハーヴェ砂漠の中でも最も安定した淡水源をもっていた。ラスベガスのあるクラーク郡には、一八の生態群集と少なくとも二三三の保護種または懸念種が存在する。その中には他のどこにも存在しない種も含まれており、生物多様性のネオンレッド・ホットスポットになっている。[*10]

このようなことから、アメリカでは主要都市が、生物多様性の自然レベルが高い場所に偏って立地していることがわかる。二〇二〇年時点で、アメリカの大都市五〇のうち一四都市が、生物多様性が「非常に高い」地域となっているが、そのような地域は、アメリカの国土面積の二パーセント未満にすぎない。これらの地域は、そこに住む動物たちのすみかとしてだけでなく、旅する動物たちの中継地としても機能している。多くの鳥類は、山脈に平行し、あるいは川の渓谷や海岸線に沿う、フライウェイ（渡り経路）として知られる経路を移動する。アメリカの大都市五〇のうち、少なくとも四〇の都市は、北アメリカの七つの主要なフライウェイの狭い帯の中に位置している。たとえば、マンハッタンには二六〇種以上の鳥類が渡来し、あまり知られていないがセントラル・パークはバードウォッチングの名所になっている。[*11]

このパターンはアメリカ以外にも広がっているが、地域によってはあまり当てはまらないところもある。世界中どこでも、大都市はその土地面積からして、その国の生物多様性全体の中で不釣り合いな割合を占めている。都市生態系が最もよく研究されているヨーロッパ大陸では、国土の三〇パーセント以上を都市が占めることはほとんどないにもかかわらず、ほとんどの国の生物種の少なくとも五〇パーセントが都市に生息している。このパターンはおそらく熱帯地方の大部分には当てはまらないが、そこでもメキシコ中部やブラジルの大西洋岸森林のような場所で、生物多様性と都市化の重なりについて、興味深い事例を見出すことができる。[*12]

この現象に対する学者の理解は遅れている。二〇年ほど前まで、ほとんどの生態学者は都市を無視し、世界的に有名なイエローストーンで研究することを好んでいた。社会学者は、将来の都市用地は白紙状態であるとした。経済学者は、これらの用地に原材料や戦略的な交易基地を見出すだけだった。人類学者は、将来の都市用地の土着文化をその生態系よりも重視し、あたかも両者が関連のないように考えた。そして歴史学者は、都市を繁栄させたり衰退させたりした奇抜な特徴や偶然の出来事だけでなく、都市がありそうもない場所にあることを強調した。地理は運命ではないと、彼らは口をそろえて言った。

しかし、地理は重要である。保護された海岸線、航行可能な河川、飲用可能な淡水、変化に富んだ生息地、原材料などの特質は生物学的多様性と生産性の高い地域に多く見られる。このような特徴は、多くの野生生物を維持し、先住民の文化が繁栄する基礎資源を提供し、入植地を建設したヨーロッパ人を惹きつけた。その入植地のいくつかは大都市へと発展していったのである。

都市の発展と生態系へのダメージ

都市は野生生物豊かな土地から始まったが、その状態が続くわけではない。都市の発展は、陸地や水辺の景観に複雑な影響を与える。都市は成長するにつれ、生物種を輸入したり、新しい生息地をつくって他の生物種を呼び寄せたりして、地域の生物多様性を高める。しかし、有用な動物を大量に捕獲したり、好ましくない動物を殺したり、近くと遠くの両方で生態系全体を破壊または再配置することにより、在来種に害を与えることもある。こうした生態系へのダメージは、一七～一八世紀に始まったアメリカの都市生活の初期段階から見られ、一九世紀には工業化、グローバル化、都市の人口増加とともに加速度的に進行した。数十年前に入植者を惹きつけた肥沃な生態系はひび割れ、崩れ去ったのである。こうしたプロセスは場所によって異なる時期に進行したが、かつて大陸で最も生物学的に多様で生産性の高い場所であったアメリカの多くの都市の周辺地域は、一九世紀後半には在来の野生生物の多くを失ってしまった。

北アメリカの人口密集地における野生動物の損失は、ヨーロッパで何世紀も前に始まった大きなプロセスの一部であった。中世後期には、ヨーロッパ全域で狩猟による野生動物の減少が見られ、指導的立場にある裕福な土地所有者は私的な保護区を設け、違反者には厳しい罰則を科すという抑圧的な法令を発布するにいたった。シカやオーロックス（大型の野牛）などの食用種、ビーバーやキツネなどの毛皮獣は、多くの場所から姿を消した。また、森林伐採によって森林地帯の種の生息地は失われ、捕食者防除によって、オオカミ、クズリ、クマ、オオヤマネコ、ジャッカルが田舎から一掃された。

水生生物も壊滅的な被害を受けた。西暦一〇〇〇年以前はヨーロッパで消費されていた魚のほとんどは、淡水域や沿岸の海域に生息するカワカマスやスズキ、マスなどの地魚であった。その後、ノルウェー、イングランド、スコットランド、オランダの四カ国は北大西洋に進出し、タラやサバ、メンハーデンといった魚を大量に漁獲した。タンパク質が豊富で、塩漬けや乾燥で簡単に保存できるこれらの食用魚は、経済を変え、遠く離れた地域を結びつけ、人口増加に拍車をかけ、需要を増大させるフィードバックループをつくり出した。一九世紀半ばには、北大西洋の大規模漁業のほとんどは崩壊した。海生哺乳類や海鳥の個体数も、卵や皮、脂身、肉などを求める狩猟によって激減した。[*13]

一六〇〇年になると、ヨーロッパ人の猛攻が北アメリカに押し寄せた。ビーバーのビロードのような毛皮は、フェルト加工に耐えられるほど丈夫で柔軟性があり、フランス、イギリス、オランダの捕獲業者と商人を魅了し、多様な先住民の労働力に資金を提供し、経済のグローバル化を促し、新しい政治的同盟関係を築いた。やがて、キツネ、アライグマ、ミンク、フィッシャー〔イタチ科の肉食動物〕、シカ、そして最終的にはバイソンや太平洋のラッコなどの毛皮も市場に出回るようになった。毛皮貿易によって絶滅した種はなかったが、競合相手の排除と都市市場への供給とを急ぐあまり、捕獲業者と商人は北アメリカの広大な地域を開拓していった。

残された野生生物は、悪化し衰弱した生態系の中に閉じこもることになった。伐採業者や農民は捕獲業者の後を追って、木を伐採し、運搬し、加工し、作物や家畜のために畑を切り開いた。経済発展の脅威と見なされた野生生物はブラックリストに載せられ、迫害され、生息域の最も奥まった場所に追いやられた。北東部の森林は、このような圧力を大規模に受けた最初の生態系の一つである。一六〇〇年から一九〇〇年の間に、ニューイングランドの樹木被覆率は九〇パーセント以上から六〇パーセント未満に低下した。より開けた土地で繁栄していたいくつかの種は恩恵を受けたが、森林での生活に適応した種はその数を激減させた。[*14]

湖や川は、森林よりもさらに深刻な打撃を受けた。伐採や農業はかつて澄んでいた水を濁らせ、有機物の流出が藻類を増殖させ、ダムが魚の回遊を妨げた。なめし革のような産業は、栄養物質、金属、化学物質を河川に流した。未処理の汚水が大量に流れ出たのだ。湿地は排水され、河口は埋め尽くされた。沿岸の汚染は海洋生物を窒息させ、漁師は健康な資源を求めて遠くまで行かねばならず、地域住民は有毒な海域で収穫された食物を口にすることにためらいを覚えるようになった。

海でも状況はさほど変わらなかった。サケのような回遊魚は、多くの地域で消滅してしまったのだ。一九世紀後半には、ボストン、ニューヨーク、シアトル、サンフランシスコの周辺海域に豊富に生息していた海生哺乳類がほとんど姿を消した。大西洋のコククジラ、セイウチ、キタゾウアザラシ、ラッコは地域全体から姿を消した。ミナミセミクジラ、カリフォルニアアシカ、ハイイロアザラシ、そして数種のオットセイは、その生息域全域で生き延びたが、その数は激減している。こうした惨状の多くは都市部の外で起きていたが、食用魚から街灯用の鯨油にいたるまで、海生動物製品の需要は都市部でますます高まった。

一九世紀後半には、アメリカ国内の数十種類の野生生物の個体数が植民地時代以前と比較して激減し、中には史上最低の個体数にまで落ち込んだものもあった。これらの種の多くは、やがてニューヨークのような都市に戻るが、それは家畜化された動物が都市の野生を支配する長い期間を経た後であった。

2 家畜が都市を支配していた時代

それは、二一世紀のニューヨークの中心で起きた、一九世紀のワンシーンを切り取ったような風景だった。二〇一七年一〇月一七日の正午少し前、ブルックリンのサンセット・パークにある一六番ストリート・四番アベニューの角近くの食肉処理場から、へなへなの黄褐色の耳をもつ、こげ茶色で毛むくじゃらの若い雄ウシが脱走した。雄ウシは自分の運命を受け入れることを望まず、拘束を破って飛び出し、東に向かい、風格のある褐色砂岩が張られた建物、上流階級気取りのコーヒーショップ、高値のヴィーガンレストランがあるパークスロープのファッショナブルな地区に向かった。彼はすぐに、行政区の真ん中にある約二〇〇ヘクタールの緑地であるプロスペクト・パークに辿り着いた。次の三時間、一頭の雄ウシがブルックリンで放し飼いにされた[*1]（37頁図参照）。

踏みつけ、蹴り、自動車事故など、起こりうるすべての悪いことを考えると、エピソードは重大な結果をほとんど招くことなく展開した。母親と子どもが雄ウシを避けた時に幼児が目の周りに黒いあざをつくったが、他の怪我は報告されなかった。ヘリコプターから撮影された低画質のビデオは、雄ウシがバスケットボールコートを速歩きで横切る様子を示している。数分後、彼は野球場で足を止め、金網フェンス越しに、携帯電話を持った霊長類の群れを見つめた。この状況を「陽気で素晴らしい」と言う地元の人もいれば、「完全なるカルチャーショック」に陥っていると説明した人もいた。またある人は近所に四〇年間住んでいたのだが、今までウシを見たことがないと主張した。「アライグマは、ある」が「ウシは、ない」と彼女は言った。[*2]

最近の記憶では、雄ウシがニューヨークの街並みを歩き回ったのはこれが初めてではなかった。一年前、別の雄ウシが逃げ出し、クイーンズをしばらく周遊した。当局が逮捕するまで物申す人々は彼をフランクと呼び、恩赦を要求した。コメディアンのジョン・スチュワートと著名な動物愛護活動家である妻のトレーシーが介入し、近くの動物病院で検査を受けてからニューヨーク州北部の牧歌的なサンクチュアリに送るようフランクのために手配した。今日では、ニューヨーク市に残っている数少ない食肉処理場から逃げ出したウシが、食肉処理の列に戻されることはめったにない。[*3]

今日、アメリカの主要都市の路上での雄ウシの光景は注目を集めているが、これは過去には必ずしもそうではなかった。一八世紀から一九世紀にかけて、アメリカの都市には野生生物はほとんどいなかったが、たくさんの動物がいた。都会の住人は、食卓用の卵・牛乳・肉、石鹸用のラード、靴・ジャケット・ベルト・サドル用の皮を必要としていた。彼らは品物とヒトとを運搬しなければならなかった。スーパーマーケットや工場式農場の時代より以前は、家畜は都市で、時には同じ家で、すみかと餌を与えられ、働かされ、屠殺され、食べられていた。教会、工場、店頭には、畜舎、厩舎、牧草地が点在していた。アメリカの都市では、働く動物の数が人口とともに増加して以来、ほとんどの都市住民は、食物、労力、原材料、肥料、輸送そして交遊を提供する、多様な役割のある、農家の庭にいる動物と毎日接触していた。これら家畜化された動物の大半が都市から追い出されるまで、ほとんどの野生の動物が戻る機会はなかった。[*4]

うろつく家畜

一八〇〇年には、アメリカ人のわずか六パーセント、つまり約三二万四〇〇〇人が都市に住むにすぎなかった。これは、ケンタッキー州レキシントンやカリフォルニア州ストックトンに現在住んでいる人数とほぼ同じだ。点在するこれらの町は小さく窮屈で、埃っぽくて木がない。驚くべきことではないが、アメリカの最も影響力のある思想家の数人は、自分の国の新興都心について、お世辞抜きで書いた。たとえば、トマス・ジェファーソンは農業社会の美徳を称賛しながらも彼の最愛の農家が生産物を販売する場所である都市を軽蔑することに何の矛盾も感じなかった。一七八七年、ジェファーソンは、「大都市の群衆は、純粋な政府を支えるのに、瘡蓋（かさぶた）が人体の強さを増すのと同じように、大いに役立つ」と嘲笑した。数カ月後、ジェームズ・マディソンに書簡を送り、「ヨーロッパのように大都市で互いに重なり合うと、ヨーロッパのように腐敗し、ヨーロッパのように互いに食べ合うようになるだろう」とさらに述べた。[*5]

共食いの告発は別として、当時ジェファーソンが心配する必要はほとんどなかった。アメリカが実際に都市化を始めたのは、南北戦争が北東部と中西部で製造ブームを巻き起こした時だった。一九〇〇年までに、アメリカ人のほぼ四〇パーセントが都市に住み、この国の都市人口は二五年ごとに倍増した。一部の都市はさらに急速に成長した。ニューヨーク市の人口は、一七〇〇年の約五〇〇〇人から一九〇〇年には三五〇万

速報
ブルックリンで雄ウシが逃走中
2

人へと七〇〇倍に増加し、ロンドンに次ぐ世界第二の都市になった。一八四〇年から一九〇〇年の間に、シカゴは大草原の泥穴として知られる四五〇〇人のフロンティア開拓地から、一七〇万人の主要都市へと成長した。一八四七年になっても、サンフランシスコはサンフランシスコでさえなかった。そこは、荒廃した伝道施設で、遠く離れたメキシコ北西辺境に沿った吹きさらしの半島に位置するハドソン湾会社の閉鎖した毛皮交易所であり、イエルバ・ブエナ〔スペイン語で「良いハーブ（薬草）」の意。ハーブが群生していたことからこう呼ばれた〕だった。一九〇〇年には、その人口は三四万二〇〇〇人に達し、一世紀前にアメリカのすべての都市を合わせたよりも多くの人が住んでいた。

この一九世紀の都市環境で象徴種を選ばなければならないとしたら、それは間違いなくウマだろう。一七七五年に蒸気エンジンの革新的なバージョンの特許を取得したジェームズ・ワットは、強力な輓馬（ばんば）に期待できる一分あたり三万三〇〇〇フィートポンドに相当する仕事の尺度として、馬力という用語を造り出した。ワットの時代、ウマは工房や工場で、蒸気機関、水車、その他の機械装置と並んで働く生きた機械だった。ウマはまた、少なくともウマを使う余裕のある人にとっては不可欠な移動手段だった。都市が成長するにつれて、馬車、路面電車、フェリーなどの馬力ある乗り物が都市生活のペースを速め、遠く離れた地区を結びつけ、郊外の成長を促し、階級、人種、言語、民族性によって地域を分離した。[*6]

ブタも一九世紀の都市で一般的だった。歴史家のキャサリン・マクヌールによれば、これらのふっくらとした獣に関する意見は、社会における自分の位置を反映していた。エリートはブタを歩く下水道、病気の媒介者そしてアメリカの立ち遅れの象徴と見る傾向があった。しかし、貧しい人々や移民にとって、ブタは単なる象徴以上のもので、ワンストップの工場、ゴミ箱、リサイクル瓶であり、人間がゴミ収集の仕事を奪うずっと前に通りのゴミを片づけていた。一八一二年の米英戦争やその後の不況など、時代が厳しくなると、ブタの所有者は自分のブタを屠殺して食べ、余分な体の部分を町の汚い郊外にある加工工場に売ることができた。まさに子ブタの貯金箱だったのだ。[*7]

ウシは人間と同じくらい昔から都市に住んでいる。中世および近世のヨーロッパの町では、乳牛を放牧するための共有地が確保されていた。この伝統は、南北戦争後までアメリカの都市で続いた。一八七〇年から一九〇〇年の間に、多くの都市が放牧を禁止する条例を可決したが、ウシは二〇世紀に入っても都会の畜舎や裏庭にとどまった。シアトルでは、一九〇〇年の時点でも、市内中心部の世帯の四分の一がウシを所有していた。[*8]

一九世紀のアメリカ社会では、イヌは今日とは異なる役割を果たしていた。一八〇〇年代以前は、家庭で飼われていたほとんどのイヌは、猟師、牛飼い、マッシャー（犬ぞりの操縦者）、番人、害獣駆除業者などの使役動物だった。しかし、これは彼らの個体数のごく一部だった。ほとんどのイヌは屋外で暮らしていて、明確な所有者がいなかった。野良イヌは、イヌだけでなく自由気ままな人にも適用される軽蔑的なレッテルである「浮浪者」とされ、ブタ、ヤギ、ネズミ、および人間と一緒に、施し物を求めゴミをあさりながらアメリカの都市をぶらついた。一部のイヌは首輪をしていて飼い主がいることを示唆していたが、ほとんどの家族のペットでさえ、外で寝て、起きている時間は自由に歩き回っていた。[*9]

この都市という動物園の生き物の本当の数は驚くべきものだった。一八二〇年まで、ニューヨーク市には少なくとも二万頭のブタと一三万頭のウマがいた。イヌ、ネコ、ニワトリ、ヤギ、シチメンチョウ、ガチョウの数を見積もるのはより難しいが、当時の記述はそれらがいたるところにいたことを示唆している。彼らを支えたインフラも同様だった。ボストンの一八六七年サンボーン保険地図から三六七の厩舎を識別できる。これらの木造建築物の約四分の三は一階建て以上の高さで、一九世紀の都市のガタガタの家畜用駐車場だった。[*10]

汚物と病気

都会の動物たちは、無限とも思えるほどの食物を消費した。ウマは毎年約三トンの乾草と約二二〇〇リットルのエンバクを食べていた。ウシは、典型的な町の共有地に少なくとも約〇・八ヘクタールの土地を必要とした。地元の条例により畜舎と裏庭に閉じ込められた後、各ウシには毎日少なくとも約一四キログラムの乾草を与えなければならなかった。ブタやイヌはしばしば食べ物をあさっただけでなく、食べ物を盗んだり、施し物をねだったりした。

入ったものは出なければならぬ。重輓(ばん)馬は毎年七トンの肥料を排出した。通りに積み上げられた糞便は、側溝を詰まらせ、大量のハエを引き寄せ、暑い日には焼け、冬には凍り、雨でにじみ出る「路上の汚物」の大きな山にシャベルで運ばれた。それでも、これは価値があることが証明された。都市の園芸家は長い間、自身の土地の肥料として収集していた。一八〇〇年までに、都市は糞尿を収集し、品質別に選別して販売する企業と独占契約を結んだ。一八四二年のマンハッタンでは、荷車一台分である約四九〇リットルが三〇セントで購入できた。一八六〇年までに、ロングアイランド鉄道は毎年荷車一〇万台以上の糞尿を近隣の農場に出荷していた。[*11]

糞尿と同様に、動物の死骸は危険だが価値があった。一八五〇年までに、ニューヨークの肉屋は週に五〇〇〇頭のヒツジ、二五〇〇頭のウシ、一二〇〇頭の子ウシ、一二〇〇頭のブタを屠殺していた。都会の動物は、酷使、ネグレクト、野ざらし、疲労、病気、老齢、怪我などで死亡したが、無秩序な一九世紀の通りではすべて普通すぎることだった。未利用のものはほとんどなかった。化製場では骨、脂肪、内臓を溶かして石鹸と獣脂をつくった。工場では骨を使って歯ブラシやボタンをつくった。建築業者は漆喰のつなぎとしてウマの毛を使用した。精製所は血と骨を使って砂糖を精製した。最も汚い動物加工施設の一つであるなめし革工場は、皮を処理するために化学薬品と糞尿を使用した。[*12]

市中の動物に関する最も一般的な苦情はその臭いだった。一九世紀の都市は悪臭を放った。時には、一八五八年のロンドン大悪臭と一八八〇年のパリ大悪臭のように、この悪臭は黙示録的なレベルに達した。一八八〇年代と一八九〇年代に細菌理論が勝利を収める前は、アメリカ人は腐臭を瘴気（しょうき）、つまり「夜の空気」と関連づけていた。瘴気は腐敗した有機物から人体に病気を運ぶと信じられていたのだ。コレラ、黄熱病、腸チフス、およびその他の恐ろしい病気の集団発生に悩まされている混雑した都市では、不快な臭いが致命的な脅威のように見えた。高名なイギリスの衛生学者エドウィン・チャドウィックは、一八四六年に「すべての臭いは病気である」と書いて神経質な大衆を代弁した。[*13]

暑い日に停滞した水域ほど悪臭を放つ場所はほとんどない。ニューヨーク市では、化学物質と有機廃棄物の有毒な混合物がろ過されずに池、川、湾に流れ込み、そこで潮とともに前後にバチャバチャと跳ね回った。一八六二年、春の雪解け水によりシカゴ川から六カ月分の廃棄物を洗い流すことができず、市の住民は「八万頭以上の太ったウシと四〇万頭のブタの血と内臓、さらには汚物」と戦わなければならなくなった。この泡状のシチューでは、水は微量成分のようだった。何千人もの住民が「毒のある悪臭」を訴える嘆願書に署名し、トリビューン紙は汚染ビジネスを「人道に対する犯罪者であり、病気の製造者」と呼んだ。[*14]

都市住民はまた、正確な仕組みは知らなくても、動物が病気を直接伝染させる可能性があることを理解していた。私たちは今日、家畜が人間と何十もの病気を共有していることを知っている。これらの多くは一九世紀にはまだ名前がなかったが、密集した不衛生な環境で容易に広がった。

家畜の追放と都市の浄化

都市空間における家畜動物に関連する非常に多くの脅威とストレスにより、それらがどこで飼育され、どのように使用され、誰がそれらを所有しうるかについて、必然的に紛争が生じた。階級間の対立に発展したのである。生計と食料を動物に依存している貧しい労働者階級の人々は動物にしがみつき、裕福で権力のある人々は、現代の都市には何万もの働く動物は必要なく、その場所もないと主張した。

家畜動物に関する議論は、社会秩序に関する、より広範な不安を反映していた。改革派が都市の家畜を非難した時、都市化、工業化、移民への懸念を表明していた。彼らは助けたいと言い、実際にそうしていると信じていた。しかし、彼らの解決策は、傷ついている人々をさらに傷つけることが多く、民族についての固定観念や責任転嫁は、進歩的な改革を抑圧的なものにしたのである。これらの動物に適用された法制度と、迷惑動物として描かれ、消耗品として扱われるなどの国家的暴力は、誰が都市に属し、誰が属さないかを明確に示すメッセージであった。[*15]

いくつかの理由から、使役動物はアメリカの都市から姿を消した。ウマは必要不可欠でどこにでもいたが、現代都市のニーズに対する実行可能な解決策ではないことが徐々に明らかになった。彼らはあまりにも物に驚きやすく、あまりにも危険で、怪我や病気に弱く、火事に対応する時などの緊急事態ではあまりにも頼りにならなかった。蒸気機関、自動車、列車など、電気と化石燃料を動力源とする機械が、ウマが担っていた仕事の多くを奪った。一九三〇年、アメリカ馬協会は、自動車とトラックの使用だけで、アメリカのウマの数が七七パーセント減少したと報告した。これらの機械がなければ推定六五〇万頭だったはずのウマが一五〇万頭に減少した。[*16]

ウマとは異なり、都市におけるブタの居場所についての議論は騒々しく、感情的で、時には暴力的だった。一八二〇年代の初め、ニューヨーク市が自由に歩き回るブタを段階的に廃止して、人間の街路清掃員を選ぼうとした時、ブタの所有者は反撃した。反ブタ勢力は、一八三二年と一八四九年のコレラの流行時に、彼らの主張をさらに推し進めた。これらの緊張は、一八五九年の「ブタ小屋戦争」で爆発し、九〇〇〇頭のブタが殺され、三〇〇〇の檻（おり）と一〇〇のボイラーが破壊された。一八六六年、市はブタが自由に歩き回ることを禁止したが、一部の住民は一八九〇年代までこの法律に抵抗しつづけ、市民的不服従行為を行ったり、ブタを隠しつづけたりした。[*17]

ウシはブタよりも長くほとんどの都市にとどまったが、移民との関係もウシを標的にした。一八七一年のシカゴ大火では、約八五〇ヘクタール以上が焼失し、一万七五〇〇棟の建物が破壊され、少なくとも三〇〇人が死亡した。その数日後、新聞報道が、キャサリン・オレアリーが飼っていたウシが乾草で満たされた畜舎で灯油ランタンを蹴ったことで市のニアウェストサイドから火事が始まったと主張した。調査の結果、オレアリー家は、当局が建物の安全規則を実施できなかった都市で、何千もの見かけ倒しの木造建築物を燃やした事件に関する言われなき罪を晴らした。オレアリー家を非難する記事を書いた記者の一人は、のちに彼と彼の同僚がでっちあげたことを認めた。しかし、反アイルランドの偏見に煽られたこの作り話は根強く残った。ウシは、ますます都市部の危険な住人として見られるようになった。しかし、ウシは重く、腐りやすく、不可欠な液体商品であるミルクを供給していたため、冷蔵輸送車が登場し毎日の牛乳配達を安価で安全で便利なものにする一九二〇年代までかなりの数がアメリカの都市に残った。

イヌはわけが違った。間違いなく当時最も恐ろしい感染症であった狂犬病の恐怖により、ペットのリード・口輪法が制定され、野良イヌに対する暴力的なキャンペーンが行われた。たとえば、一八四八年の狂犬病の恐怖に対応して、フィラデルフィア、ボストン、ニューヨーク、および他の都市は、狙撃兵、賞金稼ぎ、自警団員、および棍棒を振るう子どもたちを主役に、実際にはイヌの大虐殺である「イヌの大戦争」を開始した。しかし、ブタとは異なり、イヌにはハンターやブリーダーから実業家や政治家まで、多様で強力な支持者がいた。時が経つにつれて、イヌについての議論は、イヌが都市でどのように暮らすべきかへと変化した。ちょうど、他の家畜が都会の風景から姿を消していく中で、イヌという動物は存在しつづけた。[*18]

一九〇〇年代初頭には、アメリカの都市で飼われているイヌの意味も変わってきていた。初期の郊外住民は、イヌの去勢や避妊を始め、夜間や冬場は屋内に入れ、特別な餌を与え、獣医に診せ、繁殖させ、愛犬クラブを設立し、リードで散歩させ、訓練し、一緒に寝たりした。さらにはペット霊園に埋葬し、墓石には大切な家族であることを示す碑文を掲げた。イヌは、道徳の腐敗と社会的混乱の象徴である根なし草の浮浪者から核家族の象徴に変わりつつあった。ヴィクトリア朝社会が、近代的な、子どもの概念を発明していたたまさにその瞬間、イヌは気まぐれな大人ではなく、早熟な子どものようになった。[*19]

市民団体は、この移行を導くのに役立った。一八六六年、アメリカ動物虐待防止協会（ＡＳＰＣＡ）がニューヨークで結成された。それは元奴隷制度廃止論者、女性クラブ、禁酒協会、教会グループを引きつけた。その中には、動物だけでなく、動物虐待を行う男性や少年たちのモラルの腐敗を懸念するメンバーも少なくなかった。一八七四年までに、当時存在していたアメリカの三七州のうち二五州でＡＳＰＣＡに加盟する団体が形成され、その多くは、野良動物の世話をし、告発を調査し、召喚状を発行し、さらには逮捕まで行う法的権限をもっていた。[*20]

数十年の時を経て、ヴィクトリア朝時代の都会の家畜小屋はやがて姿を消した。南北戦争後、退役軍人は戦場での実践的な技術と経験（医学、健康、行政に関連するものを含む）を故郷に持ち帰った。一八六六年に設立され、公衆衛生の規則を作成・実施するニューヨーク市メトロポリタン衛生局のような、州や地方の機関で働く仕事を得た人もいた。専門家はすぐにアメリカの都市に散らばり、「悪臭マップ」を作成し、危険な施設を文書化し、浄化のための場所にタグづけした。当初、そのような機関の大半はほとんど力をもっていなかったが、その権威は清潔さとそれが表す秩序の感覚として成長し、一種の市民宗教となった。一九二〇年までには、かつて「宇宙の糞の山」として知られていたニューヨークでさえ、衛生都市のモデルになりつつあった。[*21]

その後の数十年は、アメリカの歴史において類を見ないものだった。一九二〇年、初めて、全アメリカ人の半分以上が都市に住むようになった。しかし、これらの都市では、人は増えたものの、野生・家畜を問わず動物の数は後にも先にも増して少なくなった。このような動物のいない都市の時代は、都市とは何か、少なくとも都市はどうあるべきか——人のためにデザインされ、人によって住まわれる清潔で現代的な空間——について多くのアメリカ人がどう考えるかを決定づけた。しかし、アメリカ人が都市を動物のほぼいない空間と考えはじめていた頃にも、やがて多くの野生生物が戻ってくるような変化が起きていた。

3 都市の緑が野生生物を繁栄させた

一八五六年七月四日、ニューヨーク・デイリー・タイムズ紙は、マンハッタンのダウンタウンにあるシティホール・パークの近くに「めずらしい訪問者」が現れたと報じた。目撃者によると、この奇妙な生き物は檻から逃げ出し、アパートのドアの隙間を無理に通り、階段を四階分降り、ブロードウェイを駆け抜けて、公園に飛び込んだ。そして、近くの木に登って、魅了された大勢の見物人を引きつけ、ニューヨークで最もにぎやかな地区の一つで大騒ぎを引き起こした。いたずらっ子の獣は、丸々としたトウブハイイロリスだった。[*1]

独立記念日に自由を求めて脱走したリスが注目を集めたのは今では奇妙に思えるかもしれないが、一八五六年当時のマンハッタンには野生のリスがいなかったのだ。まだ数万頭の家畜動物がいたが、ハト、ネズミ、カモメを除いて、野生動物はほとんど生息していなかった。その後数十年にわたって、都市学者、都市計画者および都市デザイナーは、アメリカの都市の近代化を支援した。彼らの目標は都市をよりクリーンで、より緑豊かで、人々にとってより健康的なものにすることだったが、その過程で、トウブハイイロリスを含む一部の野生生物が戻ってくる条件もつくり出した。

トウブハイイロリスは、今日、アメリカのほとんどの都市でいないことを想像するのが難しいほど、多くの場所で見かけるようになった。東部および中西部の森林に生息するトウブハイイロリスは、丈夫で繁殖力が強く、長生きで雑食性であり、人のそばでも快適に暮らすことで有名である。また、何十もの捕食者の餌となり、何百万もの木の実や種子を蓄えて故郷である森に役立つキーストーン種〔少ない個体数でも生態系に大きな影響を及ぼす種〕でもある。トウブハイイロリスは小さいながらも、大きな影響力をもつ生き物だ。

トウブハイイロリスは、ヨーロッパとの接触以前は北アメリカ東部に広く生息していたが、一七世紀から一八世紀にかけて個体数が激減した。森林伐採によって生息地が破壊され、食用、毛皮用として狩猟された。農園や庭の害獣と見なされ何千万頭もの個体が殺された。一八世紀後半には、ペットとして飼われるほど希少な存在となった。一七七二年、ベンジャミン・フランクリンは、このアメリカの典型的な野生種が失われたことを悲しみ、ペットとして飼われていたマンゴという名の一匹が大西洋横断の旅を生き延び、イギリスの猟犬の顎の中で死んだことを称賛するほどであった。トウブハイイロリスは何十年も人気のあるペットでありつづけた。それゆえ、一八五六年にマンハッタンのダウンタウンのアパートで何をしていたのかがわかるのである。[*2]

トウブハイイロリスは、一八四〇年代にフィラデルフィアやボストンなどの都市に再び現れた。歴史家のエティエンヌ・ベンソンによると、これらの都市の住民は、新しい公園や広場を「美しく活気づける」ためにリスを導入した。しかし、これらの都市には公園や樹木がほとんどなく、ほとんどの樹上棲動物の生存可能な個体数を支えることができなかったため、初期の導入の大半は失敗した。[*3]

TOW-AWAY
NO PARKING
ANY
TIME
Blah Blah Blah BLAH

リスと一緒に暮らすことの賢明さについて確信がもてず、人々はトウブハイイロリスが社会にどのような貢献をしたか、そして人間がそれらをどのように扱うべきかについて議論した。中傷する人は害獣と見なした。この魅力的で働き者の小さな生き物を隣人にもつことで、人々は神の創造物すべてに対して、より優しく、より慈しむようになると支持者たちは主張した。博物学者のバーノン・ベイリーは、トウブハイイロリスは「あまり野生的ではなく、とても知的で、私たちのもてなしと友情を受け入れ感謝してくれている、おそらく最も有名で最も愛されている在来の野生動物である」と結論づけた。ベイリーの目には、良い都会の動物であるということは、頭が良く、友好的で、比較的おとなしいことだった。[*4]

一九〇〇年代初頭には、トウブハイイロリスは復活した。国の農業の中心地が中西部に移ると、北東部では放棄された農場から森林が再生し、リスが田園地帯に戻るようになり、一方で郊外では低密度の住宅開発と植樹計画によって緑豊かな新しい生息地が生まれた。人々ははるか以前に姿を消した場所にトウブハイイロリスを再導入したり、それまで生息していなかった遠い場所に送ったりした。トウブハイイロリスはすぐに、サンフランシスコからロサンゼルスまでの西海岸、海外ではイギリス、イタリア、南アフリカ、さらにはアゾレス諸島、カナリア諸島、バミューダ、ハワイなどの離島にも出現した(49頁図参照)。

野生生物抜きの都市計画

トウブハイイロリスがアメリカの都市で繁栄することを可能にした条件は、一世紀以上にわたって形成された。一八六〇年頃から、都市学者、都市デザイナーおよび都市計画者は、アメリカの都市を変革するだけでなく、アメリカ人に近代都市がどうあるべきかを教えることにも着手した。彼らは何十年にもわたってさまざまなアイデアを提唱したが、いくつかの共通点があった。生態学的な比喩を取り入れ、植物をツールとして使用し、動物がほとんどいない都市環境を思い描いていた。

一九世紀末から二〇世紀初頭にかけての都市学者、都市デザイナー、都市計画者たちはみんな、何らかの形で、犯罪、汚さ、貧困、病気、不安定さ、重苦しい過密、息苦しい悪臭など、彼らがヴィクトリア朝の不道徳と見なしていたものに反発していたのだ。彼らは、都市を人々のための清潔で管理され整然とした空間につくり直したいと考えていた。そうすることで、彼らは人口、移民、技術、工業化、消費、郊外化など、社会の地殻変動に対応し、その方向性を示すのを手助けした。

これらの変化のすべてが、課題と可能性をもたらした。マルクス主義者は、ヴィクトリア朝時代の都市問題の根源は、産業革命に伴って生じた労働と資本の再編成にあると考えた。増えつづける公務員の集団にとって、都市の問題は、資金や市民の能力の不足など、官僚的な課題に起因するものだった。よりロマンチックな批評家にとっては、問題は都市そのものであった。彼らは、農村生活は道徳的性格、家族の絆、伝統的な性の役割、および身体の健康を育むのに対し、都市生活はその反対に近いことを行うと主張した。[*5]

これらの問題に対する解決策の一つは、人々を街から追い出すことだった。二〇世紀の最初の数十年間、ウマや後に電化された鉄道車両を介した大量輸送手段へのアクセスが増加したことで、農村地域で育った多くの都市居住者がより簡単に田舎にアクセスできるようになった。それはまた、初期の郊外でベッドタウンの成長を促進した。しかし、これらはおもに裕福な人々のためのものだった。ほとんどの都市住民は田舎に移動したり、田舎を訪れたりする手段さえもっていなかったため、都市計画者は田舎を都市に持ち込む方法について考えはじめた。[*6]

都市を変革する運動の主要人物は、フレデリック・ロー・オルムステッドだった。一八二二年、コネチカット州に生まれたオルムステッドは、アメリカ史上最も有名で最も多作な景観デザイナーとして、アメリカで最も愛されている公園の多くを設計した。オルムステッドは、公園がさまざまな市民的機能を果たしていると信じていた。公園は、きれいな空気と運動の機会を提供することで、公衆衛生を改善した。公園は都市住民に自然の驚異を思い出させた。公園は、参加する民主的な市民権の価値について訪問者を教育した。公園は精神を高揚させた。公園は資産価値を押し上げた。そして、公園は、さもなければ沸騰するかもしれない社会的緊張のはけ口を提供した。[*7]

オルムステッドのビジョンが公園やキャンパスなどの個別のプロジェクトに焦点を当てていたのに対し、エベネザー・ハワードは都市全体に対するより広いビジョンを提示した。ハワードは、イギリスからアメリカに移住した後、ネブラスカで農業に従事したが、失敗し、その後執筆とデザインに転向した。一八九〇年代の無政府主義運動に触発されたハワードは、「田園都市」と呼ばれる精巧な計画をスケッチした。同心円と放射状の線で構成されたハワードのスケッチには、中央公園、都市の中心部、農場で隔てられ高速鉄道で結ばれた郊外の町並みなどが描かれていた。彼の計画は物理的なレイアウトの形をとっていたが、彼の目標は人々を自然と、お互いと、そして自分自身とを再び結びつけることであった。田園都市は、自発的で独立したコミュニティに参加しながら、人々が個人の自由を行使できる場所であった。[*8]

二〇世紀に一部の都市思想家は、自然に基づいたデザインから生態系の比喩に移行した。一九二五年、社会学者のロバート・パークは、都市は生態系のようなものであり、成長と衰退の「ライフサイクル」を示すと主張した。パークにとって都市計画者は、自然に任せながら都市資源を育てることを仕事とする自然保護論者だった。扇動主義的な社会評論家のジェイン・ジェイコブズも同意した。一九六〇年代からジェイコブズは、都市は純粋でシンプルな人々のためのものだと主張した。しかし、二〇〇一年、ライフワークを振り返るインタビューの中で、彼女は都市を「バイオマス、つまり地域内のすべての動植物相の総計」という観点から考えていると語っている。これに関わるエネルギーや素材は、輸出としてコミュニティから出るだけではない。熱帯雨林である種の生物やさまざまな植物や動物に由来する老廃物がその場所にいる他の生物によって利用されるのと同じように、コミュニティで利用されつづけるのである。[*9]

ジェイコブズと同時代のスコットランド生まれの景観デザイナー、イアン・マクハーグによると、都市計画者は巧妙な隠喩を採用するだけでなく、実際の生態系の物理的制約の中で作業する必要があるとしている。*Design with Nature*（一九六九年、邦題『デザイン・ウィズ・ネーチャー』）で、マクハーグは、景観をマッピングし、その危険性と資源を評価し、生態学的原則に従って緑のコミュニティを設計するという細心の注意を払ったプロセスを読者に説明している。マクハーグは、空間データセットを積み重ねたレイヤーに配置する「ポリゴン・オーバーレイ」アプローチの開拓者となった。これは、今日、学者や都市計画者が地形をマッピングするために使用する地理情報システムの基礎となっている。彼の研究は、環境影響分析から生態修復までの分野にその痕跡を残している。[*10]

オルムステッド、ハワード、パーク、ジェイコブズ、マクハーグは、アメリカの都市計画の最初の世紀に生み出された、非常に幅広いアイデアと手法のほんのわずかな例を示すにすぎない。しかし、この分野で最も有名なこれらの人物の全員にある共通点があった。彼らは動物を除外したのだ。これらの思想家は動物の生態学的役割に気づいていた――たとえば、オルムステッドは鳥や齧歯類が荒廃した森林の再生に役立つ可能性があることを理解していた。しかし、都市は活力があり、多様で、ダイナミックな野生生物の生息地であるという考えは都市計画と設計におけるこれらの主要人物のすべての頭から抜け落ちていた。

振り返ってみると、これは理にかなっている。野生動物は、一九世紀から二〇世紀初頭にかけて、アメリカの都市にはほとんど存在しなかった。したがって、この形成期に働いた都市思想家には、彼らの理論や設計に野生動物を含める理由はほとんどなかった。そして、多くの野生生物が都市部に戻ってくるとは誰も予想していなかったので、彼らと一緒に暮らすという課題や機会について計画を立てる必要はほとんどなかった。どんなに検索しても、一九六〇年以前のアメリカの都市計画の規則には、野生生物に関するものはほとんど見つからない。

公園・街路樹・保護区の出現

初期の都市計画者によって進められたアイデアは、最初に地上で、そして最も明白に公園で展開された。南北戦争以前は、独立記念日のリス事件の現場であるシティホール・パークのような公共の緑地はまれだった。ほとんどの都市で、最大の緑地はウシのための公共放牧地だった。墓地もあったが、ほとんどは小さな土地にあり、時間の経過とともに混雑してきた。それが、最初の広大な牧歌的な墓地によって変化したのである。一八三一年、マサチューセッツ園芸協会はボストン郊外のケンブリッジとウォータータウンにマウント・オーバーン墓地を設立した。それ以来、マウント・オーバーンの約七〇ヘクタールの起伏のある樹木が茂った構内は広大な墓地だけでなく、公共公園、歴史的建造物、実験庭園、有名な樹木園にもなった。
最初の近代的な都市公園は、数十年後に登場した。一八五八年、オルムステッドと彼のパートナーであるカルバート・ヴォーは、セントラル・パークとなる公園のデザインコンペで優勝した。二人が最初に公園予定地を見学した時、硬い土、岩だらけの露頭、暗くて陰気な沼地、荒れ果てた森、そして家、農場、ゴミ捨て場、なめし革工場、ボロボロの工場、ユートピアンの集落、そしてセネカ村の黒人自由居住区があった。再設計および再開発前の予定地の大部分の状態を思い出し、オルムステッドは彼の時代のエリートの間で一般的だった嫌悪感を表明した。「公園がこんなにひどい場所だとは知らなかった。実際、低地はブタ小屋、食肉処理場、骨を煮詰める作業のどろどろした流出物に浸されており、吐き気を催すような悪臭だった」と彼は言った。オルムステッドとヴォーの有名な「緑の芝生計画」は、訪問者を元気づけ、刺激し、導く、森と牧草地の牧歌的な風景を想定していた。予定地の居住者は立ち退きを余儀なくされるだろうが、自然、または少なくとも特定の種類の自然——柔順で、動物がほとんどいない——は繁栄するだろう。[*11]
セントラル・パークのような先見の明のあるプロジェクトに触発されて、他の都市はすぐに競って最も権威のある企業を雇い、最高のデザインを依頼した。これらのプロジェクトの多くは、単一の敷地を超えて、景観整備道路、公園システム、さらには都市計画にまで拡張された。オルムステッドの会社は、数十年にわたり最も活発で影響力のある団体でありつづけ、ボストン、ブルックリン、バッファロー、シカゴ、ルイビル、ミルウォーキー、モントリオールで公園を設計し、スタンフォード大学、カリフォルニア大学バークレー校、シカゴ大学、および米国国会議事堂の敷地の一部を設計した。
ほとんどの公園計画者と同様に、オルムステッドは自然に夢中だった。彼の会社のプロジェクトの多くは、自然草原と西ヨーロッパの田園地帯の両方を思い起こさせる牧歌的な風景を生み出し、植林地、池、なだらかに起伏する丘、優美な緑陰樹があった。他のプロジェクトでは、アメリカ西部に典型的なよりドラマチックな風景が取り上げられた。ナイアガラの滝からワシントン大学までの場所で、彼の会社は野生の自然の壮大さを見習ったり強調したりして、実際のフロンティアが伝説に変わりつつあった瞬間に、理想化された西部のフロンティアを称賛した。[*12]

オルムステッドの計画はこれらの場所を自然に見せるために膨大な時間と労力と資金を必要とした。彼は以前の人間の居住者の痕跡を消し、ほとんどの人工構造物を避け、動物園、遊園地、遊び場のような大衆のためのアトラクションにも抵抗した。しかし、これは手品だった。自然を模倣することを求めて、オルムステッドは大量の土を動かし、水路の経路を変更し、小道をつくり、橋を架け、数十万本の木を植えた。

このような大量の樹木は、アメリカの大半の都市で新しい特徴となった。ほとんどの近代都市には街路樹がほとんどなかった。一八世紀の間、専門家は街路樹を植えるという考えを嘲笑し、住民は木を迷惑なものと見なし、保険会社は近くに木がある家に火災保険を提供することを拒否し、政治家は植林を取るに足らない費用として拒絶した。一七八二年、ペンシルベニア州議会は、同州最大の都市であるフィラデルフィアのすべての街路樹を撤去するよう命令する法案を可決さえした。この事業は、医師、教育者、政治家そして社会改革家であるベンジャミン・ラッシュが率いる草の根の努力のおかげで、けっして完了することはなかった。樹木に隣接する住宅所有者に保険を提供する保険会社を設立したのである。[*13]

一八五〇年までに、街路樹に対する態度が変わった。改革家は、樹木が公衆衛生を改善し、不動産価値を押し上げると主張し、都市デザイナーは、新しい町の広場や大通りや公園道路に沿って木を植えるよう都市に指示した。一八八〇年代までに、樹木は現代の都市生活に欠かせないものとなり、樹木を植えることで市民の誇りを表現するようになった。今日、アトランタからシアトルまでアメリカの多くの都市を彩る都会の森は、すべてこの時代から始まった。

これは、近代的な動物園、自然史博物館、植物園が全国の都市に現れはじめたのと同じ時期だ。これらの施設を設立した裕福な寄付者は、自然界に対する驚きと、それに対する責任を教え込むことを望んだ。それは帝国主義的、父権主義的そしてしばしば人種差別的なビジョンだったが、とにかく人々はこれらの場所に群がった。八時間労働、そして週末休みの出現により、都市生活者には余暇が増え、賃金の上昇により休日を過ごすための可処分所得が増えた。そして、疎遠に感じていた自然界とのつながりを取り戻したいと思っていたので彼らは出かけ、フロンティアのロマンに惹かれ、壮大で異国情緒あふれる展示に魅了された。

ヴィクトリア朝時代の動物園、庭園、博物館は訪問者の教育と触発を目的としていたが、そのメッセージはまちまちだった。動物園や博物館は、野生のライオン、トラ、さらにはクマを見る機会がなかった常連客に壮大な環境でスリル満点の体験を提供した。しかし、これらの施設は、野生動物が属しているのは野生の場所であることも明らかにした。都市で野生動物が暮らす唯一の場所は、飼育下に閉じ込められているか、ジオラマに詰め込まれているかだった。

この頃、都市は郊外に保護区を設置しはじめた。これらの中で最もよく知られているのは、シカゴの周りに巨大な緑の三日月を形成するクック郡とレイク郡の森林保護区制度だ。一九一三年、森林とオープンスペースの擁護者による一〇年以上にわたる取り組みの後、イリノイ州議会はクック郡森林保護区法を可決した。その目的は、「当該地区内の動植物および景観の美しさを保護し、自然林および当該土地とその動植物を、できる限り自然の状態および条件で回復、補充、保護、保全し、公衆の教育、楽しみ、レクリエーションのために利用すること」であった。今日、これらの郡は約四万ヘクタールの保護区を管理しており、シカゴの都市部や中西部の農場ではめったに見られない種類の野生生物が豊富に生息している。[*14]

他の都市は、居住者に水道水を供給するためにより離れた場所を取得し、事実上の自然保護区となる守られた空間を創出した。ニューヨークは、三五一六人、つまりニューヨーク市民の約五〇人に一人が死亡した一八三二年の流行を含む、一連のコレラの流行の後、州北部の水源を探索しはじめた。イギリスの医師ジョン・スノウがロンドンで汚染された井戸の水がコレラを蔓延させていると発表した一八五四年まで、医師たちは汚染水とコレラの明確な関連性を確認することはできなかった。しかし、コレラの被害者たちは、その苦しみの中で水を求めて叫び、ニューヨークの街は汚染され枯渇した地元の水源から抜け出しているという長年の思い込みをより強めていた。一八四二年、北へ約三五キロメートルのコネチカット州との州境に最初の田園貯水池が完成した。その他にも、一九一五年にキャッツキルで、一九五〇年にデラウェア川流域で稼働しはじめた。[*15]

都市が恒久的な淡水の供給源を求め、時には何百キロメートルも離れた湖や小川に到達するパターンが全国に現れた。これらの遠く離れた流域の運命は、都市の野生生物とは関係がないように見えるかもしれないが、これらの場所と生き物は多くの点でつながっている。都市は、ある水路では汚染を防ぐために厳しい保全措置を講じたが、別の水路では堰き止め、水浸しにし、転用、投棄を行った。遠く離れた水源へのアクセスにより、多くの都市は、住民が芝生や庭に水をまくために何百万リットルもの水を輸入する一方で、地元の小川をめちゃくちゃにしていた。これらの変化は、長い旅の中で都市の影響のすべてを経験するいくつかの渡り鳥の種を含む、これらすべての環境の生き物に影響を与えた。

第二次世界大戦までに、アメリカ中の都市が公園を建設し、何百万本もの木を植え、森林保護区をつくり、重要な水源の周りに保護区域を設置した。このような要因の組み合わせにより、多くの都市部とその周辺で一種の緑化が行われた。これにより、一度再導入されたトウブハイイロリスのような生き物は、一世紀かそれ以上前に生息地の個体群が排除されたのとまったく同じ都市で繁栄することができた。その後の数十年で、これらの変化により、これらの地域に新しいものや、はるかに大きくて共生するのが難しいものなど、他の多くの生き物が侵入し復活することが可能になった。トウブハイイロリスは、アメリカの都市の中心部に戻ってきた最初の野生動物の一つだったが、最後ではなかった。

4 郊外の成長と狩猟の衰退がもたらしたもの

アメリカが第二次世界大戦に参戦してから九カ月後の一九四二年八月、ウォルト・ディズニー・プロダクションは、マンハッタンのミッドタウンにあるラジオシティ・ミュージックホールで六番目の長編映画を初公開した。*Snow White and the Seven Dwarfs*（一九三七年、邦題「白雪姫」）、*Pinocchio*（一九四〇年、邦題「ピノキオ」）、モダニズムの名作 *Fantasia*（一九四〇年、邦題「ファンタジア」）などの以前のリリースの成功に基づいて、この新しい映画の予告編では、「世界で最も偉大な語り手が世界で最も偉大な愛の物語をスクリーンにもたらす」と大胆にも宣言した。「『バンビ』は愛には笑いがあふれていることを証明する」とアナウンサーは続けた。

残念な最初の興行収入の後、戦後の六回の再リリースにより、*bambi*（邦題「バンビ」）はその時代で最も高い収益を上げた映画の一つになった。一九六六年になっても、史上四番目に高い興行収入でありつづけた。一九八九年にディズニーがホームビデオで配信を開始した時、「バンビ」は一九四二年に公開された二番目に有名な映画、*Casablanca*（邦題「カサブランカ」）の一〇倍以上の収益を上げた。

バンビは、間抜けな生き物、春の花、若い頃の恋心を描いた軽快な物語にとどまらないものだった。最先端のアニメーションと、自然、社会、アメリカ文化に関する長年の考えを生かした重層的な物語で、動物をテーマにした映画やテレビ番組という新しいジャンルの扉を開いた、最も影響力のある映画の一つだ。*Animal Planet*（邦題「アニマルプラネット」）、*March of the Penguins*（邦題「皇帝ペンギン」）、*Finding Nemo*（邦題「ファインディング・ニモ」）、Shark Week（「シャーク・ウィーク」）、*Planet Earth*（邦題「プラネットアース」）など、これらはすべて「バンビ」の成功を土台につくられた。[*1]

「バンビ」は、深み、野心、政治を備えた映画だった。自然主義的な絵と印象派的な絵が組み合わされ、首がすわっていない頭や大きく丸く開かれた眼など、人間の幼児に似せて描かれた愛くるしい動物たちが登場する。赤ちゃんには親が必要だが、男性は海外で戦い女性は銃後で働く世代だったため、社会保守派はアメリカの家族が脅威にさらされていると懸念していた。キャラクターを核である男性支配の一族に配置することにより、ディズニーは視聴者に、伝統的な性別の役割と家族構成は自然で戦争を切り抜けて生き残るだろうと安心させた。森の王様としての父親の地位を引き継いだバンビは、*The Lion King*（一九九四年、邦題「ライオン・キング」）などの後のディズニー作品に共通する「生命の輪」のテーマを具現化した。狩猟のような残虐行為や放火のような軽率な行為をしがちな人間は、この輪の一部ではなかった。罪のない動物を殺すことができる人間は、他人を殺したり、戦争を起こしたりすることさえ、できてしまうのではないか？「それは人間だ」とバンビの父親は、映画の最も印象的な台詞で宣言する。「私たちは森の奥深くに行かねばならぬ」と。[*2]

「バンビ」が一九四二年に初めて映画館に登場した時、ディズニーが主人公のベースにしたオジロジカは、現在では絶滅危惧種と呼ばれるものだった。アメリカ先住民は何千年もの間オジロジカを捕獲し、焼畑によってオジロジカが好む森林開拓地をつくることで個体数を維持していた。ヨーロッパ人が接触する前にこの大陸に何頭のオジロジカが住んでいたかは誰にもわからないが、一九三〇年までにその個体数は推定九九パーセント減に、すなわち三〇〇〇万から三〇万にまで減少した。バンビの最初のデッサンを作成するために、ディズニーは彼のアーティストの一人をメイン州のバクスター州立公園に六カ月間派遣した。これでは不十分だと判ったので、彼はモデルとするため二頭のオジロジカをメイン州からカリフォルニア州までの約四二〇〇キロメートルを輸送させた。[*3]
「バンビ」の封切りの頃には、オジロジカの数は回復しはじめていた。彼らは、いくつかの地域に再導入された。場所、季節、ハンターが捕獲できる動物の数、捕殺できる動物の性別（雄が捕獲され、雌は免れた）によって狩猟を制限する法律が彼らを保護した。自然界における彼らの捕食者のほとんどはいなくなっていた。オオカミ、ピューマ、およびクマがアメリカ東部の大半で排除されていたので、オジロジカの急速な回復を遅らせるものはほとんどなかったのだ。[*4]
オジロジカは北アメリカの最も一般的な野生の有蹄動物としての地位をすぐに取り戻した。早くも一九五〇年に、一部の生物学者は、オジロジカの個体数がヨーロッパ人到達以前のレベルに達し、わずか二〇年前の数の一〇〇倍になったと思った。オジロジカはすぐにアメリカの四六の州に棲んでいるのがわかった。近縁種であるオグロジカやミュールジカはロッキー山脈の西側でより一般的なのに対し、オジロジカのほとんどはロッキー山脈の東にいて、かつて彼らが繁栄していた農村部だけでなく、国の急成長する郊外でも見られるようになった[*5]（63頁図参照）。

オジロジカだけではなかった。都市部に流入する野生動物の新しい波の最も目立つ最初のメンバーの一つとしての彼らの成功は、より大きな物語の一部だった。「バンビ」の公開から数十年以内に、ウサギ、スカンク、オポッサム、フクロウを含む映画のキャスト全体が、アメリカの都市やその周辺でより多く登場しはじめた。もともと都市近郊に住んでいて、戦後増えたものがいる。また、狩猟や捕獲によって数十年前に生息数が減少した地域に戻ってきたものもいる。その上、今まで見たこともないような場所に出現するものもある。さらに、アライグマ、キツネ、コヨーテ、ボブキャット、タカなど、多数の動物たちが、やがて彼らの仲間入りをする。これらの生き物は、「森の奥へ行け」という王様の忠告を聞かず、ウォルト・ディズニーの言う、まさしく「避けるべき場所」を探し求めたのだ。

「バンビ」だけでは、これらの変化は生じなかった。しかし、それは野生生物が一八世紀と一九世紀に起きた猛攻撃から回復しはじめた瞬間に、自然についての一般的な考えを形成するのに役立った。第二次世界大戦前、都市住民は、公園を建設し、保護区を確保し、植林し、保全法を可決し、失われた種を再導入することによって、これを可能にする条件をつくり出した。戦後、緑豊かな郊外の成長と、これら新しいコミュニティ内とその周辺での狩猟の減少、という二つの関連する要因が加わることで、より多くの種類の野生生物をより多く都市に住まわせることができるようになったのだ。

都市と野生の境界

最初の「路面電車の郊外」は、一九世紀後半にアメリカの都市の近くで急速に成長した。馬力そしてその後の電力による路面列車が運行する通勤鉄道駅の周りに計画され、公園、商業センター、並木道、整然としたクラフツマン風の家を特徴としていた。これらの初期の郊外は、成長しつつある中産階級に都市の利便性と田舎の静けさの両方を提供した。初期の例は、シカゴ近郊のオーク・パークで、町が最初の鉄道駅を建設した後、一八七二年に郊外の成長が始まった。その後、数十年にわたり、有名な建築家フランク・ロイド・ライトを含むその住民は、大規模な路面電車システム、にぎやかな繁華街、数十の建築物を建設した。[*6]

一九二〇年から一九三〇年にかけて、郊外は国の中心都市の二倍の速さで成長した。いくつかははるかに速く拡大した。クリーブランド郊外のシェーカーハイツは一〇〇〇パーセント成長し、ロサンゼルス近郊のビバリーヒルズは二五〇〇パーセント成長した。しかし、一九二九年以降の大恐慌により、出生率、ローン利用、購買力が大幅に低下した。一九二八年から一九三三年の間に、新築住宅の建設は九五パーセント減少し、住宅不足は第二次世界大戦後も続くことになった。[*7]

一九四五年以降、四つの要因（新しい道路、都市計画法、政府が支援する住宅ローン、戦後のベビーブーム）が住宅市場に火をつけ、密集した古い都市の周りに広大な郊外地域が形成された。ニューヨークのレビットタウンやカリフォルニアのレイクウッドなどの戦後の郊外を開拓した開発業者は、住宅建築の複雑な職人技を、ヘンリー・フォードの自動車組立ラインを彷彿とさせる大量生産プロセスに変えた。実際、これら二つの業界は連携していた。車が無制限の機動性のファンタジーを煽る一方で、郊外の分譲住宅は自由、繁栄、独立を約束した。これらの夢は手の届くところにあるように見えた。一九四七年、第二次世界大戦の退役軍人はレビットタウンの新築の家を七〇〇〇ドル以下で購入できたが、これは二〇二〇年のおよそ八万三〇〇〇ドルに相当する。一九五一年までに、レビット・アンド・サンズ社は一万七四四七戸、つまり一日あたり平均一二戸の住宅を建設した。[*8]

ほとんどの学者は、これらの戦後初期の郊外について暗い見方をしてきた。ホモ・サピエンスの歴史の中で最も隔離されていてかつ最も単調な人間の生息地である、と注意した。また、男性に自由を与えたが、女性を孤立させる傾向もあった。遅くとも一九六〇年には、レビットタウンのような開発業者が、非白人の買い手が住宅を購入することを排除する「契約書」を発行した。木がほとんどなく、緑の芝生が一面に広がり、コンクリートやアスファルトが何ヘクタールも敷き詰められた幾何学的なレイアウトは、ほとんどの生物には適さない場所だった。戦後の郊外は、農地を奪って農家を追放し、水路を汚染して生息地を舗装し、野生生物を絶滅させて史跡を消し去り、計り知れない資源を食い尽くした。その一方で、レンガとモルタルを約束しながらそのほとんどがプラスチックであった不誠実な消費者文化の名において、住民に、自動車、道路、化石燃料への依存を強いた。[*9]

戦後のスプロール化〔都市計画性の欠如によって都市が無秩序に拡大していくこと〕は避けられなかった。たとえばイギリスでは、少なくとも一九八〇年代の規制緩和までは、政府当局者が土地利用計画をよりコントロールし、アメリカよりもはるかに高いレベルでスプロール化を抑制していた。しかし、アメリカでは郊外が決定的な都市形態として登場した。二〇〇〇年には、世界の歴史において初めて、全国民の半数以上が、真の農村地域でも真の都市地域でもないコミュニティに住んでいたのである。[*10]

戦後の郊外は、ほぼあらゆる基準で、生態学的に荒涼としたものだった。しかし、ほとんどの場合、それらの郊外は手つかずの自然からつくり上げられたものではなかった。その大半は、近くの都市の食料を育てるために農家が何十年も前に開墾した平らで開けた場所につくられた。ニューヨークのロングアイランド、シカゴの西端沿い、および他のアメリカの数十の都市の周辺にあった農場は、初期の郊外に取って代わられた。[*11]

農場がスプロール化に道を譲った最も明確な例の一つは、ロサンゼルスにあった。一九一〇年から一九五五年まで、ロサンゼルスは小麦、ウシから野菜、果物、ナッツまですべてを生産しているアメリカトップの農業郡だった。一つの大きな例外を除き、二〇世紀初頭のロサンゼルスは世界最大の路面電車ネットワークが縦横に通る、他のアメリカの都市と同様の都市地理をもっていた。繁華街は一時繁栄したが、ロサンゼルス盆地には単一の都市のコアがなく、代わりに少なくとも一二の主要な町が含まれていた。それぞれは、快適に徒歩で到達するには遠すぎたが、すべて、短いドライブの範囲内にはあった。[*12]

車は、ロサンゼルスを小さな都市と大規模な農場の地域から広大な郊外の大都市に変えた。早くも一九一五年の時点で、ロサンゼルスでは八人の住民に対して一台の車があった。これに対し、当時の全国平均は四三人に一台だったのである。一九三〇年までに、一戸建て住宅は、ニューヨーク、シカゴ、ボストンで住宅数の約半分であるに比べ、ロサンゼルスでは住宅数の九〇パーセント以上を占めていた。一九四〇年にロサンゼルスの繁華街とパサデナを結ぶアロヨ・セコ・パークウェイがアメリカ初の高速分離道路として開通し、カリフォルニア州のフリーウェイ建設の大成功への道が開かれた。最後の路面電車が廃止された一九六三年までに、ロサンゼルスは伝統的な意味での都市というよりも郊外地域のようなものになった。少し前までは世界で最も生産性の高い農地の一部だった数万ヘクタールの土地は今、コンクリートとアスファルトで覆われている。[*13]

郊外が旧市街の中心部から外側に広がるにつれて、より自然な地域にさらに侵入した。湖、小川、湿地などの水生生物の生息地は、最初に最も大きな打撃を受けた。南カリフォルニアでは、開発によって地域の沿岸湿地の三分の二が改変され壊滅した。多くは、ハーバー、港、公園、または分譲地になった。これらの変化は一九世紀に始まったが、最も野心的なプロジェクトは第二次世界大戦後に完成した。たとえば、サンディエゴでは、一九四〇年代に開始された大規模なミッション湾プロジェクトによって、干潟が国内最大の親水公園に生まれ変わった。ロサンゼルスでは、一九五三年に着工したマリーナ・デル・レイ・プロジェクトにより、バローナ・クリーク河口が世界最大の小型船舶人工ハーバーに変わった。[*14]

陸軍工兵隊と米国開拓局も、これらの湿地に水を供給する小川を再設計した。開発が近くの氾濫原に侵入すると、隊や他の機関は手に負えない小川や川をコンクリートの雨水排水管に注ぎ込んだ。一九九一年に公開されたディストピア映画 *Terminator 2:Judgment Day*（邦題「ターミネーター2」）で有名になったロサンゼルス川のような排水溝は、近隣のコミュニティを洪水から守った。しかし、それらは河岸の生息地を破壊し、野生生物を荒廃させ、オープンスペースを破壊し、土壌への水の浸透を減らして帯水層を枯渇させた。その結果、何十億リットルもの淡水を海洋に流出させた。[*15]

一九七〇年代、特にサンベルト地方や西部の州では、新しい開発が進み、本来の生息地の奥深くまで入り込むようになった。このような場所は、野生生物、オープンスペース、郊外のスプロール化をめぐる対立の火種となったのである。郊外の進出は、起伏に富んだ丘陵地帯や公有地近くの山々、干潟や砂丘など、以前は限界だった地域にまで及んでいた。この都市と原野の境界線に沿った建設は、その後も数十年にわたって続き、火災や土砂崩れの通り道に多くの家を置き、より多くの希少種を危険にさらした。[*16]

しかし、多くの生息地を破壊し、多くの生物種を脅かしてきた郊外の開発は、意図せず、また予期せぬ形で他の生物種に利益をもたらした。高度に工場化された農場は野生動物にとって最も過酷な環境であり、そこに迷い込んだ生物は、重機から銃、罠、殺虫剤、毒餌、隠れる場所のなさなど、さまざまな危険にさらされる。農場に代わって住宅地ができた地域では、一部の生き物が移り住んだり、通ってきたりするようになり、夜は郊外の食べ物や水を摂り、昼は野生の場所に避難するようになった。一九七〇年代には、都市と野生の境界線は、オジロジカのように数を回復し、生息域を拡大している種を含む、進取の気性に富む野生生物の通り道となった。

都市化に伴うハンターの急減

郊外の成長は、別の予想外の結果ももたらした。それは娯楽としての狩猟の大幅な減少であり、これが都市やその周辺で一部の野生動物種がさらにその数を増やすことを可能にした。

アメリカがほとんど田舎の国だった時、住民の多くは食料や生計の一部を狩猟に依存していた。一九世紀後半までに、この国の野生動物が急激に衰退したことにより、栄養よりもスポーツのために動物を殺していたより裕福でより都会的なハンターが自給自足の狩猟を厳しく制限し、野生で捕獲された獲物の販売を禁止するよう求めた。いくつかの州は新しい狩猟と漁業の法律で対応したが、これらはしばしば物議を醸し、不十分な施行となった。議会は、州法に違反して捕獲された野生動物の輸送を禁止する一九〇〇年のレイシー法でこの状況に対処した。一九一一年、米国上院は世界初の野生生物保護条約である北太平洋オットセイ条約を批准した。プログレッシブ、ニューディール、および戦後、以上の時代に可決された数十の州法および連邦法は、これらの基礎の上に構築されている。[*17]

野生生物管理の北アメリカモデルとして知られるようになったこのシステムには、七つの原則がある。野生生物は公共の資源である。その利用は、州法、連邦法、および国際法により管理される。人々は、これらの法律で許可されている目的のために野生動物を利用できる。野生で捕獲されたほとんどの動物を販売することは違法である。野生生物への合法的なアクセスは、好みや偏見なく、万民に開かれている。野生生物管理は科学に基づくべきである。そして、野生動物の利用者は、保護区に入るための料金を支払ったり、狩猟や釣りのライセンスを購入したりすることで、保全のための資金提供を手助けする。

北アメリカモデルは五〇年間の成功を収めた。一九二〇年から一九七〇年にかけての「釣り針と銃弾」保全の黄金時代に、狩猟と釣りとを促すように設計されたプログラムに資源が流れ込み、多くの野生動物の個体数が回復した。しかし、一九七〇年以降、北アメリカモデルに亀裂が入りはじめた。新世代の自然保護論者の多くは都市と郊外で育ち、田舎での狩猟と釣りの顧客に役立つだけではなく、むしろ、生物多様性保全というより広い目標を前進させるプログラムを求めた。彼らは、ほとんどの捕食者を制御するような伝統的な野生生物管理手法を無駄で効果がないと見なし、野生生物法、海洋哺乳類保護法、および絶滅危惧種法などの法案を擁護した。それらの進歩に満足できず、一九八〇年代に多くの人が野生生物管理から離れ、保全生物学の新しい分野を形成した。

同じ頃、国内の娯楽目的のハンターの数はアメリカで急落しはじめ、この傾向は今日まで続いている。一九七二年に一般社会調査によって調査されたアメリカの成人の二九パーセント（ほぼ三人に一人）が、自分またはその配偶者がある時点で狩猟をしたことがあると報告した。二〇〇六年までに、これはわずか一七パーセントにまで低下し、三四年間で四〇パーセント以上減少した。一九九一年から二〇〇六年にかけて、イリノイ州とカリフォルニア州では活動中のハンターの数が半分に減り、アリゾナ州、コロラド州、ケンタッキー州、ユタ州、ウェストバージニア州では三分の一以上減少した。米国魚類野生生物局によると、一九九一年から二〇一六年の間に、国内の一六歳以上の人口が六四七〇万人増加したにもかかわらず、全国のハンターの数は約二六〇万人減少した。[*18]

この狩猟の減少は、おもに郊外化の結果である。狩猟は、ハイキング、バードウォッチング、さらには釣りなどの他のアウトドア活動と比較して、参入障壁が非常に高いことで知られている。家族に狩猟の伝統がない人が、狩猟を始める可能性は低い。農村部の住民は家族にハンターがいる可能性が高いが、それらの家族のメンバーが都市部に移動すると、狩猟に必要なスキル、装備、および興味が世代から世代へと受け継がれないことがよくある。ほとんどの都市や郊外では、公共の場で銃器を発砲することを禁止する法律が制定されているため、都市の成長により、狩猟はより費用と時間がかかるものになりうる。たとえばマサチューセッツ州では、射撃規制により、二〇一二年までに州の少なくとも六〇パーセントが狩猟禁止区域となった。そして狩猟参加が消えていく地域ではハンターでない人々が狩猟を不公平で非人道的なものと見なし、世論はしばしばこのスポーツに反対した。[*19]

一世紀以上にわたり、狩猟は野生生物管理者にとって最も重要な手段の一つであった。季節、バッグリミット〔漁や釣りにおける持ち帰り数の制限〕、およびその他のルールは、落ち込んでいる野生生物の個体数を復活させることができた。個体数が回復すれば、狩猟や漁業によって適度で持続可能なレベルを維持することができるし、こうした活動によって他の保護活動のための資金を集めることもできる。したがって、娯楽としての狩猟と釣りは、これらの娯楽が広く普及していた時代、野生生物の専門家や愛好家の多くが参加していた時代、そして残存する野生生物のほとんどが農村部に住んでいた時代では、野生生物管理の北アメリカモデルの要だった。

狩猟の衰退は大きな影響を与えた。ハンターが減り、野生生物管理のための資金がニーズに追いつかなくなった。慢性的な資金不足は、通常の維持管理がおろそかになり、大きなプロジェクトは延期、縮小、削減されることを意味する。その結果、狩猟の魅力が低下し、野生生物管理者から重要な手段が奪われることになる。オジロジカのような繁殖力の強い日和見種〔寿命は短いが多産と速い成長によって繁栄する種〕の個体数は抑制されずに増加し、生息地の回復や保全の努力によって利益を得ることができる他の種は苦境に陥る。非営利団体から害虫駆除業者まで、独自の動機、テーマ、ビジネスモデルをもつ民間団体が、より多くの仕事を引き受け、野生生物は公共の信託であるという考えを危うくする。[*20]

しかし、狩猟がアメリカの娯楽として衰退しなかったとしても、都市部での野生動物の管理にはほとんど役立たないだろう。ほとんどの都市で銃器の発砲が禁止されているため、一部の人々は弓矢を使用した狩猟を始めた。しかし、シカのような動物を矢で射ることは、多くの場合、長い血まみれの追跡劇となるため、人口密集地域では身の毛もよだつ危険な行為となり、狩猟に対する反発をさらに強める。米国農務省は、シカの淘汰を目的とした狙撃プログラムを実施しているが、同じような理由で、あまり人気がない。また、都市でのわな猟は、特に私有地では規制が不明確であることが多く、多くの人がそれを残酷だと考えているため、物議を醸す傾向がある。多くの森林生物の個体数が史上最少で、残りの野生生物のほとんどが農村部に棲んでいて、都市がまだ比較的コンパクトだった一世紀前には、これらのどれも懸念事項ではなかったが、しかし、戦後の郊外住宅地の出現により、このような状況は一変した。

増えすぎた個体数

一九四二年にさかのぼると、ウォルト・ディズニーはオジロジカや「バンビ」に登場する他の動物たちのどれもがアメリカ郊外にありふれた住民となろうとは想像していなかった。しかし、その後数十年にわたって、新しい法律が野生生物を保護し、郊外が緑豊かな生息地へと成熟し、狩猟は娯楽として衰退したので、シカ（およびその他の野生動物）の個体数はアメリカの都市とその周辺で空前のレベルにまで増加した。オジロジカは森の奥深くに行く代わりに、人口密集地に移動し、都市の野生生物の新しい時代が近いことを知らせた。

当初、多くの人がこの大転換を歓迎したが、すぐに難問が伴うことに気づいた。シカの個体数が適度に抑制されないと、生息地を覆い尽くし、植生をむさぼり食い、森林生態系を劣化させ、動物由来感染症を蔓延させ、何千もの自動車衝突を引き起こす可能性があった。近年、シカの個体数は多くの地域で横ばいになり、一部の地域では減少さえしてしまった。しかし、これらの動物と一緒に暮らす多くの人々は依然として、二〇世紀の野生生物管理者がシカの個体数を回復して維持するためにしたことは、薬も過ぎれば毒だったと考えている。これらの懸念にもかかわらず、アメリカ中の都市住民は、オジロジカのような種を裏庭に引き寄せる条件をつくりつづけてきた。[*21]

5 生息地を保全する

一九八〇年代から一九九〇年代にかけて、ワシントンやオレゴンの森林からネバダやアリゾナの砂漠にいたるまで、絶滅危惧種とその生息地の保護をめぐる論争がアメリカ西部を騒がせていた。これらの議論で、数十種の絶滅危惧種と国内で最も高価な不動産の両方が存在する南カリフォルニア以上に問題となったところはほとんどなかった。一九九一年、南カリフォルニア建築業協会は、自分勝手ではあるが、冷静な予測をした。米国魚類野生生物局が、カリフォルニアブユムシクイと呼ばれる小鳥を絶滅危惧種に指定した場合、これは「さらなる対立につながり、生息地の保全プログラムが絶望的に行き詰まり、経済的に大きな困難に直面することになる。訴訟は避けられないだろう。絶滅危惧種法自体を弱体化させる運動が……勢いを増すだけだ」と指摘した。[*1]

これらの意見は、そのほとんどがカリフォルニアブユムシクイについて聞いたことがなかった南カリフォルニア人の多くにとって驚きだった。体長一〇センチメートル以下、重さ九グラム以下、鳴き声はバンドウイルカのきしむようなおしゃべりのように聞こえ、藪の中に溶け込む鈍い灰色の羽毛をもつブユムシクイは、注目を集める論争のテーマになりそうにはなかった。しかし、この鳥の保護の議論は、長い間、強力な開発業者と私有地への執着で知られてきたこの地域を、絶滅危惧種保護の最前線に押し上げることになるのだ。

カリフォルニアブユムシクイの議論は、一九七〇年頃から始まり、何千もの新しいオープンスペースと自然保護区を守ってきた初期の都市公園保存活動の遺産の上にアメリカの都市が築かれた今日まで続いた。この長い議論は二〇年に及んだ。支持者は、これらの地域を手つかずのまま残しておくことで、郊外のスプロール化の影響が軽減され、近隣住民の生活の質が維持され、流域が守られ、絶滅危惧種が保護されると主張した。彼らの活動は物議を醸したが、彼らの成功により、アメリカの大都市圏の多くで野生生物が歩き回る恒久的な空間が確保された。

小さな鳥のための広大な土地

カリフォルニアブユムシクイ論争の根源は、二〇世紀半ばまでさかのぼる。第二次世界大戦後、南カリフォルニアの人口は急増し、一九五〇年の五七〇万人から一九九〇年には一七五〇万人、二〇一〇年には二一六〇万人に増加した。開発業者は、この急速に成長する市場に向けて住宅を建設する競争を繰り広げた。初期のプロジェクトでは、中産階級の家族向けに設計された質素な分譲住宅が中心だった。しかし、数十年のうちに、多くの住民は、自分たちの小さなバンガローや分譲住宅が一〇〇万ドルの地所にあることに気づいた。一九八〇年代までに、公園、国有林、基地以外の南カリフォルニア沿岸の多くが開発された。戦後の初期のプロジェクトのほとんどは、古い農場に取って代わるものだったが、建設業者は最終的に、より自然な地域に押し入った。沿岸のセージ低木林と呼ばれる低地の常緑樹の広大な帯が、最も人気のある区画のいくつかをたまたま覆っていた。これらの区画は突然開発の需要が高まったが、それ以外の価値はほとんどないように思われた。

この国の最高峰と最低標高の砂漠がいくつかあり、地上で最も高く、最も古く、最も巨大な樹々もある州では、沿岸セージ低木林はありふれた風景だ。ひざから頭の高さまで明るい銀緑色の色合いで、丈夫で干ばつに強い低木で主に構成されており、上から見ると、あたかもチクチクするウールの毛布が地面を覆っているように見える。春の間、さまざまな希少種のすみかである沿岸セージ低木林は、沸き立つような黄色、青、紫、オレンジ色でパッと咲くことがある。しかし、一年のほとんどの間、ヤマヨモギ、ソバ、ブリトゥルブッシュ、コヨーテブラシ、ノコギリソウ、ルピナス、時折、多肉植物など、最も一般的な多年生植物はほとんど休眠していて、太陽が降り注ぐこの地域に多くの人を惹きつける雲のない空と極限の海風から身を潜めているように見える。

生息域がメキシコのバハにまで及ぶカリフォルニアブユムシクイは、沿岸セージ低木林の生息地内でさえ、おそらくけっして豊富にいたのではなかった。一八九八年、後にカリフォルニア大学バークレー校の脊椎動物博物館の創設者となる若き日のジョセフ・グリネルは、カリフォルニアブユムシクイを「少数の限られた地域に住む一般的な定住動物」と表現した。一九四四年の画期的な著書 *The Distribution of the Birds of California*（『カリフォルニアの鳥の分布』）で、グリネルと彼の後任の館長であるオールデン・ミラーは、カリフォルニアブユムシクイは「地域的に一般的」であるが、その生息範囲は過去二〇年間にすでに「いくらか減少」し、彼らの将来は少しも保証されていないと述べた。その時でさえ、カリフォルニアブユムシクイは地歩を失っていたが、それに気づいたり気にかけたりした人はほとんどいなかった。[*2]

その後四〇年間は、沿岸セージ低木林が開放された時期だった。建設業者は海岸沿いの低木を根こそぎ伐採し、整地し、手入れの行き届いた庭や駐車場、球技場に変えていった。一九七〇年のカリフォルニア州環境品質法や一九七六年のカリフォルニア州沿岸法などの新しい法律が沿岸セージ低木林地帯を保護したが、散在する町や都市が合併して三二〇キロメートルのメガロポリスになったため、建設業者たちは低木を削り取りつづけた。一九九〇年には、生物学的に最も多様なアメリカの州で、沿岸セージ低木林は最も危機に瀕した生態系の一つとなった。

被害状況の把握は驚くほど困難だった。人口一七〇〇万人を超えるこの地域で、沿岸セージ低木林やそこに棲む動物について研究しようと考えた人はわずかだった。その多くは、開発業者が法律を遵守、あるいは、必要ならば法律を回避できるようにすることを目的とするコンサルタントで、科学的知識を高めたりデータを共有したりはしなかった。推定値はさまざまだが、ほとんどの専門家は、アメリカとメキシコの国境以北に残っているカリフォルニアブユムシクイはわずか数千羽であることに同意している。[*3]

南カリフォルニアでは、沿岸セージ低木林の五〇～九〇パーセントが失われたが、この地域にはまだ約一八万ヘクタールものセージ低木林があり、ロサンゼルス、オレンジ、リバーサイド、サンディエゴ、ベンチュラの五郡に、カリフォルニアブユムシクイが生息している。これらの地域は将来的に開発が予定されている最も貴重な地域の一つであり、沿岸セージ低木林の八〇パーセントは私有地であるため、カリフォルニアブユムシクイを保護しようとすれば、この地域の成長促進政策と衝突することになる。[*4]

各方面からの圧力を受け、サクラメントの議員たちはカリフォルニア州絶滅危惧種法を改正し、自然地域保全計画（NCCP）と呼ばれるプログラムを創設することで対応した。この改正法では、科学者、政治家、その他利害関係者が協力して生息地を保護する一方で、他の地域での建設の継続を許可することになっている。彼らはこれを、新規開発に料金を課すことで、一部、実現しようとした。そうすれば、影響を受けやすく脅威にさらされている生息地における土地の購入、譲渡、地役権設定などの資金を得ることができるのだ。[*5]

一九九三年、わずか二年前に華々しく発表されたNCCPのプロセスは失速した。自然保護活動家たちは、それが絶滅危惧種を保護するための他の取り組みの妨げにならないかと考えた。政治家たちは、広大な土地を確保することによる経済的な影響を懸念した。建設業者は、このプロジェクトに参加することで、これ以上の障害なくプロジェクトを進めることが本当にできるのかどうか、疑問を抱いていた。そして、現場の役人は、広範囲に及ぶ新しいNCCP法を実施する方法について、上司からの指示を待っている状態だった。

三つの重要な出来事がこのプロセスを始動させた。カリフォルニア州資源局は、NCCPのガイドラインを発表し、その進め方を指示した。米国魚類野生生物局は、カリフォルニアブユムシクイを「絶滅危惧種」に指定し、州のプロセスが失敗した場合は、連邦政府が介入することを示唆した。また、内務長官ブルース・バビットは、カリフォルニア州の取り組みを支持し、連邦法に準拠した州承認の計画を尊重することを約束した。一九九六年、カリフォルニア州はオレンジ郡で最初のNCCPを承認し、一九九七年、一九九八年と二年連続でサンディエゴ郡の追加のNCCPを承認した。バビットによれば、これは「過去一〇年間に見られた環境と経済の大惨事を避けるつもりならば、全米で何をしなければならないかを示す一例」であった。[*6]

その後四半世紀の間に、NCCPはロサンゼルス以南の南カリフォルニアの都市部のほとんどをカバーするまでに拡大した。二〇一七年までに、これらの計画は二九都市、約七四万ヘクタールに及び、そのうちの約三九万ヘクタール以上は自然保護区で、ロードアイランド州よりも広い面積を占めている。また、一一都市、約九一万ヘクタールをカバーする六つの計画が進行中であった。カリフォルニア州のNCCPは、全米でも有数の都市部の一つに、野生種と固有の生態系のための恒久的な場所をつくり出した。これは、野生生物の保護のために数十億ドル規模の建設産業を抑制したものであり、二五セント硬貨とほぼ同じ重さのくすんだ灰色の鳥の名の下に行われたものである。[*7]

オープンスペース・ネットワークの形成

都市部にオープンスペースや自然保護区を設けようという機運は、徐々に高まっていった。郊外は、地平線に向かうにつれ、不均一に進み、互いに飛びかい、交渉に同意しない農場、水域、公有地にぶつかり、高速道路に抱きつき、それらの間に未開発の地域が点在するようになった。多くの緑地が開発される運命にあるようだった。一方、郊外は、より緑豊かでありながら、より都会的になっていった。道路が車で埋め尽くされ、空がスモッグで曇るにつれ、半農村的な味わいが損なわれ、多くの住民は、この地域が自分たちを惹きつけてきた特質を失いつつあると感じるようになった。[*8]

郊外に住む人々は、自分たちの生活の質を守るための対策を求めて、すぐに運動を始めた。彼らは土地利用規制条例を制定し、建物の高さを制限する設計基準、住居密度の上限、駐車場の制限、建築の抑制などを定めた。彼らはまた、成長の限界として、洪水の危険性、山火事の危険性、水の供給制限、公衆衛生上の懸念などの環境要因を引用した。近年、これらの方策は、住宅価格の高騰を招き、貧しい人々や有色人種を裕福な白人の多い郊外から排除しようとするものとして批判され、現在では撤回されようとしているものさえある。このような反成長策のコストに対する意識が高まるにつれ、成長を制限する数少ない手法の一つとして、オープンスペースの保護が見直されてきた。[*9]

このオープンスペースの動きを先導したのが、サンフランシスコのベイエリアである。一九世紀半ばから、サンフランシスコの自然保護活動家たちは、都市型自然公園の建設に取り組み、一定の成功を収めていた。一九六〇年代から一九七〇年代にかけて、地元、州、連邦政府は、ベイエリアに点在する公有地を増強し、広大なオープンスペース・ネットワークを形成した。マリン郡のタマルパイス山州立公園、アラメダ郡のイーストベイ地域公園群、コントラコスタ郡のディアブロ山州立公園、ソノマ、ナパ、サンマテオ、サンタクララ、サンタクルーズ各郡の数十の公園はすべてこの時期に設立または拡張された。[*10]

連邦政府は、地元の活動家や政治家の働きかけにより、ベイエリアで最も野心的な三つの構想を主導した。一九七二年に設立されたゴールデンゲート国立保養地は、新しい保養地とミュアウッズなど既存の保養地を統合し、一つの国立公園としたものだ。現在、ゴールデンゲート国立保養地は、約三万二〇〇〇ヘクタールの敷地に約二一〇キロメートルの遊歩道と一二〇〇の歴史的建造物がある三七カ所から構成され、アメリカで最も多くの人が訪れる国立公園となっている。また、二〇年にわたる議論の末、一九七二年に連邦議会はドン・エドワーズ・サンフランシスコ湾国立野生生物保護区を創設した。塩田などをより自然に近い状態に戻すと同時にサンフランシスコ湾の南岸に残る湿地帯を保護することを目的とした、国内初の都市型野生生物保護区だと宣伝された。生態系への懸念と開発圧力とにより当初は動きだしたのだが、現在この保護区は絶滅危惧種を保護し、地元の学校のために教育プログラムを開催し、高潮や海面上昇から低地にある都市を守っている。現在、ドン・エドワーズ保護区は、七つのユニットからなる約一万八〇〇〇ヘクタールのサンフランシスコ湾国立野生生物保護区群の一部となっている。[*11]

二〇〇七年、ベイエリアには国内最大の都市型オープンスペースのネットワークが誕生した。約一八二万ヘクタールのうち、建物や舗装道路に覆われているのは一七パーセントにあたる約三〇万ヘクタールにすぎない。残りの約一五二万ヘクタールは未開発で、約七三万ヘクタールの農場と牧場、約二九万ヘクタールの水と湿地、約二〇万ヘクタールの森林が含まれている。サンフランシスコから約六四キロメートル以内に、約二〇〇の公園、保護区、オープンスペースがあり、ヨセミテ国立公園よりも大きく、多様な公有地のネットワークを形成している。[*12]

公共スペースの少なさで知られるロサンゼルスは、北の隣人の例に倣った。西はマリブから東はハリウッドまで続くサンタモニカ山地の土地を保護しようとする動きは、ベイエリアでの多くの取り組みと同様、開発計画への対応であった。一九五〇年代の初めに、地元の開発業者や政治家たちは、分譲地を新設するために山頂を平らにし、山脈の上に高速道路を造り、原子力発電所を建設し、いくつかの峡谷をゴミで埋め尽くし、そしてこれらのゴミ捨て場に蓋をしてゴルフコースを建設する計画を発表した。一九六〇年代から一九七〇年代にかけて、スー・ネルソンやジル・スウィフトといった地元の活動家たちが、土地保護運動を進めていた。一九七八年、サンフランシスコの有力下院議員フィル・バートンが、サンタモニカ山地を包括的な公園法案に盛り込んだことが、彼らの大きな転機となった。現在、サンタモニカ山地は、連邦政府が所有する数十の区画に、州や郡の公園、地役権、私有地が散在する「パッチワーク公園」で、約六万二〇〇〇ヘクタールの広さを誇る、世界最大の都市公園となっている。[13]

アメリカの他の地域では、古い公園を再利用、更新、拡張、または変換して新しい目標を達成した。一九七〇年代、シカゴ地域の森林保護区ネットワークを拡大しようとする自然保護活動家たちは、複雑な政治、複数の利益団体、そして地元の種や生態系が直面している脅威よりもブラジルの熱帯雨林が直面している脅威について多く知っていると思われる無関心な一般市民と格闘していた。ところが、一九九〇年代半ばになるとシカゴ地域の二五〇以上の機関や非営利団体からなるコンソーシアムが、シカゴ・ウィルダネスという洒落た名前でこの地域の多くの人に知られている「シカゴ地域生物多様性会議」の旗の下に結集した。二〇一七年までに、この連合はグリーンインフラ、生物多様性回復、その他のプログラムに関する五〇〇以上のプロジェクトを実施した。現在、シカゴ広域の一〇パーセントが何らかの形で公園や保護区になっている。[14]

テキサス州北部のトリニティ川の堤防沿いでは、これとは異なる物語が展開されている。一九世紀以来、ダラスを二分する長さ約三二キロメートルの氾濫原を利用し、管理し、開発しようとする無策の計画が数多くあった。しかし、政治的な対立と度重なる洪水により、これらの計画のほとんどは失敗に終わった。第二次世界大戦後、開発業者たちは再びこの地域に目を向けはじめたが、その計画もほとんどが失敗に終わった。しかし、今、この川には別の未来が待っているようだ。一九九八年と二〇〇六年の国債発行により、市は氾濫原の大部分を購入する資金を得た。二〇一八年以降、市は国内最大の都市広葉樹林を含む数千ヘクタールの野生生物の生息地を保護しつつ、洪水防止とレクリエーションの機会を改善する計画プロセスに従事している。[15]

古いインフラを自然保護区として再生している都市もある。その代表的な例の一つが、スタテン島のフレッシュキルズ埋立地だ。フレッシュキルズという名前は、小川や潮流口を意味するオランダ語の*kil*に由来しており、一九四八年に開設された。近くてアクセスもよく、地表直下に不透水性の粘土層があることから、すぐにニューヨークの主要な廃棄物処理場となり、毎日二万九〇〇〇トンものゴミを受け入れた。地元の人々は、フレッシュキルズを健康被害、荒廃、そして横柄な地区内住民からの侮辱として不快に思っていた。一九九〇年代に、市は各自治体が独自にゴミを管理する新しいシステムを採用した。フレッシュキルズは二〇〇一年三月に閉鎖されたが、九・一一の後の瓦礫を受け入れるために一時的に再開され、その後三億ドルをかけて閉鎖、被覆、再設計のプロセスを開始した。[*16]

フレッシュキルズでは、現在世界最大の、埋立地から公園へ転換するプロジェクトが進んでいる。セットを四半世紀かけて順次オープンしていく予定だが、完成すればそれはニューヨーク市内で最大の公園となる。約八九〇ヘクタール、つまり、セントラル・パークの約三・五倍の広さを誇るフレッシュキルズは、スタテン島の公園用地の四〇パーセントを占めることになる。初期には、敷地内に設置された源泉から廃棄物分解により発生するメタンガスを回収し、ピーク時には三万戸の住宅を暖めることができるという。すでに、野生動物も戻ってきている。イナゴヒメドリ、コメクイドリ、マキバドリからミサゴ、ハクトウワシにいたるまで、鳥類が敷地内のなだらかな草原や約一八キロメートルの海岸線に群がっている。キツネはよく見かけ、ビーバーは二〇〇年ぶりに復活し、二〇一二年には最初のコヨーテがやってきた。[*17]

政策の変化と保護法の制定

州や連邦政府の政策の変化も、多くの大都市圏の環境保護活動を後押ししてきた。一九六四年から一九八六年にかけて、連邦議会はおよそ二四の主要な環境保護法を可決し、多くの州もこれに追随して同様の法律を制定した。これらの法律は、野生生物と生息地の保護など、さまざまな自然保護問題に適用された。

その中でも特に重要な法律が、一九七三年の絶滅危惧種保護法（ESA）である。アメリカ合衆国憲法では、土地利用計画は市や郡を含む地域の管轄区域が行い、州はその境界内の野生生物に関する権限のほとんどを有している。連邦政府は資金を提供し、連邦所有地の野生生物を管理し、渡り鳥や海洋哺乳類など特別に指定された種や種のグループの保護活動を監督する。ESAは、州が在来種の保護に失敗した場合に介入することを義務づけ、野生生物の保護における連邦政府の役割を拡大した。ある種がリストアップされると、担当する連邦機関（米国魚類野生生物局または国立海洋大気庁）は、その種へのさらなる害を防ぎ、州やその他の関係者と協力してその種の回復に努めなければならない。[*18]

ESAは、サンベルトと西部の大都市圏で重要な役割を果たしている。カリフォルニア州がNCCPプログラムを設立した数年後、これらの地域の一二を超える都市部が、ESAの下で同様の生息地保全活動を開始した。これらのうちのいくつかは、カリフォルニアブユムシクイのような単一の種を保護することで、開発やインフラ整備を中止する恐れがあったために始まったもので、数十種を対象とする大規模な地域計画へと発展していった。生息地保全計画は、ついにはカリフォルニア州ベーカーズフィールドからテキサス州オースティンまで、サンベルト地帯の都市部をカバーすることになる。

たとえば、一九九七年、魚類野生生物局は、生息域の北端であるツーソン周辺の砂漠に生息するサボテンアカスズメフクロウを絶滅危惧種に指定した。二〇〇六年、開発業者が告訴し、このフクロウをESA（米国環境保護局）の保護対象種から外したが、すぐに訴訟は法廷に戻った。その頃、ツーソンのコミュニティリーダーは、サンディエゴやオレンジ郡ですでに作成されているような生息地保全計画に取り組んでいた。二〇一六年、六〇〇時間に及ぶ会議、二〇〇の技術報告、一五〇名以上の科学者からの意見を経て、ツーソンのあるピマ郡はソノラ砂漠保全計画を完成させた。この計画は、別の約一万五〇〇〇ヘクタールの開発許可と引き換えに、四四の動物種を保護し、約四万七〇〇〇ヘクタールの生息地を保護することを目的としている。[*19]

また、一部の市や郡の計画機関では、郊外の新規開発において野生動物により優しい設計を奨励するためのガイドラインを制定したり、認証制度を推進したりしている。認証の資格を得るには、生息地の保全または修復の要素、オープンスペースアクセス規定、雨水管理システム、環境に優しい夜間照明、住民教育プログラムなどを盛り込む必要があった。また、より持続可能な建設資材を使用し、建物を密集させることで、開発のエコロジカル・フットプリント（環境に対する人間活動の影響を表す指標）を最小限に抑えることも約束した。[*20]

郊外のオープンスペースや保護区は、保護することになっている希少動物や絶滅危惧動物だけでなく、他の多くの野生動物にとっても豊かな生息地であることがわかった。その中には、昔から住んでいる動物や、その地域から姿を消していた、あるいはそれまで生息していなかった動物も含まれている。過去数十年間、アメリカの多くの都市で見られたように、公園、オープンスペース、保全地域が別の理由で確保されたことで、さまざまな野生生物が繁栄するようになった。その中には、計画段階で考慮されなかったもの、これらの地域が保全されることで利益を得ることを意図しなかったものも多く含まれる。

見捨てられた土地の再生

一九六〇年代、一九七〇年代、一九八〇年代に急速に変化した都市の生息地は、きらびやかな新しい公園や保護区だけでなく、進取の気性に富む野生生物が利用しやすくなった空間もあった。この時期、犯罪、人種差別、ホワイト・フライト〔白人が、人種や民族文化が多様化した都市を避け、郊外へ移住する現象〕、産業の空洞化、資本の食いつぶしがアメリカのいくつかの都市に大きな打撃を与えた。デトロイトやボルチモアのような古い工業都市では、老朽化した建物が腐り、茶色い畑が金網フェンスの向こうに空いたままになっており、空き地には雑草が生い茂るようになった。[*21]

このような放置され、見捨てられた地域を表す適切な言葉は、英語にはない。二〇一七年のドキュメンタリー映画で、イギリスの地理学者マシュー・ガンディーは、ベルリンの人が第二次世界大戦の荒廃の後に残された中間的な空間を表現するために使うドイツ語「*brachen*」（ブラッヘン）を借用した。第二次世界大戦後ベルリンに残された空き地や瓦礫の山は、時間が経つにつれ生命でいっぱいになり、そのほとんどの住民が街の壁に閉じ込められていた時のベルリンの反骨精神を象徴し、公共空間として大切にされはじめ、自称都市生態学者の第一世代が研究する対象として役立った。ブラッヘンという言葉自体は、いつの日か使用するために、偶然または必然によって野生状態になり放置されている休閑地を指す。[*22]

アメリカの都心部にあるブラッヘンは、その多くが汚染されていたり、狭かったり、孤立していたり、有害な雑草が生い茂っていたりして、生息地としては不十分であるため、郊外の自然保護区のように野生動物にとって貴重な存在になることはけっしてないだろう。また、ブラッヘンは短命に終わる傾向がある。ベルリンでさえ、開発の圧力で、この街で愛されてきたブラッヘンが危機に瀕している。しかし、こうした中間的な空間は、何百種類もの放浪する野生生物の隠れ家となっており、多くの地域がその状態を改善しようと努力し、時には恒久的な自然保護区に転換しさえしている。[*23]

アメリカのブラッヘンを再生させた最も優れた例の一つである、ブロンクス川沿いを歩いてみてほしい。一九八〇年代の終わりには、この回廊は危険なゴミ捨て場だった。その後二〇年にわたって、地域団体がニューヨーク市の公園レクリエーション局と協力して、草の根の大規模な清掃活動を開始した。二〇〇三年までに、ブロンクス川とその岸辺から七〇台の車と推定三万本のタイヤを撤去した。今では、産卵のために上流に向かうエールワイフが泳ぎ、コヨーテが森のような川岸にしばしば出没し、ビーバーさえも数頭戻ってきた。かつて砂混じりだったニューヨーク市のこの片隅に、初めてクロクマが姿を現すのはいつになるのだろう。[*24]

保護の恩恵

南カリフォルニアの沿岸セージ低木林には、今でもブユムシクイが生息している。彼らが生息できるような保護区をつくるには、努力と工夫、そして少なからぬ強制力が必要だった。現在、これらのオープンスペースは、何十万人もの人々が運動やレクリエーションに利用する、この地域で最も人気のある場所の一つとなっている。また、野生動物たちにも人気がある。ブユムシクイを保護することは、他の何百もの種で使用される生息地を保全することを意味し、それらの種の大半は連邦法では絶滅の危機に瀕しておらず、保護されていないにもかかわらず、これらの保護区を生息地や移動のための回廊として利用している。一九六〇年代に始まったオープンスペース運動は、一九九〇年代の生息地保全活動とともに勢いを増し、アメリカの都市における野生動物の新たな局面の到来を告げた。このドラマの主役はブユムシクイだった。しかし、ブユムシクイを保護するためにつくられた保護区を訪れる人々の大半は、まだブユムシクイを見たことも鳴き声を聞いたこともないのである。

6 都市で成功する動物

一九八一年八月二六日、ケリー・キーンという名前の三歳の少女が、ロサンゼルス北部の富裕な郊外のグレンデールにあるサンラファエル・ヒルズにある自宅の私道で遊んでいた時に、コヨーテに襲われて死亡した。ケリーの死は、コヨーテが原因とされるアメリカ初の人間の死亡事故だった。それは悲劇であると同時に、予測も予防も可能な前例のない出来事だった。その理由を理解するためには、数歩下がって人間とコヨーテの長い歴史を振り返ることが有効である。[*1]

コヨーテは何千年もの間、人間とともに暮らしてきた。一〇〇〇年前のコヨーテの骨が、ニューメキシコ州チャコ・キャニオンで発掘された。古代巡礼地であったこの土地では、宗教的な集まりの際には、人口が四万人に達することもあった。中世の壮大な都市国家テノチティトランの周辺にもコヨーテが生息しており、コヨーテを信仰する宗派が存在する「コヨーアカン（コヨーテの場所）」と呼ばれる地区があった。彼らは、グレート・プレーンズやアメリカ南西部の先住民族の文化において、誕生と死、善と悪、トリックスターとしての重要な象徴的役割を果たしていた。コヨーテ爺さん、時にはコヨーテ婆さんにまつわる話は、北アメリカで最も古くから伝わる人間の物語である。[*2]

一七六九年、モントレーへのポルトラ探検隊の一員であるペドロ・ファヘスは、南カリフォルニアでコヨーテを観察した最初のヨーロッパ人として、サンディエゴで補給中に遭遇した種の中にコヨーテを挙げて記録した。コヨーテの個体数は、一七六九年から一八四八年までのカリフォルニアのスペイン宣教師時代とメキシコのランチョ時代に、家畜が増えたことで狩りやゴミをあさる機会が提供されたため、増加したと考えられる。しかし、一八四九年のゴールドラッシュ以降、牧場主や他の入植者たちは、捕食動物の駆除に乗り出した。その多くは農村部を対象に行われ、一部の都市は最終的に対策に参加した。たとえば、一九三八年にロサンゼルスでコヨーテ対策が開始され、初年度は六五〇頭の死体に懸賞金が支払われた。[*3]

アメリカのコヨーテほど冷酷な猛攻撃に耐えた種はいない。現在でも、アメリカでは年間約四〇万頭、一日平均約一一〇〇頭が殺処分されている。しかし、化学毒物、鉄製の罠、鉛の弾丸によって何千万もの命が奪われたとしても、彼らは頑強に立ち向かった。何千年もの間コヨーテを抑えてきたオオカミのような大型の捕食動物が姿を消すと、コヨーテは祖先の故郷であるグレートプレーンズや南西部から北アメリカの隅々まで分布を拡大した。

一九〇〇年までに、コヨーテは五大湖のすべてを取り囲み、北回帰線の下から北極圏の上まで生息するようになった。二〇〇〇年までに、彼らは大西洋岸、メキシコ湾、カリフォルニア湾、アラスカ湾にまで到達した。現在、コヨーテはメキシコのすべての州と中央アメリカの少なくとも五カ国に生息している。カナダでは、ノバスコシア州、プリンスエドワードアイランド州を含む一〇州すべてと、三つの準州のうちの二つに、アメリカでは五〇州のうち四九州に生息している。ハワイにはまだ上陸していない。

CHICAGO
CHICAGO
CALL OF THE WILD JULY 27 &
THE TRUTH ABOUT
CATS AND DOGS

カリフォルニアでは、一九七〇年頃から、捕食動物対策への支援が薄れはじめ、狩猟や捕獲が減少し、新しい法律により、モノフルオロ酢酸ナトリウム（1080（テン・エイティ））などの毒物の使用が規制されるようになった。農村部の生息地は消失したが、その代わりにできた郊外では、それまでの農場や牧場よりもコヨーテを歓迎するようになった。一九八〇年代には、コヨーテはより都市部に出現するようになった。

その後起こったのが、ケリー・キーンへの襲撃である。彼女の死をめぐる状況は不明だが、キーン夫妻は以前にもコヨーテに遭遇したことがあった。事件の四年前、コヨーテは当時生後一〇カ月だったケリーの姉、カレンを噛んだ。その翌年には、一〇代の兄ジョンも噛まれた。ケリーを殺害したコヨーテは、何年もの間キーン家を恐怖に陥れていたコヨーテと同じ個体だったのだろうか？　行政は、制御不能になりつつある事態になぜ対処しなかったのだろうか？　そしてなぜ、これほどにも危険な場所で、幼児が一人で外遊びをしていたのだろうか？

ケリーの父ロバートは、グレンデール動物愛護協会に連絡したが、罠をしかけてもうまくいかなかったという。協会が彼の訴えをどのように処理したかは正確には不明だが、地元の役人はコヨーテについてほとんど知らず、不安になっている住民に提供する有効な救済策がほとんどないというロバートの主張は正しかった。

ケリーの死後、ロサンゼルス・タイムズ紙は、同じ関係者たちのコメントを引用したが、それらは虚偽または誤解を招くものであった。ロサンゼルス郡の農業委員であるロバート・ハウエルは、コヨーテはペットを狩るために都市にやってきたと言った。その後の調査によると、一部のコヨーテは家畜の味を覚えていたが、ほとんどは野生の獲物や道端の死骸、植物を食べていた。ロサンゼルス動物愛護協会のエマニュエル・

ホワイトによれば、コヨーテはウィルシャー・ブルバードまで南下してきたが、それまでにはおそらく数キロメートルも南下して、ボールドウィン・ヒルズやプラヤ・デル・レイのような地域まで侵入していたという。動物愛護協会のエドワード・キュブラダは、コヨーテが都市にやってきたのは自然の生息地から追い出されたからだと語った。とはいえ、動物たちが豊かな都市部の生息地を求めていたという逆の考え方も、少なくとも同じように正しいだろう。

ケリーが死亡した時点で、コヨーテに関連した事件の報告のほとんどはペットが巻き込まれたものであり、一〇年以上にわたってロサンゼルス地域で増加傾向にあった。しかし、この件について話したり書いたりする時、関係者やジャーナリスト、さらには科学者たちでさえ、コヨーテを「ずる賢い」と呼んだり、ロサンゼルス・タイムズ紙の言葉を借りれば、コヨーテは「簡単な獲物」を求める「怠惰な捕食者」であると非難したりして、ダジャレや決まり文句に頼った。[*4]

ケリーの死が多くのロサンゼルス市民を悲しませたのなら、その余波は彼らを恐怖に陥れた。襲撃以後の数週間、郡と契約している捕獲業者が、彼女の家族の家を囲む約二六〇ヘクタールの地域から少なくとも五五頭のコヨーテを捕獲した。地元の人々は突然、取り囲まれたように感じた。悲劇がまだ生々しく、専門家が状況を説明することも解決策を提示することもできない中、住民たちは怒りを爆発させた。フットヒル郊外は「コヨーテの地区」に、コヨーテの群れは「ギャング」というレッテルを貼られた。ロサンゼルス郡はこれに対し、捕獲、射殺、「再教育」のキャンペーンを展開し、コヨーテとの戦いを再開した。[*5]

こうした取り組みはコヨーテそのものに焦点を当てたものだが、野生動物の管理とは、実際は人を管理することでもある。コヨーテに関連した事件の多くは、餌を与えられて攻撃的になった少数の動物が関与している。ゴミやキャットフードを放置したために起こることもあるが、住民や企業が危険を招いているようなケースもある。ある大胆な例では、マリブ・キャニオンのレストランが夕食時に餌を出し、ガラスで仕切られた月明かりの下で、客とコヨーテが一緒に食事できるようにした。ケリーの死から三カ月も経たないうちに、ロサンゼルス郡管理委員会は、スカンク、アライグマ、オポッサム、キツネ、ジリス、コヨーテへの餌付けを禁止する条例を可決した[*6]。

この禁止令は明らかに必要だったが、郡のより大きなコヨーテの対策は、科学的データにはほとんど基づいていなかった。一九八〇年以前に発表されたコヨーテに関する研究のほとんどは、コヨーテが農村の家畜にもたらす脅威を扱ったものだった。その後数年間は、いくつかの地方機関や大学の普及指導員が、都市部のコヨーテの管理について情報を提供するための研究を行った。しかし、南カリフォルニアの国立公園局がコヨーテの生態、行動、個体群動態を理解するための包括的な取り組みを開始したのは、ケリー・キーンの死から一五年後の一九九六年のことであった。

コヨーテは、その出現や増加がアメリカの都市における野生動物の歴史において新たな局面を予感させる先駆的な種の一つだった（91頁図参照）。この流入は徐々に起こり、都市によって異なり、種によって異なる速度で展開した。そして一九八〇年代にはかなり進行し、ケリー・キーンへの襲撃のような事件が起こり、世間の注目を集めるようになった。すぐに疑問の声が殺到した。なぜこれほど多くの野生動物が都市部に出現したのか？　ある種の生物が減少したり姿を消したりする一方で、ある種の生物が都市で繁栄することができたのはなぜか？　そして、都市の野生動物がもたらす新たな試練に直面した時、人々はどのように対応すべきなのか？　私たちは今日もこれらの疑問に答えている。

新しい生態系

「生態系」というと、森林や砂漠、サンゴ礁などの自然環境を思い浮かべる人が多いだろう。しかし、コヨーテのような生き物から見れば、都市もまた生態系であることが、アメリカの都市への野生動物の流入によって明らかになっている。都市には日光と雨が降り注ぎ、岩石、土壌、水があり、エネルギー、栄養分、有機物が循環し、複雑に影響し合い時間とともに変化する多様な生物種が生息している。ある意味では、都市はより自然な生態系に似ている。また、それ以前に存在したものや、現存する他のどんなものとも根本的に異なる点もある。[*7]

都市が他の多くの生態系と異なる最も明白な点の一つは、そのすべてが単一のキーストーン種によって支配されていることである。人類は地球上のいたるところで生態系を変えてきたが、一部の産業農場を除いて、私たちの行動が都市ほど大きな影響力をもつ場所は他にはない。都市を特異なものにしている二つ目の点は、その新しさである。世界最古の都市は、そのほとんどが中東にあり、歴史はわずか七〇〇〇年ほどしかない。考古学的記録が約一万一〇〇〇年前に遡り世界最古の居住地とされる古代のエリコでさえ、地球の四五億年の歴史からすると、ほんの少し前に出現したことになる。地球上の生物は、都市と呼ばれる奇妙な新しい環境に適応しはじめたばかりなのだ。[*8]

都市は常に変化しているため、都市に適応することは多くの種にとって困難である。毎年、都市は何十億ドルもの費用を投じて洪水を制御し、消火活動を行い、植生を保護し、侵食を遅らせている。これらはすべて、変化のペースを遅らせるための活動なのだが、何世紀にもわたって都市は劇的に変貌を遂げてきた。エルサレムの一部は、過去六〇〇〇年の間に四〇回も破壊され、一八メートル以上の深さの瓦礫の層を残している。ベルリンは九〇〇年の歴史の中で、略奪され、焼かれ、爆撃され、分割され、統一され、再設計され、再開発されてきた。サンフランシスコは、一八二〇年代のミッション・プエブロから、一八四〇年代の泥だらけの交易所、一八八〇年代の活気あふれる大都市、一九〇六年の瓦礫の山、そして第二次世界大戦後の広大な都市圏の中心地へと変貌を遂げた。自動車と公共交通機関が行き交う近代的な都市の歴史は一世紀足らずしかなく、高速道路は健康な人間の寿命一回分に相当する期間しか存在していない。

都市の奇妙な特徴の一つは、水、燃料、材料、化学物質といった資源の多くを輸入し、廃棄物を生み出していることである。対照的に、自然の生態系は、土壌中の養分と太陽からのエネルギーを使って自ら原料を生産し、使用したものはほとんどすべてリサイクルしている。数世紀前、都市はおもに近隣の農村地域から資源を採取し、そこから排出される廃棄物も同じ地域の環境へと流れていた。今日、都市は世界各地から資源を採取し、廃棄物の一部は、人目につかず、ほとんどの人にとっても意識することのない遠くのゴミ捨て場に運ばれている。[*9]

気候は、生態系のあらゆる側面を形成する。自動車やエアコンのような機械が熱を放出し、道路や建物が自然の地表面よりも多くのエネルギーを吸収・伝導するため、都市部は近くの農村部よりも気温が高くなる（ヒートアイランド現象）。日中、アスファルトのような人工的な素材は熱を帯び、夜になるとエネルギーを大気中に放射し、汚染物質で覆われる。同じ理由で、都市の冬は比較的温暖である。そのため、温暖な気候からやってきた生物が住みやすいのだ。また、在来種の生活にも影響を与える。植物は、近隣の農村部よりも早く開花し、長い生育期間を楽しむことができる。冷涼な気候では年に一回出産する動物が、都市部では年に二回以上出産することもある。[*10]

都市部では、埃っぽい空気に水滴を形成する微細な粒子が多いため、近隣の地域よりも雨や雪が多く降る傾向がある。ほとんどの自然生態系では、降った雨は植物に付着し、土壌に浸透して小川に流れ込む。都市では、屋根、歩道、道路、固い土などの不浸水性の地表面が、土地面積の一〇~七〇パーセントを覆っている。そのため、岩だらけの砂漠のように、多くの都市で鉄砲水が発生する。また、都市は水を移動させ、ある地域は排水し、別の地域を浸水させる。こうした水の入れ替えが、奇妙な結果を生んでいる。湿潤な気候では、ほとんどの種が、近隣の緑豊かな本来の生息地に比べ、都市を砂漠のように感じる一方で、乾燥した気候では、干上がった近隣の土地に適応した種にとって、都市はまさに熱帯雨林のように見えるかもしれない。

河川は、都市の生態系において最も劣化した生息環境の一つである。ほとんどの都市部の小川は、近隣の農村部の小川よりも流量の傾向が極端となるが、芝生や庭からの濁った流出という形で、年間を通じて奇妙なほど安定した流量のものもある。都市部の河川は、低開発地域の河川に比べて、栄養塩類や化学汚染物質が多く含まれ、土砂の運搬量が少なく、堤防がより急でより直線的な流路をもち、動植物の種類が少ない傾向がある。[*11]

都市はまた、五感を襲う。これは人間にとって疲れることであり、五感を頼りに移動し、餌や仲間を見つけ、危険をかわし、捕食者を避ける動物にとっては、その存在の本質を変えてしまうことになる。

一八〇〇年当時、夜の光は貴重品だった。夕暮れ後は、暖かなランプのゆらめく光を除いて、生活はほとんど暗闇だった。最初はガス灯、後に電球による人工的な光の導入は、産業資本主義を可能にした労働時間の延長など、革命的な社会変化をもたらした。今日では、ヨーロッパ、東アジア、北アメリカの九九パーセントを含む八〇パーセント以上の人々が、公害と見なされるほど人工的な夜間照明のある地域で暮らしている。[*12]

暗い夜から明るい夜へのシフトは、生態系に甚大な影響を及ぼした。コヨーテのように、都市部では人を避けるために夜行性のライフスタイルをとる可能性のある生物にとっては、ちょっとした夜の明かりが助けになる。クモ、コウモリ、トカゲ、カエルの中には、夜の光をルアーにして獲物を誘うものもいる。しかし、多くの昆虫や鳥類を含め、月明かりをたよりに移動する飛行動物にとって、人工的な光は衝突や感電のリスクを高め、道に迷ってしまう可能性がある。沿岸の都市は、回遊魚やウミガメなどの海洋生物を危険な近海に誘導する偽の標識となっている。夜間の光は、都市部の気温の上昇とともに、デング熱、チクングニア熱、ジカ熱、黄熱などを媒介する蚊の一日の活動時間を長くする可能性もある。[*13]

都市は音も大きい。騒音には、機械から直接発生するものもあれば、道路、歩道、建物が音を反射して間接的に発生するものもある。都市はさまざまなピッチの騒音を発生させるが、ほとんどの場所では、これらを合計すると二〇〇〇ヘルツ未満の一定の音がずっと鳴っていることになる。これは、標準的な八八鍵のピアノで、最高オクターブを除いた、ローAからC7までの全音域を合わせた音とほぼ等しい。音の大きさはデシベルという対数尺度で表され、一〇単位増加するごとに音が一〇倍大きくなる。ほとんどの人間の会話は約四〇デシベルの範囲で行われるが、交通量の多い市街地では八〇デシベル近く、ヘッジトリマー〔電動刈り込み機〕は一〇〇デシベル以上、削岩機は耳をつんざくような一二〇デシベルに達することもある。[*14]

慢性的な騒音暴露は、人間の短期的な覚醒度を高めるが、高血圧から不安や不眠症にいたるまで、長期的な健康状態を悪化させる化学反応も引き起こす。騒音は人間以外の動物にもストレスを与える。騒音は被食動物に警戒心を高めさせ、エネルギーを消費させ、他の行動の邪魔をする。音でコミュニケーションをとる鳥類、昆虫、両生類は、明確なメッセージを送る能力を失い、仲間や親類を見つけるのが難しくなる可能性がある。[*15]

暑い日に大都市を歩き回ったことのある人なら誰でも、都市が悪臭を放つことを知っている。私たち人間の哀れな嗅覚は、他の多くの種が鮮明に体験している嗅覚環境を、都市がどのように変化させているのか、ほとんどわかっていない。臭いは揮発性化合物であり、動物はそれを嗅覚神経で感知し、脳で臭いとして処理する。製造業、運輸業、化学工業、外食産業、造園業などの産業がある都市には、揮発性化合物があふれている。採餌、獲物の発見、捕食者からの回避、コミュニケーションなどを嗅覚に頼っている種にとって、都市環境は刺激的であると同時に、混乱と困惑をもたらす場所でもある。

都市とその周辺で見られる動物の分類

光、音、匂い、そして絶え間ない変化という都市の試練において、ある種が成功しやすい理由は何だろうか？　一九九六年、国立公園局がロサンゼルスのコヨーテ調査を開始したのと同じ年に、スタンフォード大学のロバート・ブレアは、このような空間で繁栄する種がいる一方で、衰退または消滅する種がいる理由を説明する画期的な論文を発表した。ブレアの論文は、それ以来何度か議論の対象となっているが、それでもこの論文から始めるのが良いだろう。手始めに、ブレアは都市とその周辺で見られる三種類の生物を特定した[16]。

ブレアによれば、「都市忌避生物」は都市の生活に適していない。都市ではあまり見られない特定の生息地や資源を必要とするスペシャリストもいる。また、広大な行動圏を放浪したり、毎年移動したりするものもいる。世界で最も危険な霊長類と一緒に暮らすには、不安や縄張り意識が強すぎるものもいる。都市忌避生物の中には、通常よりも狭い生息域を占有するか、残された緑地に身を潜めることで、都市のはずれでなんとか暮らしているものもいる。また、家畜を捕食するなどの習性によって、人間と衝突することもある。

ブレアの二番目のカテゴリーである「都市適応生物」は、森林の多い郊外や都市と原野の境界線沿いなど、開発レベルが中程度の場所によく見られる。都市適応生物は、野生地域と開発された地域を行き来したり、都市部では夜行性を強めたりして、私たちとの直接的な接触を避けながら人々の中で生活する戦略をとることがある。ハヤブサやアカオノスリのように、崖のような建物に巣をつくることが多い適応個体もいるが、それはたまたま、自然界でも都市環境でも適用するような技術や習性、嗜好を進化させただけである。都市適応生物には、アライグマ、オジロジカ、アオサギのような水鳥、そしてもちろんコヨーテなど、人々が都市やその周辺でよく遭遇する、最もカリスマ的で認知度の高い野生動物も含まれる。

ブレアの三番目のカテゴリーである「都市利用生物」は、都市で繁栄している。ドブネズミやイエスズメなど、その多くはヨーロッパやアジアで進化したが、現在は世界中の都市に生息している。彼らはジェネラリストの傾向があり、さまざまな資源を利用することができ、多様な環境に順応することができる。雑食性であることが多く、さまざまな食物を食べることができる。ハトのような都市利用生物は比較的賢く、問題を解決し、新しい仕事を習得することができる。繁殖率が高く、長期間にわたって子どもの世話をし、その技術を子孫に伝えるものもいる。気質も重要である。都市利用生物は、人の近くで暮らせるほど温厚だが、警戒心が強く、人々が近づきすぎるのを許さない傾向がある。彼らはしばしば非常に社交的で、重複する範囲で採餌したり、他の多くの同種個体とともに生活したりする。時が経つにつれ、一部の都市利用生物は人に依存するようになり、最も発達した生息地以外を避けるようになる。

出没動物への過剰な反応

都市の適応生物と利用生物は、人間との生活に備えているかもしれないが、人間は彼らとの生活に備えているだろうか? 一九七〇年代から一九八〇年代にかけて、コヨーテがアメリカの数十の都市に頻繁に出没するようになった時、住民や政府関係者は何の準備もしておらず、多くの人が危険な侵入者と見なして受け入れようとはしなかった。トイプードルをコヨーテに奪われたティーンエイジャーは、一九八〇年にロサンゼルス・タイムズ紙に「コヨーテはうちのネズミを始末してくれるけれど、私はコヨーテが大嫌いです」と語っている。同じ年、イェール大学の社会生態学教授であるステファン・ケラートは、アメリカの調査回答者の中で、コヨーテが「最も好きな動物」リストの下から一二番目にランクづけされ、ゴキブリ、スズメバチ、ガラガラヘビ、蚊よりは上だが、カメ、蝶、白鳥、ウマよりは下であることを発見した。最も好まれている動物はイヌで、コヨーテと非常に近縁であるため、野生で交尾し、繁殖能力のある子孫を残すことができる。[*17]

人類学者のハロルド・ハーツォグは、二〇一〇年に出版された著書 *Some We Love, Some We Hate, Some We Eat: Why It's So Hard to Think Straight about Animals*（山形浩生ほか訳、邦題『ぼくらはそれでも肉を食う』）の中で、「わたしたち人間の、他の生物種に対する考え方は、往々にして理屈では説明できない。」と書いている。これは、動物に対する私たちの考え方が恣意的であると言っているのではなく、私たちが動物について考える方法は、物理学、化学、生物学によってと同じくらい、歴史、文化、心理学によって形成されているということである。このような社会的背景を知らないと、他の動物に対する人々の考えや行動は、無意味であったり、偽善的であったり、あるいは奇妙に感じられる。[*18]

芸術、文学、伝統を通じて私たちの文化が動物に負わせてきた荷物に基づいて、動物はしばしば無罪または有罪と推定され、その結果、敬意または軽蔑をもって扱われる。動物が本来もっている、あるいは認識されている資質もまた重要である。私たちは、大きな生き物、かわいらしい生き物、威厳のある生き物、人間に似た生き物、気骨のある生き物、起業家精神にあふれた生き物、子育てが上手な生き物など、立派な資質を体現しているように見える生き物、少なくとも私たちをそっとしておいてくれる生き物に好感をもつ傾向がある。しかし、そのような認識が種の実際の行動や生態を反映していることはほとんどない。多くの人はネズミを嫌悪し危険視しているが、多くのネズミはほとんどの人にとってそれほど脅威ではない。一方、ネコは獰猛な捕食者であり、生態系を破壊する病気にまみれた動物であるにもかかわらず、友好的でかわいらしく見える。

マスメディアやソーシャルメディアは、認識の形成において特に重要な役割を果たす。ケリー・キーンが亡くなった一九七〇年代から一九八〇年代にかけて、大型でカリスマ性のある野生動物がアメリカの多くの都市に頻繁に現れるようになると、新聞やテレビ番組はしばしば皮肉と扇情主義の二つの論調のどちらかを採用した。皮肉な映像やストーリーは、文明化されているはずの地域に野生動物が現れることがいかに驚くべきことかを強調した。扇情的なストーリーは、人間と野生動物の対立を強調した。戦争や戦闘に関する軍事的な比喩が使われたり、野生動物を不法移民、ギャング、犯罪者、テロリスト、「超捕食者」などになぞらえた、当時の偏執的、人種差別的、外国人排斥的な表現が使われたりした。

このようなイメージがメディアに流れたのは、野生の場所を直接体験するアメリカ人の割合が横ばい、あるいは減少していた時代である。一九七〇年代から一九八〇年代にかけては、消費者向けの製品やインフラの充実が、バードウォッチングや写真撮影といった狩猟以外の野生動物活動を含むアウトドアスポーツの成長に拍車をかけた。しかし、これほど多くの人々がアウトドアを楽しむことを可能にしたテクノロジーは、同時に同じような人々の自然との出会いにも介入するようになった。ビデオスクリーンによって、アメリカ人はバーチャルな生き物を見ることに多くの時間を費やすようになり、実際の動物と触れ合う時間は減っていった。動物をテーマにした映像メディアは爆発的な人気を博したが、一方で動物園や博物館は集客に苦戦した。一九九五年から二〇一四年の間に、国立公園システムでさえ、一人あたりの年間訪問回数が四パーセント減少した。[*19]

したがって、都市で野生動物に遭遇した人々が、ニュースで読んだりテレビで見たりした戯画のような動物に反応したのも驚くにはあたらない。多くの人にとって、コヨーテのような生き物は、かわいらしいペットにも、血に飢えた殺し屋にも見えた。もちろん、どちらのイメージも正確ではなかったが、どちらも現実の世界に影響を及ぼした。

コヨーテを疑いの目で見ていた人々が、都市部でコヨーテを見かけた時、最初にしたことは警察に通報することだった。警察を介入させることで、問題でなかったことが問題になったり、悪い問題がさらに悪化したりする傾向があった。しかし、法執行ベースのアプローチから脱却することは困難だった。

二〇年前に初めてコヨーテを目撃したニューヨーク市は、二〇一五年になってもまだ、コヨーテを無法者として扱っていた。その年の四月、マンハッタンのアッパー・ウェストサイドにあるリバーサイド・パークにコヨーテがいるという早朝の911番通報を受けたニューヨーク市警は、麻酔銃、パトカー、ヘリコプターを配備した。その結果、逃走中のコヨーテを追い詰めることができず、三時間の追跡劇は終了した。このコストと時間のかかる事件について質問されたニューヨーク市警は、公園レクリエーション局が以前発表した「脅威とならないようなコヨーテはもう追跡しない」という声明と矛盾することを述べた。ニューヨーク市警と公園レクリエーション局は、この方針を明記した協定書を交わしていなかったのだ。ニューヨーク市警の警官たちは、コヨーテにどう対処すべきかの訓練を受けていなかったが、どう対応するかは警官たちの判断に任されていた。結果は予測できた。現代の取り締まり全般を悩ませている過剰な力が、ほとんど危険性がない野生動物に対抗するために動員されたのである。[20]

時間が経つにつれて、コヨーテと暮らすという新しい現実に順応した都市とその住民も現れた。潤沢な予算があり、住民が協力的で、動物園や博物館のような協力的な機関がある管轄区域では、研究、教育、保全、市民科学プログラムが開発された。いくつかの公園と警察署は協力して新しい方針と慣行を策定し、力の行使を制限し、真の緊急事態にのみ対応するよう、困難ながらも努力しはじめた。野生動物担当者が強調した重要なメッセージの一つは、対応を開始するかどうかの判断は、その動物が単に存在しているかどうかではなく、その動物の行動（怪我をしているか、病気にかかっているか、攻撃的に行動しているかなど）によって決めるべきだということである。

このようなメッセージが浸透するにつれ、人々の態度も変化してきた。ニューヨークでは、人々がコヨーテとの生活に慣れるにつれて、恐怖心は寛容さへと変化し、ある種の微妙な受容さえ生まれた。地域によっては、個々のコヨーテが名前や裏話、ソーシャルメディアのアカウントをもつマスコットになっている。実際にコヨーテを信頼している人はほとんどいないし、ほとんどの人は自宅の裏庭や学校、遊び場をコヨーテがうろつくことを望んでいないが、多くの地域ではこの毛むくじゃらの隣人を受け入れる気持ちが育まれている。

二〇〇八年にニューヨーク郊外で行われた調査では、住民のほとんどがコヨーテに感謝し、コヨーテがいることを楽しみ、「コヨーテによる傷害の可能性を許容できる」とさえ考えていることが示された。しかし、コヨーテが出没する事件が起こると、住民はコヨーテと一緒に暮らそうという意欲を急速に減退させており、コヨーテに対する寛容さが脆弱なままであることを示唆している。とはいえ、全体的には、コヨーテのような都市に生息する野生動物と長く暮らせば暮らすほど、コヨーテを脅威としてではなく、多種多様な都市コミュニティの自然で有益な一員と見なすようになった。[*21]

都市で子育てするコヨーテ

コヨーテはロサンゼルスでもニューヨークでも注目されてきたが、シカゴは間違いなく二一世紀初頭のアメリカのコヨーテの首都である。コヨーテは第二次世界大戦前にはシカゴの郊外に数頭生息していたが、シカゴでコヨーテを定期的に見かけるようになったのは、移住と人口増加が緩やかになった一九八〇年代から一九九〇年代にかけてのことである。今日、シカゴには推定二〇〇〇頭のコヨーテが三〇〇万人の人々の間で暮らしており、住民の多くは、驚きと恐怖の後、認識、理解、受容を深めていくというお馴染みのパターンを経験している。[*22]

シカゴのコヨーテの驚くべき物語に最も関係している人物は、二〇〇〇年にコヨーテの研究を開始したオハイオ州立大学の生物学者スタン・ゲールトである。彼が追跡してきた何百頭ものコヨーテの中で、都市生活を新たな極限にまで高めた一頭が際立っている。二〇一四年二月、ゲールトは繁華街のすぐ南にあるブロンズビル地区で、成体の雄のコヨーテを捕獲し、首輪をつけた。コヨーテ748と名づけられた彼は、すぐに「究極の都市型動物」として知られるようになった。[*23]

コヨーテ748の首輪のGPSデータは、彼が縄張りを確立していることを示していた。夜行性のライフスタイルを採用した彼は、毎晩巣穴から出てきて、バーナム・パークのミシガン湖岸、サウス・ループの工業用地のシカゴ川沿い、一六車線のダン・ライアン高速道路の雑草の生い茂った堤防などで狩りをし、採食していた。コヨーテ748は用心深く、慎重で、一貫した性格であり、この最も都会的な生息地でも十分役立つ資質をもっていた。

ところが四月になって、彼の行動が変わった。彼は、近所のイヌたち（そのうち何頭かは放し飼いにされていた）とその飼い主に立ち向かいはじめた。飼い主のほとんどは、コヨーテを受け入れるようになっていたが、この特定の動物が危険な存在になりつつあることを恐れた。GPSのデータから、748が数回の対決に関与していたことが確認され、ある地域で多発する事件すべてに一匹のコヨーテが関与していることが判明するというよくあるパターンに合致した。７４８は病気か怪我をしていたのだろうか？　新しい食料源を見つけたことで、人間に対する恐怖心がなくなり、大胆になったのだろうか？　それとも、彼の行動を変えさせるような何かがあったのだろうか？

ゲールトはすぐにその答えを見つけた。７４８が父親になっていたのだ。彼はシカゴ・ベアーズフットボールチームの本拠地である、ソルジャー・フィールドに隣接する駐車場の最上階で子どもを育てており、新米の親なら誰でも少し猜疑的になるであろう家庭の事情があった。

それから一カ月、ゲールトと彼の同僚は７４８に対して、騒音機を使って騒々しくし、歩いて追いかけ、ペイントボールを発射したりして、嫌がらせをした。彼とパートナーは縄張りにとどまったが、巣穴をより安全な場所に移動し、争いは収まった。これは成功した作戦だった。心配した住民が軍隊を呼ぶ代わりに、ある種とその生態系に造詣の深い生物学者に、手に負えなくなる前に潜在的な問題を知らせるという、再野生化プロジェクトの縮図だった。生物学者は状況を把握し、問題の原因を突き止め、個々のコヨーテに人間とイヌはそっとしておいた方が良いと思い知らせることで対応した。

残念なことに、この究極の都市型動物はその後数カ月しか生きられなかった。六月一五日、スタジアム近くの駐車場で発見された彼は、前年の冬より二五パーセント体重が減少しており、自動車との衝突でよくある鈍的外傷を負っていた。シカゴ動物管理局は翌日、彼を安楽死させた。しかし、彼の子どもは健康であり、ゲールトは事件報告書に、この一家がその地域にとどまることを期待していると書いた。ゲールトは、コヨーテ７４８は「すぐに別の大人のコヨーテに取って代わられるだろう」と結論づけた。

7 大型獣と生息地を共有するということ

二〇一四年七月、マンハッタンから北西に約四八キロメートル離れたニュージャージー州オークリッジに住む中年の父親、グレッグ・マクゴーワンがＹｏｕＴｕｂｅに投稿した三分間の動画が、五〇年生きてきた彼が手に入れたその後二年間にわたる武勇伝の発端となった。低予算のホラー映画のような映像は、自宅の外で手ぶれするカメラを構え、妻に緊張した面持ちで呼びかけるところから始まる。彼は何かを探しているのだ。約三〇秒後、彼は叫びはじめる。「いた！　あれだ！　二足歩行のクマが通りを横切っている！　二足歩行のクマだ！　私に向かって歩いてくる！　私は後ろ向きに歩いている！」[*1]

やがて暗い人影が粒状に浮かび上がる。その大きさ、ペース、姿勢、歩き方は人間そっくりで、これはクマが人を真似ているのか、人がクマを真似ているのか、すぐにはわからない。短く弓なりになった脚で直立し、顔を前に向け、腕を曲げたそれは、隣家の私道を歩き、通りを横切り、廃屋の庭を通り抜け、その先の雑木林の中に消えていく（111頁図参照）。

ニュージャージー郊外のサスカッチ〔猿人に似たＵＭＡ。別名ビッグフット〕、「ペダルズ」の美しく、奇妙で、悲痛な物語が始まった。その後二年間、雄のアメリカクロクマの成獣であるペダルズは、近所で遭遇した何千人もの人々の心を捉え、人々は彼のビデオを見、彼の冒険を報告し、彼の状態について議論し、彼の幸福を心配し、彼をマスコットとして採用し、彼を利用した。人間のように見えたり行動したりする動物が人目を引く傾向があるとすれば、ペダルズは名声を得るに違いない。しかし彼は、アメリカの野生動物、とりわけクマの歴史が大きく変化する時期に、ニュージャージー州民の生活に入り込んだため、議論の的にもなった。

ニュージャージー州は、ペダルズのようなクマにとって必ずしも良い場所ではない。ガーデン・ステイト（庭園の州）というニックネームがあるにもかかわらず、ニュージャージー州は長い間、薄汚れた都市、交通渋滞に悩まされる高速道路、都市のスプロール化をイメージさせてきた。一九七〇年の時点で、ニュージャージー州に生息する野生のアメリカクロクマは二四頭以下だった。[*2]

それが当時のことだ。

現在、ニュージャージー州にはおよそ五〇〇〇頭のアメリカクロクマが生息しており、半世紀で二二七倍に増加した。人口一八〇〇人あたり約一頭のクマが生息するニュージャージー州は、人間にとって最も人口密度の高い州（二六〇ヘクタールあたり一二〇〇人以上）であると同時に、クマにとっても最も個体数密度の高い州（二六〇ヘクタールあたり約〇・五七頭）である。これを考慮すると、推定三万頭のヒグマと一〇万頭のアメリカクロクマが生息するアラスカは、二六〇ヘクタールあたり〇・二頭しか生息していないことになる。ニューアーク〔ニュージャージー州最大の都市〕郊外でクマに出くわす確率は、フェアバンクス〔アラスカ州の中央都市〕郊外で出くわす確率よりも高いのだ。[*3]

ニュージャージー州のクマのほとんどは、総面積の四分の一、北西部の森林に覆われたところに生息している。しかし一九九〇年代以降、クマはニュージャージー州の二一の郡すべてに出没するようになり、現在ではアメリカの中で最も都会であるニュージャージー州の約九〇パーセントがクマの生息域となっている。ニュージャージー州のクマは数が多く、広範囲に生息しているだけでなく、体も大きい。イエローストーンのハイイログマ〔ヒグマの亜種。別名グリズリー〕の平均的な大きさである体重二二七キロを超えるアメリカクロクマは、ニュージャージー州では一般的であり、体格の良い雄の中にはさらに大きくなるものもいる。ニュージャージー州は、他のどの州よりもクマの宝庫なのである。

ペダルズの物語は、アメリカクロクマのような大型で知能が高く、カリスマ性のある動物が都市部に大量に出没するようになった時に生じた衝突の一端を示している。コヨーテの場合と同様、このような接近遭遇の多くは良い結末を迎えなかった。ニュージャージー州民はいまだにこの新しい現実と格闘している。つまり、これらの生き物や他人と共存することの意味を考えている。もし山間の町や郊外、そして都市と原野の境界線に住む人々が、現代アメリカの都市に生息する野生動物の中でもより共存が困難な種の一つであるアメリカクロクマと平和に暮らすことができるのであれば、他の多くの動物を受け入れることは比較的容易なはずである。しかし、これは非常に大きな「もし」である。

害獣から愛すべきキャラクターへ

アメリカのアメリカクロクマは、大西洋岸から太平洋岸、メキシコ中部から北極圏までの多様な地に生息

STOP

する、アメリカ大陸で最も広く分布する哺乳類の一種である。穏やかな性格の中型のクマの一種であるアメリカクロクマは、サーベル・トゥース・キャット（剣歯虎）、ダイア・ウルフ、ジャイアント・ショートフェイス・ベア、そしてもちろんハイイログマのような大きくて大胆な獣を避けることによって、何百万年もの間生き延びてきた。本来は雑食性だが、そのほとんどは草食性であり、地上ではのろまだが樹上では身軽なアメリカクロクマは、北アメリカの温帯林の内気な住人となった。

アメリカクロクマの体色は、ブリーチブロンドから漆黒までさまざまだ。視力と聴力は人間より優れており、嗅覚はイヌの約七倍もある。成獣は夏に交尾して冬に巣穴で出産し、そこで五カ月間冬眠する。子グマは最長で一年半母親と一緒にいる。アメリカクロクマは餌場の周りに集まることもあるが、通常は単独で生活し、簡単に登れる木に目印をつけることで近隣のクマとコミュニケーションをとる。ほとんどのアメリカクロクマは夜明けと夕暮れ時に行動する薄明薄暮性だが、一日中活動することもある。彼らはほとんど何でも食べるが、そのほとんどは植物、昆虫、齧歯類、腐肉を主食としている。アメリカクロクマは野生では二〇年以上、飼育下ではその二倍以上生きることもある。[*4]

アメリカクロクマの緩やかな減少は、おそらく一八世紀までに東海岸と南東部で始まったと思われる。木材の供給や農地の開拓のために森林を伐採した結果、狩猟、罠による捕獲、生息地の喪失が大きな打撃を与えた。さらに州や地域の法律が、アメリカクロクマを害獣と見なし、その捕獲に賞金をかけるようになった。アメリカクロクマの個体数は、他の多くの森林生物と同様、二〇世紀初頭までに底を打った。

アメリカクロクマの復活の物語は、通常一九〇二年一一月、ミシシッピ州のマツ林から始まる。セオドア・ルーズベルト大統領は、地元関係者との会談と狩猟のためにこの地を訪れた。ルーズベルト大統領はクマを見つけることができなかったが、彼のガイドであったホルト・コリアーという奴隷と南軍の兵士の両方の経験をもつ多彩な人物がクマを捕獲し、木に縛りつけてトロフィーを取るよう大統領を案内した。ルーズベルトはこれをスポーツマンらしくないと考え、発砲を拒否した。その二日後、イラストレーターのクリフォード・ベリーマンがワシントン・ポスト紙にこのエピソードを風刺した漫画を描いた。それから数カ月も経たないうちに、モリス・ミクトムというブルックリンの菓子店のオーナーが、大統領のあだ名（テディ）を冠したぬいぐるみのラインを発売した。「テディベア」は、これまでに生産された中で最も人気のある玩具の一つとなり、「くまのプーさん」（一九二四年に初登場）や「ヨギ・ベア」（一九五八年にデビュー）など、愛すべきアニメキャラクターの数々を生み出すきっかけとなった。[*5]

倫理的なスポーツマンとしてのルーズベルトの名声は、少なくとも当時の基準からすれば揺るぎないものであった。しかし、アメリカクロクマの害獣としての評判が変わりはじめるまでには、さらに数十年を要することになる。一九二〇年代から一九三〇年代にかけて行われた研究により、アメリカクロクマを含む食肉目（現在はネコ目）のいくつかの哺乳類は雑食性で腐食性の採食動物であり、農家や牧場主が想像していたような血に飢えた肉食動物ではないことが明らかになった。アメリカクロクマの中には、生まれたばかりの動物や病気の動物を狙ったり、待ち伏せしたり、他の獲物を追い詰めたりして、狩猟を学んだものもいたが、野生の獲物を捕らえるのは難しく危険であるため、ほとんどのクマは狩猟が苦手で、実際に挑戦することはなかった。[*6]

この頃、州政府はアメリカクロクマの公式な地位を「害獣」から「狩猟種」に変更しはじめた。これらの機関はアメリカクロクマを駆除またはコントロールする代わりに、シカやマスのようにハンターが捕獲できるよう、健全な個体数を維持しようとしたのである。これが決定的な転換点となり、いくつかの州ではアメリカクロクマの個体数が安定し、数十年ぶりに増加することさえあった。[*7]

一方、国立公園では、クマは別の役割を果たしていた。彼らはパフォーマーだった。イエローストーンやヨセミテなどの国立・州立公園では、夏の夕方になると、クマがゴミを食べるのを見るために、ゴミ捨て場や餌付け場の観覧席を埋め尽くす観光客が集まった。野生動物を心から愛する者にとって、それは醜い光景だった。しかし、公園当局はより多くの観光客を呼び込むよう命じられていたし、人々はクマを見るのが大好きだった。このことがどれほどの弊害をもたらすか、予想した者はほとんどいなかった。[*8]

一九四四年、米国森林局は火災予防キャンペーンの顔としてスモーキー・ベアを採用した。森林局は四〇年にわたり消火活動を続けていたが、大恐慌時代の景気刺激策によってその活動は拡大し、さらに第二次世界大戦中には火災との戦いが国家安全保障の問題となった。何千もの看板やポスターで、スモーキーはまぎれもなくクマ版のアンクル・サム〔アメリカ合衆国を擬人化したキャラクター〕の姿をしていた。まっすぐ前を見て、見る人をまっすぐ指さし、「森林火災を防ぐことができるのはあなただけです」とアメリカ人に警告した。一九五〇年、シンボルのスモーキーは本物のクマになった。ニューメキシコ州で活動していた消防士たちが、孤児で負傷したアメリカクロクマの子どもを救ったのだ。消防隊はこの子をスモーキーと名づけ、ワシントンDCの国立動物園に送り、一九七六年に亡くなるまで来園者を出迎えた。

残念なことに、森林局のキャンペーンは意図した効果とは正反対の結果をもたらした。火災を抑制したことで、森林局の所有地が生い茂り、より危険な火事が発生する条件を整えてしまったのだ。しかしその結果、アメリカクロクマに対する人々の見方は一変した。もはやアメリカクロクマは害獣でも資源でもピエロでもおもちゃでもなく、アメリカの貴重な自然資源の賢明な管理者なのである。

一九七〇年代、一部の生物学者はアメリカクロクマが復活するのではないかと考えはじめた。ニューイングランドと中西部では森林再生が進み、クマの生息地が増えた。毒殺や罠による捕獲は多くの地域で減少していた。アメリカクロクマは山間の町の周辺や、都市と原野の境界線に沿った緑豊かな郊外で繁栄しているように見えた。一九八〇年当時、生物学者はアメリカクロクマの出生率は陸上哺乳類の中で最も低いと考えていた。しかし一〇年も経たないうちに、アメリカクロクマは適切な条件下で急速に繁殖することが明らかになった。そして、その条件はますます整ってきているようだった。[*9]

一九七〇年から二〇二〇年にかけて、アメリカ本土四八州のアメリカクロクマの個体数は急増した。マサチューセッツ州とフロリダ州では、およそ四〇〇頭から四〇〇〇頭以上へと一〇倍に増加した。ペンシルベニア州では四〇〇〇頭から一万八〇〇〇頭に、カリフォルニア州では一万頭から四万頭に急増した。中西部では森林地帯でクマが増加し、その後、数十年間見られなかった農業地帯にも現れるようになった。二〇一六年、米国魚類野生生物局は、絶滅危惧種リストに掲載されていた四半世紀を経て、アメリカクロクマの一六亜種の一つであるルイジアナクロクマを回復したと宣言した。アメリカクロクマは現在、アメリカ五〇州のうち少なくとも四〇州に生息し、ほとんどの地域で個体数は安定または増加しているようだ。現在、アメリカクロクマは約九〇万頭生息しており、世界のクマ八種のうち最も数が多い種となっている。その約半数ずつがカナダとアメリカにおり、さらにメキシコに絶滅危惧種の小さな個体群がいる。[*10]

都会のクマ

アメリカのアメリカクロクマのほとんどは、今でも森林に生息している。しかし、これほど多くのクマが都会の中をさまよい歩くようになれば、クマと人間がすれ違う機会も増えるに違いない。アメリカクロクマが都市に出没するようになる以前は、彼らがそこで成功できると考える人はほとんどいなかった。彼らは典型的な都市忌避生物のようだった。都市での生活が、クマであることの意味の多くの側面を変えることになると予想した人はさらに少なかった。

食べてこそのクマであるならば、都会のクマが野生のクマと異なるおもな点は、人間の食べ物にアクセスできることである。人間の食べ物を食べたアメリカクロクマは、より自然な環境にいるクマよりも大きくたくましく成長する。森林に生息するアメリカクロクマの成獣の体重は約九〇〜一四〇キログラムであることが多いが、よく肥えた都会のクマは約一八〇キログラム以上に達することもある。人間の食べ物を食べたクマは人間に対する恐怖心を失い、子グマに同じことを教えるようになる。そして、依存とずうずうしさを混ぜ合わせた有害な多世代文化を生み出す。しかし、誰が彼らを責めることができようか。一度ピーナッツバターを食べてしまったら、もう木の実や葉っぱには戻れないのだ。[*11]

都市のアメリカクロクマは、野生の生息地のクマよりも冬眠する時間が短い。冬眠は、季節的に不足する資源に対処するための方法である。アメリカクロクマは驚くべき冬眠者で、毎年秋に蓄えた脂肪と体液を効率よく使うため、生物学者はしばしば「世界最高のリサイクル缶」と呼ぶ。冬眠に費やす期間は、その土地の気候や生態系、クマ自身の体調によって異なる。子連れの雌は、住んでいる場所に関係なく、通常数カ月間巣穴にとどまる。しかし全体的に見ると、人間の食べ物が手に入る都会のアメリカクロクマは、より自然に近い場所に生息するクマに比べて、一年のうちより多くの期間活動している。そしてそのために、より多くの人々と、より頻繁に接触することになる。[*12]

都市部のアメリカクロクマはまた、一日のスケジュールを調整する。人を避けるため、コヨーテのように夜行性の生活様式に移行する。餌が豊富で、旺盛な食欲を満たすための採食時間が短くて済むため、一日の活動時間は短くなる。[*13]

アメリカクロクマの生息域の広さは、生息地で入手できる食料に左右される。都市には資源が集中しているため、都市のアメリカクロクマは生息域が狭く、個体密度が高い傾向がある。ネバダ州西部で実施された調査によると、タホ湖周辺の開発地域に生息するクマの生息域は、近隣の未開発地域に生息するクマよりも七〇〜九〇パーセント狭かった。驚くべきことに、都市部では同じ広さの野生地域の四〇倍ものクマが生息していた。[*14]

都会のアメリカクロクマは繁殖が早く、若くして死ぬ。また、雄が多い。雌は野生の生息地の母グマよりも早く成熟し、三倍の数の子を産むこともある。都市部で生まれた子グマは、おもに自動車事故が原因で、より自然な場所で生まれた子グマの二倍の割合で死亡するが、その数の多さはこれらの損失を補って余りある。[*15]

これらを総合すると、二つの重要な洞察が得られる。つまり、アメリカクロクマの個体が都市部で大量に死んでも、個体群は都市部で繁栄している可能性があるということである。そしてアメリカクロクマは、特にこれほど大型の動物としては驚異的な、都市生活に適応する能力を示している。しかし、これは簡単なことではなかった。アメリカクロクマは都市に適応しているが、ほとんどの都市はまだアメリカクロクマに適応していないのだ。

国立公園での餌付けと食物管理

アメリカクロクマは知的で、力強く、いたずら好きで、驚くほど運動能力の高い生き物である。アメリカクロクマ、特に人間の食べ物に近づいた過去をもつアメリカクロクマとの共存は困難である。しかし、都市部やその周辺におけるアメリカクロクマと人間の関係を管理するための効果的な戦略は存在する。これらの戦略の大部分は、アメリカの国立公園とその周辺地域で開発されたもので、人間とアメリカクロクマによる現代の「紛争」は、一〇〇年以上前に始まった。

国立公園でのクマの餌付けは、意図的かどうかは別として、公園が設立されるとほぼ同時に始まった。イエローストーン国立公園が設立されてわずか一九年後の一八九一年、同公園の管理官代理は、クマが開発地区で問題を引き起こしていると訴えた。一九一〇年までには、イエローストーンのアメリカクロクマはキャンプ場やホテルの近く、道路沿いなどで餌をねだるようになっていた。野生動物を保護するためにつくられた公園が、知らず知らずのうちに野生動物を家畜化していたのである。[*16]

一九二〇年代から一九三〇年代にかけて、カリフォルニア大学バークレー校とヨセミテを拠点とする若い生物学者のグループが、公園管理局初の体系的な野生動物調査を実施し、科学的根拠に基づいた最初の保護計画を作成した。その後数年間、バークレー校のグループの働きかけもあり、いくつかの公園は、当時は一般的であったが今日ではまったくふさわしくないと思われるような慣習を廃止した。動物園を閉鎖し、捕獲を禁止し、野生動物への餌付けを禁止し、捕食動物の管理プログラムを終了したのである。しかし、国立公園のクマに対する扱いはなかなか変わらなかった。ヨセミテでは一九二三年から一九四〇年までクマの餌付けステーションを運営し、一九五六年までハッピー・アイルズ孵化場でのクマのマス採りを許可し、一九七一年までゴミ捨て場を確保しなかった。何世代ものクマが人間の食べ物に夢中になり、観光客はクマを間近で見るために何百キロメートルも旅し、公園職員は見物する観光客にクマを提供するという中毒的な習慣を止められなかった。[*17]

この生き物が餌を与えた手を噛んだ時、なぜ誰も驚かなかったのだろうか?

イエローストーンでは一九三一年から一九五九年まで、クマによる負傷者は年平均四八人だった。そのうちの約九八パーセントがアメリカクロクマによるもので、ありがたいことにハイイログマではなかった。一九六〇年、公園職員は野生生物に関する来園者への教育、「迷惑な」動物を開発地域から遠ざけること、ゴミの管理を改善することなどの取り組みを開始した。また、大量のクマを粛清した。一九六〇年から一九六九年にかけて、イエローストーンのレンジャーたちは三九頭のハイイログマと三三二頭のアメリカクロクマを殺した。しかし、年間の人的被害はあまり変わらなかった。[*18]

一九七〇年、イエローストーンの職員たちは、園内のクマたちから人間の食べ物を断つよう、より積極的に働きかけはじめた。職員たちは防クマ用のゴミ箱を設置し、クマに餌を与えてはならないという園内規則を施行し、より多くのクマをより離れた場所に移動させた。さらに、伝説的な生物学者ジョン・クレイグへッドとフランク・クレイグヘッドの助言を無視し、多くのハイイログマが依存していた最後のゴミ捨て場を突然閉鎖した。

人的被害の数は減少したが、ストレスにさらされたイエローストーンのクマたちは動揺した。公園内の雄のハイイログマの秋の平均体重は約三四〇キログラム前後から約一八〇キログラム以下に減少し、何十頭ものクマが餓死したり、食べ物を探して車にはねられたり、危険な動物になったと恐れたレンジャーや地元住民に射殺されたりして死んだ。一九七五年、この大失敗の結果もあり、米国魚類野生生物局は四八州にまたがるハイイログマを絶滅危惧種法の絶滅危惧種に指定した。[*19]

人間が食べ物を提供しなくなったことで、人間の食べ物を見つけることが難しくなった。しかし、ホットドッグやポップ・ターツ〔アメリカのお菓子〕で育ったクマは、それらには危険を冒すだけの価値があると考えていた。ゴミ捨て場が閉鎖されると、クマはクーラーボックスやゴミ箱を荒らしはじめた。レンジャーが来園者に食べ物やゴミの管理を義務づけると、クマは車のドアを引きちぎり、キャビンの窓ガラスを割るようになった。

この状況は、ヨセミテ、セコイア、キングズキャニオン〔いずれもカリフォルニア州にある〕の各国立公園で危機的状況にまで発展した。一八四八年のゴールドラッシュ前夜、カリフォルニアにはアラスカを除くどの州よりも多くのハイイログマが生息していたが、一九二〇年代半ばまでにカリフォルニアのハイイログマは姿を消し、多様で生産的な土地風景の中に広いニッチが残された。その後、カリフォルニア州内の国立公園や森林でアメリカクロクマの個体数が増えはじめた。問題は山積みとなったが、これらのクマが悪さをすると、レンジャーたちはしばしばずさんな、あるいは非人道的な方法でクマを退治する一方で、問題の根底にある制度の不備や人間の不用意な行動にはほとんど対処しなかった。
一九六〇年代、地元の活動家と匿名の公園局職員が、公園のクマ管理慣行について苦情を言いはじめた。しかし、写真家のゲイレン・ローウェルが公園局の歴史の暗黒面に光を当てたのは一九七四年になってからだった。ある情報に基づき、彼はヨセミテのビッグ・オーク・フラット入口近くの崖から懸垂下降し、レンジャーたちが何十年もの間そこに投棄していた何百ものアメリカクロクマの死体を発見した。ローウェルが撮影した陰惨な画像と、レンジャーたちが瀕死の状態の母親と怯えた兄弟の目の前で、子グマに鎮静剤を投与しようとして誤って殺してしまったという生々しい描写は、世論の大反響を巻き起こした。[*20]
変化は、最初はゆっくりと訪れた。一九七〇年代から始まった一連の研究は、管理者がアメリカクロクマの生態と行動をより深く理解するのに役立った。新しいクマよけの食料保管用ロッカーやクマよけのバックパッキング用キャニスターは有望だったが、政治的支援や資金の不足のため、広く普及することはできなかった。一九九八年の時点で、ヨセミテでは年間一五〇〇件以上のクマ関連事件が発生し、六五万ドル以上の損害が発生している。これらの事件により、七人の人間が負傷し、三頭のクマが死んだ。[*21]
一九九九年から、連邦議会はカリフォルニアの国立公園におけるクマの緊急事態に対処するため、年間五〇万ドルの予算を割り当てた。「セコイア国立公園とキングズキャニオン国立公園の二〇〇一年クマ対策年次報告書」の冒頭には、その取り組みの範囲が示されている。これらの国立公園では、一年間に三七八個の食料保管用ロッカーを設置し、四万五〇〇〇人以上の訪問者に連絡を取り、五〇以上の研修コースを開催し、一六〇〇件以上の警告または違反切符を発行し、二六八袋のゴミを回収した。連邦政府の資金が不足すると、この作業の多くを指揮し、二〇一五年に出版された著書でこの武勇伝を詳細に語っているレイチェル・メイザーのような職員が、できる限り資金を集めた。[*22]

疲れる仕事だったが、苦労する価値は十分にあった。そして一〇年以上かけて、公園局とそのパートナーは、カリフォルニアの国立公園におけるクマ関連の事件数を九〇パーセント以上減少させた。後の調査では、ヨセミテのクマはほとんど自然食に戻っていた。毎日何千人もの観光客が国立公園を通過するため、クマと人間、少なくともクマと人間のランチを隔離する作業はけっして終わらない。しかしこれは、アメリカの野生動物管理における偉大な成功の一つである。国立公園内のクマを見ることは難しくなったが、その大部分は野生に戻ったのである。[*23]

殺さずに対処する

同じことが、アメリカの都市とその周辺に生息する何千頭ものアメリカクロクマについても言えるわけではない。そこでは国立公園で最初に直面した課題が、何度も何度も繰り返されてきたのである。

アメリカクロクマは何十年もの間、山あいの町をこそこそと歩き回っている。ヨセミテ渓谷は山間の町の一つであり、汗ばむ夏の日には交通渋滞、埃っぽい駐車場、値段の高いホテル、ファストフード店など、都会的な印象を受けることもあるが、国立公園内にあることで、また違った雰囲気になる。国立公園局の使命は、管理する場所を保全し、人々が楽しめるようにすることである。この目標を達成するために、公園局はこれらの地域を完全に管理する「専属的管轄権」を有している。一九七〇年代のイエローストーンのクマのように、物事がうまくいかなくなると、公園局は非難される。二〇〇〇年代初頭のヨセミテのように、物事がうまくいけば、公園局の手柄となる。

ほとんどの実際の都市は、逆の苦境に直面している。都市には使命がない。その代わり、数多くの機関があり、それぞれが独自の使命をもち、多様な考えや関心をもつ住民がいる。また、私有地と公有地がパッチワークのように混在しており、さまざまな規則や規制が適用される。新しい政策は、しばしば論議を呼ぶ。それを制定し、人々に遵守させるのは、繊細で長時間のダンスとなる。

クマはそんなことおかまいなしだ。一九八〇年頃、全国の都市部でアメリカクロクマの目撃情報が増えはじめた。アンカレッジ、ボールダー、ミズーラのように、もともとクマが生息していた都市では、クマの数が増え、事件や論争が増えた。このような場所では、経験が思慮深く効果的なアプローチを可能にすることもあった。しかし、ほとんどの都市では、この現象が初めてのことであったため、コヨーテの場合と同様、過剰反応に終始した。

アメリカクロクマの長い奇妙な歴史があるロサンゼルスを考えてみよう。少なくとも一〇〇万年は生息していたはずのアメリカクロクマが、二万年ほど前に現在の南カリフォルニアから姿を消したのだ（古生物学者の中には、最後の氷河期の最盛期に冷涼で乾燥した気候がこの地域の森林被覆を減少させ、アメリカクロクマがより北へ移動したのではないかと推測する者もいる）。一九三〇年代、ヨセミテ当局は二八頭の「問題児」アメリカクロクマを南カリフォルニアに移送し、エンジェルス国有林とサンバーナーディーノ国有林でキャンパーたちを楽しませた。五〇年後、これらのヨセミテのクマの子孫がロサンゼルスの山麓郊外で目撃されるようになった。[*24]

都市部で大型野生動物を扱った経験のない役人は、しばしば対応を誤った。たとえば一九八二年六月二一日、警察と狩猟監視員は夜明け前の三時間、ロサンゼルス郊外の高級住宅街グラナダヒルズでアメリカクロクマを追いかけた。その日のうちにロサンゼルス・タイムズ紙の取材に応じた動物管理官のマイケル・ファウブルは、「裏庭に追い詰められた」クマを生きたまま捕獲しようとしたと語った。ようやく捕獲に成功した時、パニックで疲れ果てたクマは、パニックで疲れ果てた動物がよくやることをした。クマは突進し、警官が射殺した。心配する住民を安心させようと、カリフォルニア州漁業狩猟動物局のヴィック・サンプソンは、ロサンゼルス郡の都市部ですぐに別のクマが目撃されることはないだろうと述べた。[*25]

自分たちが何をしようと、仕える人々が自分たちを批判するだろうと考える理由があった警官たちから見れば、郊外でクマを射殺したことは、遺憾ではあるが、真っ当な判断だった。罰則はなかったが、もしクマを逃がして子どもが怪我をしていたら、その責任は彼らが負うことになっただろう。その後、何十頭ものアメリカクロクマが、その多くは人間にとってほとんど危険のないものであったにもかかわらず、アメリカの都市の路上で命を落とした。

この方程式を変えたのが、二つの洞察である。専門家や政府関係者は、都市部におけるアメリカクロクマやその他の大型野生動物への対処法を見直すことになった。一九八〇年代から始まった調査によると、テディ、スモーキー、ウィニー、ヨギ〔いずれもクマのキャラクター〕とともに育ったアメリカ人は、クマを知的で魅力的、人間に似ていて保護に値する動物だと考えていた。郊外に住む人々の多くは野生動物についてほとんど知らなかったが、クマのような動物の命を大切にし、保護活動を支持していた。住民たちは、他の選択肢を検討する前にこれらの動物を殺す当局者を批判し、より人道的な手段を求めた。捕獲か殺処分かというアプローチは、科学者や野生生物管理者がその安全性と有効性に疑問を呈しはじめたことで、さらに批判を浴びることになった。ゴミの適切な処理を怠ることで、都市はクマを引き寄せ、クマの目撃に不釣り合いな力で対応することで、クマの生息に伴うリスクを高めていたのだ。これまでのやり方は通用しなくなっていた。[*26]

思いもよらないところから新しいアイデアが生まれることもある。カリフォルニア州マンモス・レイクという、ヨセミテ国立公園の東の境界からほど近いハイシエラのスキータウンでは、経験の浅い変わり者と自称「無学の白人」が問題を診断し、解決策を編み出した。スティーブ・サールズは、二〇一一〜一二年にケーブルテレビで放映された同名のシリーズで主役を演じたことから「クマにささやく者」として知られているが、本人は「クマにわめく者」というタイトルの方が好きだと語っている。一九九六年、マンモス・レイク警察は一六頭の問題児クマを町から駆除するために彼を雇った。彼のおもな資質は、彼が狩猟と釣りをして育ったことと、身長が一九三センチあることだったようだ。サールズはクマを射殺することに倫理的な抵抗感はなかったが、現実的な観点から見ると、自分が悪循環に拍車をかけていることにすぐに気づいた。「死んだクマは何も学ばない」。彼はロサンゼルス・タイムズ紙に語った。「一頭殺しても、また別のクマが山からやってきて入れ替わるだけだ[*27]」。

そこで彼は大声を出しはじめた。サールズはマンモス・レイクのアメリカクロクマを射殺する代わりに、町の毛むくじゃらの賊を威嚇することを目的としたいやがらせ作戦を開始した。彼はまた、ゴミの適切な処理と住民や観光客への啓蒙活動を市に働きかけた。リアリティ番組で放映されたエピソードを含む一連のドタバタ劇は、サールズが善よりも害をなしていると結論づける者たちを招き寄せたが、結果は自ずと明らかになった。残されたクマたちは、野球のバットを振り回すこの狂人からいくつかの厳しい教訓を学んだ。町のクマの生息数は安定し、事件の数は激減した。

仕事を始めた当初、サールズは「クマは基本的に四本足の胃袋だ」などと悪口を言って群衆を挑発するのが好きだった。しかし、二〇二〇年に突然引退するまでの数年間、サールズは町ののんびりしたクマたちをお気に入りのバンドに例えるのが好きになった。マンモス・レイクのクマはグレイトフル・デッド〔アメリカのロックバンド名。「感謝する死者」の意〕のようだと彼は言った。しかし、その反対もまた同じだった。サールズのおかげで、マンモス・レイクのクマたちは生きていることに感謝するようになったのだ。[*28]

新たな倫理観の構築

ニュージャージー州に戻ると、アメリカクロクマの話はまた違った展開を見せた。二〇〇三年、ニュージャージー州は三三年ぶりに合法的なクマ狩りを開始した。二〇〇六年、ジョン・コーザイン知事は一時的に方針を転換し、クマ狩りを三年間禁止した。二〇一八年にはフィル・マーフィー知事が州有地でのクマ狩りを禁止する行政命令に署名した。いずれの政策もクマの捕獲を減少させることはなかった。二〇〇三年から二〇二〇年の間に、ニュージャージー州のハンターが捕獲したクマの数は、なんと合計四〇八二頭にのぼる。二〇一九年秋、郊外のモリス郡のハンターが、弓矢で仕留めた史上最大のアメリカクロクマと思われる約三二〇キログラムの巨体を仕留めた。これはニュージャージー州初の狩猟世界記録である。[*29]

持続可能な収穫量を支える健全な野生生物の個体数を育成することを目的とする州の管理者から見れば、ニュージャージー州のクマ狩りは成功例である。多くのスポーツ愛好家もそう思っている。しかし、このアプローチに反対する人々は、クマを管理するためにクマを殺す必要はなく、毎年秋に行われる狩猟は虐殺にすぎないと主張する。メディアの報道は極端な周辺部や声の大きい人たちに焦点を当てがちだが、調査によれば、州民の大半はその中間に位置している。クマは重要で貴重であり、クマは人道的に扱われるべきであり、十分に規制された狩猟はおそらく必要であり、クマに餌をやる人間は罰せられるべきだというのが彼らの意見である。このような背景から見ると、ペダルズの物語は、アメリカ人が都市部の野生動物について新しい科学と一連の政策を開発しているだけでなく、人口密度の高い、ほとんどが都市化された地域でアメリカクロクマのような動物と共存するための新しい倫理観を積極的に築こうとしていることを示している。[*30]

ニュージャージー郊外をさまよっていた二年間、ペダルズは感情的な議論の対象となった。右前足を失い、左足も損傷していることから、奇形か大怪我を負ったかのどちらかだった。ペダルズの大ファンであるサブリナ・パグズリーとリサ・ローズ＝ルブラックの二人は、二万五〇〇〇ドル近くを集め、彼を捕獲して獣医による治療を受けさせ、北部の保護施設に移すよう求める嘆願書に三〇万人の署名を集めた。しかし当局は、ペダルズは野生動物であり、外見とは裏腹に健康そうだと言って拒否した。彼らが本当に言いたかったのは、クマは共感を示すべき個体ではなく、資源として管理されるべき個体群の一員であるということだった。少なくとも一人のハンターは、もし環境保護活動家たちが正しく、ペダルズが苦しんでいるのであれば、喜んでクマを不幸から救い出すとネット上で発表した。[*31]

二〇一六年一〇月一〇日、ペダルズは運を使い果たした。あるハンターがSNSで彼を追跡し、餌でおびきよせ、ロッカウェイのグリーンポンド・ゴルフコース近くで矢で射殺したのだ。ニュージャージー州で最も有名なクマが、毎年恒例の狩りの初日に狙われた。その一週間後、州は州が運営するチェック・ステーションで、右前足を失ったクマが鎖で逆さまに吊るされている悲惨な写真を公開した。体重は約一五〇キログラムもあった。当局は、遺伝子検査なしには個々のクマを特定することは不可能だと主張したが、ペダルズのファンたちは彼を見ればすぐにわかった。シーズン終了までにニュージャージー州のハンターが捕獲したクマの数は、記録的な六三六頭となった。[*32]

同年一二月、作家のジョン・ムアレムは、デヴィッド・ボウイ、モハメド・アリ、グウェン・イフィル、アントニン・スカリア、プリンスの追悼文と並んで、ニューヨーク・タイムズ紙の年次特集「The Lives They Lived」にペダルズの追悼文を掲載した。これは、クマに捧げられた最初のタイムズ紙死亡記事であった。彼の魅力、旅路、信奉者、敵、そして彼の周囲で巻き起こった議論について熟考した後、ムアレムはこう結論づけた。「ペダルズは何かを表していた。それが何なのか、私たちはけっして意見を一つにはできないだろう[*33]」。

ペダルズが象徴していたことの一つは、より多くの人とより多くの動物が同じ混雑した生息地に身を寄せることになった時の、野生動物と共生していく上での課題だった。彼の人間のような姿は、私たちと彼らとの境界線を曖昧にし、そうすることでこれらの問題をより鮮明に浮かび上がらせた。ペダルズはいなくなったが、クマは、そして人間は増えつづけている。

8 都市の生態学的な価値

象徴的な白い頭、黄色い爪、鉤状のくちばしをもつハクトウワシは、北アメリカで最もよく知られた鳥である。成熟したハクトウワシは、体重約六キログラム（雌は雄より約二五パーセント大きい）、翼を広げると約二メートルにもなる。一七八二年、大陸会議〔イギリスからの独立に際し、一三植民地が共同で組織した合議体〕がハクトウワシをアメリカ合衆国のシンボルに選んだ時、ハクトウワシは一三の植民地全域、そしてメキシコ湾からベーリング海にいたる北アメリカ全域に生息していた。しかし、この鳥の名声と堂々とした風貌は、この鳥を守るものではなかった。他の猛禽類同様、ハクトウワシも生息地の喪失、射殺、毒殺、採卵に苦しんだ。第二次世界大戦中に開発された強力な殺虫剤DDTをはじめとする水質汚染は、その数をさらに減少させた。二〇世紀半ばには、アラスカを除く国の全土からアメリカのシンボルが姿を消すのではないかと思われた。

ハクトウワシが最初に保護されたのは、一九一八年に制定された渡り鳥保護条約である。一九四〇年のハクトウワシ保護法、一九七二年の水質浄化法、そして一九七三年の絶滅危惧種法によって保護措置は強化された。これらの法律と州や地域の努力が相まって、ハクトウワシの保護は大きく前進した。二〇〇〇年代には、ここ数十年間は見られなかったハクトウワシがアメリカの一部で空を飾るようになった。[*1]

ピッツバーグもその一つだった。一九七〇年代までに、ペンシルベニア州ではハクトウワシは絶滅寸前だった。一九八三年、ペンシルベニア州はカナダのサスカチュワン州から八八羽を輸入し、ハクトウワシ復活に向け回復プログラムを急発進させた。ハクトウワシは徐々に足掛かりを得て、二〇一〇年、一組のハクトウワシがピッツバーグ近郊に少なくとも一五〇年ぶり、もしかしたら二〇〇年ぶりに最初の巣をつくった。二〇一三年までに新たに二組が市内に巣をつくり、そのうちの一つは、繁華街から八キロメートルも離れていない、モノンガヒラ川沿いのヘイズ地区にあるキーストーン・アイアン・アンド・メタル社のスクラップ置き場を見下ろす丘の中腹にあった。[*2]

ピッツバーグ・ポスト・ガゼット紙によれば、その年の春までに、ヘイズのつがいは「鳥類のロックスター」となり、近くの観察点からワシを一目見ようと、連日群衆が押し寄せたという。ワシマニアが街を支配した。なぜ多くのピッツバーグ市民がこの街のワシにこれほど情熱を注いだのかを理解するには、なぜ多くの地元の人々の目にはワシが単なる鳥以上の存在に映ったのかを知ることが助けとなる。[*3]

アメリカ工業の中心地であったピッツバーグは、金属加工と製造業で豊かな発展を遂げたが、これらの産業が環境を荒廃させた。一八六六年、クリフ・ストリートの見晴らし台からアレゲニー川を挟んで北を眺めた作家ジェームズ・パートンは、その恐ろしくも心を奪うほどにとてつもない風景を描写した。「丘と丘の間に横たわる空間全体が真っ黒な煙で満たされ、そこから隠れた煙突が炎の舌を出し、深淵の底からは何百もの蒸気ハンマーの音が聞こえてきた。炎が見えない瞬間もあったが、やがて風が煙のカーテンを脇に追い

やり、黒い広がり全体が鈍い炎の渦でぼんやりと照らされた」。パートンにとって、それは「ナイアガラのように印象的な光景で……蓋が外された地獄」だった。[*4]

二〇世紀半ばにはパートンの地獄は多様な移民や民族社会の避難所となり、何万もの安定した高賃金のブルーカラー雇用で繁栄した。この経済の基盤は一九七〇年代に崩れはじめ、その一〇年後に鉄鋼業が崩壊すると、ピッツバーグは新たなアメリカのラストベルト〔斜陽化した重工業地帯〕の震源地となった。何千人もの人々が貧困に陥り、何万人もの人々がサンベルト〔工業がさかんなアメリカ南部の都市〕や西部へと去っていった。

縮小し、控え目になったピッツバーグは、一九九〇年代に入り、医療、教育、観光を基盤に、再びありえないほどの復活を遂げた。ブルーカラーからホワイトカラーへの移行に伴い、不平等が拡大し、住民の多くはこの移行の恩恵を享受できなかった。しかし、地域の環境は一五〇年にわたる虐待から回復しはじめた。数十年前に再生しはじめた森林が丘陵地帯を覆い尽くし、長い間全米ワーストにランクされていた水質も改善されはじめた。川には魚も戻ってきた。

多くのピッツバーグ市民にとって、ヘイズのワシはピッツバーグの復活だけでなく、自然の回復力、そして二一世紀のクリーンで緑豊かな都市で人と野生生物が共存できる可能性を象徴していた。自然保護活動家や動物愛好家たちは、歓喜を抑えるのがやっとだった。「長生きして、アレゲニー郡でハクトウワシの巣を三つも見られると思ったことがありますか」と、ペンシルベニア州狩猟委員会のトム・ファジは尋ねた。[*5]

しかし、一般の人々を巻き込みながら鳥を保護するには、機転と忍耐が必要だった。関係者や専門家は、ピッツバーグ市民に「ワシのエチケット」について教育することができた。たとえば、巣から少なくとも約三〇〇メートル離れるようファンに呼びかけた。地元のオーデュボン協会のジム・ボナー理事の言葉を借りれば、「ならずものが（ワシを）怖がらせるようなことをするのではないか」ということにやきもきしていた。[*6]

両方の目的を達成する一つの方法は、ビデオカメラを設置することだった。当時、巣カメラ、首輪カメラ、センサーカメラ、その他のデジタル画像収録機器は、安価になり、バッテリー寿命が延び、ソーラー充電器が改良され、高速インターネットによってウェブサイトがストリーミング・ビデオを提供できるようになったため、爆発的な人気を博していた。狩猟委員会は地元企業と提携し、ヘイズの巣の上にカメラを設置し、二四時間体制で放送することにした。

野生動物の生活を垣間見るという、部分的とはいえスリリングなものだったのが、すぐにリアリティ番組のようなものになってしまった。ドタバタ芝居はじきに起きた。二〇一四年の冬、オジロジカが眼下の森でカメラの電源を一時的に停止させたのである。二月二六日の夜、コメディはドラマに変わった。アライグマが巣を襲撃したのだ。卵の上で休んでいた母ワシは、翼を広げて堂々とした姿勢をつくり、鋭い缶切り状のくちばしで窃盗未遂犯に突進し、アライグマを追い払った。[*7]

このライブ映像では動物に危害は加えられなかったが、野生動物の専門家たちは、視聴者はもっと悲惨な映像を目にすることになるだろうと予測していた。「神は歯車を動かす」そして「色んなことが起きる。動物が生き、動物が死ぬ。個々の動物を管理することはできないし、すべきではない」と、ペンシルベニアのワシがカナダから輸入されたものであることを忘れているかのように、ピッツバーグ動物園のヘンリー・カクプリジークは言った（隣のニュージャージー州では、ほとんど同じ時期に、ほとんど同じ言葉をクマのペダルズについて語る役人が使っていた）。[*8]

ピッツバーグの人々は、その春から夏にかけて、ヘイズのつがいが三羽のヒナすべてを巣立たせるという、これまでで最高の年を迎えるのを見守った（131頁図参照）。翌年の春、つがいの卵が二つとも巣の中で壊れた後、弔問客が近くのフェンスにバラの花とお悔やみカードを置いた。それには「来年こそは、パパとママに。愛してるよ！」といった手書きのメモが添えられていた。この鳥たちは、新しく生まれ変わった街のシンボルとなっただけでなく、バンビのように、一夫一婦制の異性関係、献身的な子育て、核家族の価値観の象徴となったのだ。[*9]

現実を識（し）る時は来た。二〇一六年四月二六日午後四時二四分、成鳥の一羽と二羽のヒナが巣にいる中、もう一羽の成鳥が夕食を持って戻ってきた。ピッツバーグの街は、ワシの家族が子ネコを切り刻み、バラバラにして食べる様子をライブ映像で見て衝撃を受けた。一瞬、このヒーローたちは社会の厄介者になるのではないかと思われた。数十年前はそうだったかもしれないが、時代は変わったのだ。この動画が配信されたYouTubeページのコメント欄では、このモデル一家が他の家族のペットを食べる光景に恐怖を示す視聴者もいれば、動物を放し飼いにしているネコの飼い主を非難する視聴者もいた。また、ワシがリスやネズミ、その他の小動物を食べるのを何年にもわたりカメラに収めつづけているが、それらの生き物に対する人間の同情はあまりない、と指摘する人もいた。また、ネコが毎年何十万羽もの鳥を殺している現状では、ワシのおやつでは恨みを晴らすに程遠いという意見もあった。あるコメント投稿者は、ガールフレンドが飼っているチワワに香辛料をかけようと考えていると書いていた。[*10]

このライブカメラのエピソードは、二つの重要な教訓を与えてくれる。第一に、巣の監視カメラやその他の野生動物監視装置は、記録される動物についてだけでなく、それを監視する人々についても多くのことを教えてくれる。第二に、都市に生息する野生動物は人間のおこぼれに依存するパラサイトやたかり屋ではなく、複雑な生態系の一員であるということだ。ハクトウワシのような生物が都市部で生活できるのは、巣をつくる場所や餌など、彼らに必要な資源を都市部が提供するからである。この基本的な事実を認識するのに数十年を要した科学者もいる。一方、運命的な春の午後、たまたまヘイズのつがいを観察していたピッツバーグのワシファンにとっては、そのことがほんの数秒で明確になったのである。

都市生態学の萌芽と成長

現代の生態学の大きな欠点の一つは、多くの人々が暮らす場所について、長い間ほとんど何も語ることができなかったことだ。生態学者たちはようやくこのニーズに応えはじめたが、それを認識するまでに長い時間がかかった。その理由の一つは、生態学が、自然と文化の間に境界線を引くという長い伝統をもつ西洋社会において生まれたからである。この考え方は古代ギリシャにまで遡る。プラトンは『国家』において、理想的な都市（ポリス）を公正で高潔な社会が市民を高揚させる場所と定義した。アリストテレスの『政治学』では、都市とは善良な生活を求めて集まった人々の集合体である。都市は文化、芸術、学問の領域であった。都市の外には、野獣、未開の人々、未知の可能性の領域が広がっていた。都市に住むことは、完全な意味での「市民」になることだった。[*11]

それ以来何世紀にもわたり、偉大な思想家たちは、この農村と都市、自然と文化の分水嶺のどちらか一方に身を置いてきた。たとえば、啓蒙主義の時代、ヴォルテールは、西洋世界の知的中心地であった愛するパリから二度も追放され、都市生活の利点を礼賛した。ヴォルテールのライバルであり、初期のロマン主義者であったジャン＝ジャック・ルソーにとって、強さ、美徳、独立心、知恵を育むのは都会ではなく田舎であった。[*12]

この分裂のルーツは西洋文化に深く根ざしているが、そこから発展した生態学という分野が芽生えたのは、一九世紀後半から二〇世紀初頭にかけてのことである。一九一〇年代までに、ヨーロッパや北アメリカでは進歩的な知識人や改革者たちが、林業や放牧地管理などいくつかの応用科学的職業を創設していた。生態学は常に理論的な傾向をもっていたが、他の新興勢力と同様、ニッチを見つけなければならなかった。北アメリカでは通常、国立公園のような保護区に焦点を当て、人間の影響からできるだけ離れた場所で自然を研究することを意味していた。

一九一六年に始まった新しいアメリカ生態学会は、研究と教育のために自然保護区を設けるよう運動した。初代会長のヴィクター・シェルフォードによれば、「本来の生息地における自然の摂理にインスピレーションを得る生物科学の一部門は、多くの問題を解決するために自然地域の保全に頼らざるを得ない」。シェルフォードは、ほとんどの自然保護区が長い間人間に利用されてきた歴史があり、「自然」が相対的な言葉であることを知っていた。彼と彼の同僚たちは研究室で実験を行い、何人かは都市や農場でさえ働いた。しかし、彼らが自然保護区に焦点を当てたことは、長い影を落とした。彼らに続く世代の生態学者は、都市部は研究に値しないとし、自然について科学者に重要なことを教えてくれるのは、最も手つかずの場所だけだと考えたのである。[*13]

一九三〇年代、アメリカ生態学会の指導者たちは、自分たちの学問分野のまじめな科学としての評判を高めようと、自然を保護するのは学術団体ではなく自然保護団体の役目だと考えた。シェルフォードとその支持者たちはこれに応え、新しい団体「エコロジスト連合」を結成し、自然保護活動に乗り出した。この団体はやがてネイチャー・コンサーバンシーと名前を変え、世界最大の自然保護団体に成長した。一九三七年、二番目の団体は野生生物管理者のためのグループ「野生生物協会」を結成した。この団体に所属する管理者たちは生態学的な原理と手法を使いつづけたが、やがてその分野は科学的な基盤から離れ、そのほとんどすべての人々が農村地域に住み、働き、あるいは遊んでいた狩猟者、漁師、農民、牧場主などのためのサービス産業となった。[*14]

しかし、ごく少数の科学者やナチュラリストは、都市で働いていた。一九世紀から二〇世紀初頭にかけて、科学機関や教育機関は第一世代の専門家のナチュラリストを雇用した。動物学者、植物学者、古生物学者などの多くは、人里離れたフィールドに赴き、そこで標本を収集したり購入したりして、雇い主のコレクションを築いた。自宅に戻れば、皮を加工し、展示物をデザインし、授業を行い、論文を書くが、彼らはしばしば、外に出ることを切望していた。そこで彼らは、自然と触れ合い、自然を研究できる場所を近隣に求めた。その過程で、彼らは最初の真の都市生態学者となった。

初期の都市における野生動物の研究は、ほとんどが鳥類に焦点を当てていた。数十年前に駆逐された他の陸上動物とは異なり、在来の鳥類は都市に残っていたが、多くの種が問題を抱えていた。生息地の喪失と害虫駆除の実施が大きな打撃を与えたのだ。しかし、鳥の美しさと多様性を明らかにし、同時に鳥が直面している脅威を人々に知らしめたのは、女性の帽子の装飾品として毎年五〇〇万羽もの鳥を殺していたヴィクトリア朝の婦人帽子類産業だった。

アメリカ自然史博物館の鳥類学者であったフランク・チャップマンは、地元のオーデュボン協会を率いて、この虐殺について啓発することに貢献した。一八八六年、彼はニューヨークのアップタウンのショッピング街を二日かけて散策し、その間に何らかの羽毛のついた帽子を五四二個数え上げた。彼は、フクロウ、レンジャク、ムシクイ、フウキンチョウ、オナガ、シメ、コメクイドリ、ハト、ウズラ、サギ、アジサシなど、少なくとも四〇種の身体の一部を特定することができた。世論の意識向上キャンペーンやボイコット運動によって帽子を飾る鳥の羽への需要は減少したが、渡り鳥保護条約によってファッションのために鳥を殺すことが禁止されるまで、鳥の帽子ブームは何十年もずるずると続いた。[*15]

一九〇〇年、チャップマンはクリスマス・バード・センサス（現在のクリスマス・バード・カウント）を提案した。彼は、これが、悪名高いホリデー・ダービー（一日に誰が最も多くの鳥を撃てるかを競う「サイド・ハンティング」）に取って代わることを望んでいた。組織化されたイベントであれば、国民の意識を高めると同時に貴重な科学的データを得ることができる。しかも、まったく血を流すことなく。その後数十年の間に、高品質かつ低価格の双眼鏡、スポッティングスコープ、カメラなどの発明を含む光学技術の進歩が鳥を殺すことなく観察することを容易にし、チャップマンの運動を後押しした。チャップマンのセンサス〔全数調査〕は都市に限ったものではなかったが、その始まりは都市であり、都市の野鳥愛好家は常に最も熱心な参加者の一人であった。今日、クリスマス・バード・カウントは世界で最も長く続き、最も成功した市民科学プロジェクトの一つである。

また二〇世紀初頭には、ヨーロッパの生態学者たちは人間が支配する景観を探求しはじめた。ヨーロッパの哲学者たちは、自然と文化の分断を発明するのに貢献したが、彼らの大陸の地理的現実は、それを部分的に消し去ってしまった。人口密度の高いこの地域には、未開発の大自然がほとんどなく、長い人類の歴史が刻まれているため、自然と文化の境界線は時間の経過とともに曖昧になっていった。北アメリカやオーストラリアのような、植民地主義者が新大陸を発見したかのように装って征服を正当化したような原生神話も、ヨーロッパの大部分にはなかった。

イギリスほど、政治的背景を超えた思想家たちが、自然と文化の最良の部分を融合させた悠久の田園地帯という考え方を受け入れていた国はない。一九一三年にイギリス生態学会の初代会長に就任したアーサー・タンズリーは、この考えの最も有名な支持者の一人である。タンズリーはイギリスの田園地帯の保護に精力的に取り組み、その功績の一端が認められて爵位を授与された。彼は人間と家畜を、何世紀もかけて生み出された独特の文化的景観に不可欠な存在と見なしていた。人間がこの景観の創造と維持に貢献したのであれば、その生態学的研究に人間を含めることは理にかなっている。[*16]

第二次世界大戦後、爆撃で焼け野原になった都市の灰の中から都市生態学が芽生えた。都市部だけに焦点を当てた最初の本格的な自然史作品の一つが、一九四五年に出版されたリチャード・フィッターの *London's Natural History*（『ロンドンの自然史』）である。フィッターはロンドン・スクール・オブ・エコノミクスで社会科学者としての教育を受け、戦時中の市民の士気に関する研究を行っていた。彼にとって、ロンドンの動植物は、ロンドン大空襲の暗黒の時代からその後の長い復旧・復興期にいたるまで、イギリスの自然と人々の回復力を体現していた。戦後の荒廃した景観に関する最も重要な研究のいくつかはドイツで行われ、西ベルリンのブラッヘン〔爆撃によってできた瓦礫から生まれた休閑地〕は果敢な生態学者たちにユニークなフィールドを提供した。一九七〇年代、ヘルベルト・スコップは、銃、検問所、監視塔、壁に囲まれた都市に新しい緑の未来を築くことを視野に入れ、放棄された土地や瓦礫の山における植生の変化を記録する先駆的な調査プログラムを開発した。[*17]

アメリカに戻ると、野生生物管理の第一世代は都市部の動物相の価値を強調していた。一九三三年の時点で、この分野の創始者であるアルド・レオポルドは、「モリツグミのペアは、村にとって土曜の夕方のバンドコンサートよりも価値があり、しかも、低コストだ」と書いている。野生生物協会の初代会長であるルドルフ・ベニットは、「野鳥や野草、都市の生物相の管理について議論する日」を心待ちにしていた。しかし、彼の呼びかけに応じる者はほとんどいなかった。生態学のフィールド調査の大半は、未開発地域で行われつづけた。[*18]

一九六〇年代、科学者たちに都市環境を研究するよう求める声は、ますます高まっていった。地元カリフォルニア州の成長を批判していたレーモンド・ダスマンは、同僚たちに「森から抜け出して都市に入るべきだ」と助言した。ダスマンは、生態学者は都市部を「生き物や自然の美しさに触れることで、一人ひとりの日常生活が最大限に豊かになる」場所につくり変える手助けができると信じていた。ダスマンにとって、これは「新しい自然保護」の重要な要素であり、農村部における自然資源の持続可能な利用だけでなく、環境全体の質にも焦点を当てたものだった。[*19]

自然保護団体や政府機関もこれに呼応した。米国魚類野生生物局は一九六八年と一九八六年の二回、都市環境に関する会議を開催した。一九八五年、国立公園局はワシントンDCを拠点とする生態学サービス研究所の名称を「都市生態学センター」に変更した。全米野生生物連合とトラスト・フォア・パブリック・ランド〔一九七二年に設立された、公園建設や公有地の保護を行うアメリカの非営利団体〕は、ささやかな都市プログラムを文援した。野生生物協会は都市野生生物委員会を設立し、支持声明を発表し、現在進行中の活動を調査し、州や地域のプログラムのガイドラインを発表した。

しかし、影響力のある生態学者の多くは、まだ納得していなかった。C・S・ホリングとゴードン・オーリアンズは、都市生態学の「無批判で熱狂的」な受け入れに警告を発し、都市研究には一貫性と厳密性が欠けており、都市問題に関わることは科学者を政治に巻き込むことになると主張した。彼らの見解は、若い研究者たちに大きな影響を与えた。たとえば、行動生態学者のアンドリュー・シーは、一九七〇年代にカリフォルニア大学サンタバーバラ校の大学院生だった頃、指導教官から「手つかずの自然システムに焦点を当てるべきだ。結局のところ、目標は『自然』を理解することだ」と忠告され、引き止められたことを覚えていると、当時の支配的な意見を記している。そこには都市のような人工的な環境は含まれていなかった。[20]

一九八五年、当時メリーランド州のボルチモア郊外にあった都市野生生物研究センターに在籍し、後にメリーランド大学に移ったローウェル・アダムスは、北アメリカの大学で都市部の野生動物に関する講義を開講しているのは一〇校に一校にも満たないことを明らかにした。二〇〇〇年にアダムスが再度調査を行ったところ、状況はほとんど改善されておらず、「現在、そして将来にわたって、都市の野生生物管理の問題に取り組むための準備は、学術機関も行政機関も不十分である」ことが明らかになった。[21]

また、現実的な問題も、多くの有望な第一歩を踏み出す妨げとなっている。都市部でのフィールドワークは難しい。土地のほとんどは私有地であり、裏庭での野生生物調査を許可するよう人々を説得するのは必ずしも容易ではない。公有地では、お役所仕事が多い。アメリカ自然史博物館とゴッサム・コヨーテ・プロジェクトのマーク・ウェッケルによると、彼と彼の同僚が初めてニューヨーク市のコヨーテ調査許可について問い合わせた時、ニューヨーク市の公園レクリエーション局はそれまでそのような依頼を受けたことがなかったため、新しい方針を立てなければならなかったという。ニューヨーク市はウェッケルと博物館に協力したが、他の都市は研究を促進する意欲も能力も低かった。[*22]

資金調達も困難だった。一九九七年、米国国立科学財団は、ボルチモアとフェニックスを連邦政府出資の長期生態学研究ネットワークに加え、都市の自然研究を支えた。これらの研究者たちは、それぞれ異なる方向性を追求した。フェニックスのグループが都市生態系の生物学的・物理学的側面に重点を置く傾向があったのに対し、ボルチモアのグループは、環境正義〔誰もが安全な環境下で生きられるよう提言する運動〕を含む社会的・経済的問題に重点を置いていた。このような拠点から生み出される研究が増えているにもかかわらず、財団の審査員の多くは懐疑的だった。たとえば、鳥類学者のジョン・マーズラフは、資金提供の申請書において、シアトルでアメリカガラスを研究していることを、世界の他の地域で絶滅の危機に瀕している近縁種のカラスに関する知見を提供するものとして説明することがあると私に言った。自然の生息地で絶滅の危機に瀕している種についてはほとんど何もわかっていないのに、なぜ都市に生息する普通種の研究に資金を出す必要があるのか、とマーズラフの審査員はしばしば質問した。都市での伝統が最も豊かな動物学分野である鳥類学で、いまだにこのような疑問が生じるということは、都市における野生生物の研究を支援するよう資金提供者を説得することがいかに難しいかを物語っている。[*23]

一九九六年の時点で、「都市忌避生物（*urban avoider*）」「都市適応生物（*urban adapter*）」「都市利用生物（*urban exploiter*）」という言葉を生み出したロバート・ブレアは、「生態学者は伝統的に手つかずの環境、あるいは比較的手つかずの環境で仕事をしてきたため、都市化が生態系、コミュニティ、種、個体群に及ぼす影響についてはほとんどわかっていない」と書いている。それから五年後、生態学者のスチュワード・ピケットと彼の同僚たちは、都市生態学研究の現状を見直した。その結果、良いニュースと悪いニュースが見つかった。生態学者たちは、人間が自然のシステムに与える影響の大きさを認識し、都市の生態系に関する本や論文を何十冊も出版していた。しかし、これらの発表された研究が何を意味するのか、どこへ行こうとしているのかは不明であった。都市の野生生物に関する研究は、怪しげな手法や時代遅れの生態学理論に頼っており、核となるテーマや組織原理、重要な疑問のリスト、熱心なコミュニティが欠けていた。ピケットとその共著者たちは、「都市の生息地は、生態学的研究にとって未開のフロンティアを構成している」と結論づけた。[*24]

二〇〇〇年代初頭は、都市生態学と野生生物の研究にとって大きな転換点となった。学術論文や書籍の数が増え、専門組織や会議が急増し、大学は新しい教職員を採用し、より多くの学生を教育しはじめ、いくつかの都市や州は都市における野生生物の教育や管理プログラムを設立したり、拡大したりした。

長い間失敗つづきだった都市生態学が二一世紀に成長したのは、いくつかの要因が寄与している。二〇〇七年、世界で初めて都市に住む人の数が農村部を上回った。アメリカの多くの都市は、数十年にわたる非工業化、非投資、衰退から立ち直り、今では荒れ地や汚染された水路を清掃し、植樹し、オープンスペースや公園システムを設置、修復、拡張するための資源をもっている。都市部における野生生物の認知度が高まり、人々の関心が高まった。女性科学者の割合が以前の世代よりも高まったことを含め、若い研究者の新しい集団は、個人や家族の義務を果たしながらキャリアを追求できる場所として、都市に目を向けた。

アメリカの環境思想においても、自然と文化の境界線が曖昧になりつつあった。二〇〇〇年、大気科学者のパウル・J・クルッツェンは、「人新世」という言葉を世に広めた。クルッツェンらは、それを人類が地球の地質学、生態学、化学、気候を形成する主要な力となっている現在の地質時代と定義したのである。人類の時代という概念は何十年も前から存在していたが、二〇〇〇年以降、関連する考え方と交差し、新たな緊急性を帯び、多様な人々の想像力をかき立てた。人新世の最も重要な原動力の一つが都市化だとすれば、都市生態学の研究が進めば、変化する地球を理解する助けになるだろう。

二〇一六年、ピケットと彼の同僚たちは、再びこの分野の現状を見直した。「生態学全体が、都市部を研究のための正当な生息地として認識するようになった」と彼らは書いている。都市生態学は「わずかな関心から脱却し、広く追求され、理論的に動機づけられた生態学分野」となったのである。その一五年前に、ピケットは都市生態学には二つの主要な分野があるとしていた。都市における動植物の相互作用に焦点を当てた「都市での生態学」と、都市を通過する物質とエネルギーの流れに焦点を当てた「都市についての生態学」である。それ以来、都市をより持続可能な場所にすることを目的とした「都市のための生態学」という三つ目の分野が加わった。都市生態学は、生態学という学問を実用的な応用を伴う生物科学として位置づけし直すことで、生態学という学問に循環の輪をもたらすという、より大きな運動に加わったのである。[*25]

群がるワシ

ピッツバーグから六四〇〇キロメートル近く離れたアラスカ州ウナラスカは、世界の果てにあるような雰囲気を漂わせている。年間人口はわずか四五〇〇人ほどで、かろうじて都市としてカウントされる存在である。しかし、その小ささにもかかわらず、ウナラスカには四つの名声がある。町のダッチ・ハーバーは、第二次世界大戦中に攻撃されたアメリカでも数少ない場所の一つである。国内で最も生産性の高い漁港で、二〇〇五年には、大ヒットリアリティTVドラマ*Deadliest Catch*（邦題「ベーリング海の一攫千金」）のロケ地となった。ダッチ・ハーバーの最後の名声は、ピッツバーグとダッチ・ハーバーを結びつけるものである。ダッチ・ハーバーには、ピッツバーグと同様、ハクトウワシが生息している。しかも、たくさんだ。

動物の狂気などについて執筆している作家のローレル・ブライトマンがダッチ・ハーバーを訪れた時、彼女は「ヒッチコックの悪夢」を見た〔アメリカで活躍したイギリス出身の映画監督ヒッチコックによるパニック映画「鳥」に絡めている〕。約六五〇羽のワシ、つまり七人に一羽の割合でワシが棲み着き、大混乱を引き起こしていたのだ。ブライトマンはこう書いている。「ワシたちは電柱から下を注意深く見つめ、人々の窓をじっと覗き込み、高校の横の木に止まりながらキツネやカモメを食べ、生きた風見鶏のように屋根の輪郭線に座っている」。波止場ではボートに群がり、漁師に嫌がらせをし、漁の餌を盗む。彼らはいがみ合い、金切り声をあげ、もみ合う。[*26]

沿岸警備隊のアンドレス・アユール大尉という若い男性は、この町に来て三日目に近くのバリフー山にハイキングに出かけた。彼が下山しようとした時、ワシが彼に一二回も急降下での襲撃を加えた。そして、危険から逃れる際に落とした携帯電話を持って飛び去った。アユールは、アメリカン・イーグルのパーカーを着たまま、呆然と恐怖におののき、山に取り残された。後に仲間の隊員たちは、彼に「アラスカ」という文字が刻まれたワシの置物を贈った。アユールはけっしてひとりではない。毎年一〇人前後の人々が、ワシに関連した怪我（多くは爪による頭部裂傷）の治療をしに地元の診療所にやってくる。これは、イエローストーン国立公園が一八七二年に創設されて以来、クマに殺された人の総数よりも多い。

ウナラスカの人はこの鳥を「ダッチ・ハーバーの鳩」と呼ぶ。ブライトマンは「汚い鳥」と呼んだ。しかし、なぜこの辺境の地がアメリカの怒れるワシの首都になったのか？　地元当局によれば、その答えは、風吹きすさぶこの島にはダッチ・ハーバーで獲れる莫大な量の餌があるが、自生の木がないため、ねぐらや巣をつくる場所がほとんどないからだという。大量のワシがバイキング料理を食べにやってきて、休息する時間になると、建物や電線、杭など、陸や海から少なくとも六〜九メートル高くそびえる建造物を狙う。人間との生活が長くなればなるほど、私たちを恐れなくなり、より大胆になる。また、ハクトウワシを保護する法律がいくつかあるため、地元当局がハクトウワシを阻止する手段は限られている。

ペンシルベニアのワシは「ピッツバーグの鳩」になるのか？　何とも言いがたい。米国魚類野生生物局による目を見張るような報告書によると、アメリカ本土四八州におけるハクトウワシの数は二〇〇九年から二〇一九年の間に四倍以上に増加した。[*27] しかしこれらのワシは場所によって異なる行動をとっているし、ピッツバーグ周辺の生息地はダッチ・ハーバー周辺の生息地とは異なり、餌は地形に薄く分布し、ねぐらや巣づくりのための止まり木は森林地帯のアレゲニー山脈で簡単に手に入る。現在の傾向が続けば、ペンシルベニア州では今後より多くのハクトウワシが観察されることになるだろう。たとえ結果は違っていても、アラスカと同じように環境の変化に対応することは間違いない。ピッツバーグのワシたちは、モノンガヒラ川沿いで狩り、採餌、交尾、ねぐらづくり、巣づくり、ヒナの子育てを続けるだろう。科学者たちは都市の生態系と野生生物について学ぶために、ワシたちの研究を続けるだろう。そして時折、母親が夕食に子ネコを連れてヒナのもとに帰ってくるだろう。

郵便はがき

料金受取人払郵便

晴海局承認

7422

差出有効期間
2024年 8月
1日まで

104 8782

905

東京都中央区築地7-4-4-201

築地書館 読書カード係 行

お名前	年齢	性別	男・女
ご住所 〒			
電話番号			
ご職業（お勤め先）			

購入申込書 このはがきは、当社書籍の注文書としてもお使いいただけます。

ご注文される書名	冊数

ご指定書店名　ご自宅への直送（発送料300円）をご希望の方は記入しないでください。

tel

読者カード

ご愛読ありがとうございます。本カードを小社の企画の参考にさせていただきたく存じます。ご感想は、匿名にて公表させていただく場合がございます。また、小社より新刊案内などを送らせていただくことがあります。個人情報につきましては、適切に管理し第三者への提供はいたしません。ご協力ありがとうございました。

ご購入された書籍をご記入ください。

本書を何で最初にお知りになりましたか？
□書店　□新聞・雑誌（　　　）□テレビ・ラジオ（　　　）
□インターネットの検索で（　　　）□人から（口コミ・ネット）
□（　　　）の書評を読んで　□その他（　　　）

ご購入の動機（複数回答可）
□テーマに関心があった　□内容、構成が良さそうだった
□著者　□表紙が気に入った　□その他（　　　）

今、いちばん関心のあることを教えてください。

最近、購入された書籍を教えてください。

本書のご感想、読みたいテーマ、今後の出版物へのご希望など

□総合図書目録（無料）の送付を希望する方はチェックして下さい。
＊新刊情報などが届くメールマガジンの申し込みは小社ホームページ（http://www.tsukiji-shokan.co.jp）にて

9 動物のための道

二〇一六年三月三日の早朝、一四歳のコアラ、キラニーがロサンゼルス動物園の囲いから姿を消した。何が起こったのか正確なところは誰にもわからないが、状況証拠から、さらにありえない一連の出来事によって現場に到着した、ありえない犯人がいることがわかった。[*1]

国際自然保護連合によって「危急種」に指定されているコアラは、有名なカリスマであると同時に、生息地の喪失と気候変動によってますます絶滅の危機に瀕している。ロサンゼルス動物園では、キラニーは毎年何万人もの来園者を集める人気展示の主役のひとりだった。寿命が尽きかけていた彼女は、今思えば賢明ではなかったが、毎晩ねぐらから降りて檻の床を歩き回る癖がついていた。

キラニーが姿を消す数週間前、動物園を囲む藪の斜面で、コアラと同じくらいのサイズのアライグマを含む数匹の動物のバラバラ死体が発見されていた。キラニーが失踪する直前の防犯カメラの映像には、六〇キログラムほどで黄褐色の毛皮をまとった容疑者が近くをうろつく姿がぼんやりと映っていた。予想される容疑者のリストは短かったが、真実は飲み込みがたいものだった。

キラニーが姿を消してから数時間後、動物園の職員はキラニーの囲いから三七〇メートルほど離れた場所で、血まみれで無表情な死体を発見した。なぜこんなことが起こったのか？　職員たちは人間による犯行と断定した。しかし、動物園の他の住人は囲いの中に閉じこもっているのだから、犯人は外から来たに違いない。ロサンゼルス動物園では、以前にも野生の肉食動物に動物を奪われたことがあった。一九九〇年代には、コヨーテが壊れた柵の隙間から侵入し、希少な鳥を食べた。キラニーの死の一年前には、ボブキャットが別の囲いを襲い、タマリン二頭を食べてしまった。しかし今回は違った。この地域に生息する野生動物の中で、コアラの囲いの二・四メートルのフェンスを飛び越え、七キログラムの有袋類を担いでよじ登りながら戻ってこれたのはただ一種だけだった。

ピューマはマウンテンライオン、クーガー、カタマウント、パンサー、ゴースト・キャットとも呼ばれ、カナダのユーコンから南アメリカの南端まで、新世界の陸上動物の中で最大の生息域をもつ。褐色の被毛、筋肉質な体、長く曲がった尾、小さな頭をもつピューマは、写真で識別するのは簡単だが、野生で見るのは難しい。雑食性のクマやコヨーテとは異なり、ヒツジ、ヘラジカ、プロングホーン、特にシカなど、蹄のある草食動物を捕食する特殊な肉食動物である。ピューマが好む獲物が手に入らない場合は、より小型の哺乳類、爬虫類、さらには鳥類を捕食する。ピューマは短距離走で時速八〇キロメートルまで達することができるが、待ち伏せ捕食者であり、飛びかかる能力でよく知られている。ピューマは垂直方向に四・六メートル、水平方向に一二メートルまで跳躍することができ、二・四メートルのフェンスをスピードバンプ〔道路上の段差〕程度にしか感じさせない。

人々は何世紀にもわたり、ピューマを撃ち、罠にかけ、毒殺した。一九二〇年代までに、ピューマは北ア

HOLLYWOOD

メリカ大陸の東半分のほとんどから駆逐され、フロリダのエバーグレーズなど人里離れた地域に少数の個体群が残るのみとなった。ミシシッピ以西では、ピューマは家畜の脅威として迫害されたが、人間に対する警戒心と多様な生息地で成長する能力により、生き残ることができた。

カリフォルニアでは、ピューマにはユニークで複雑な歴史がある。一九五三年にベストセラーとなった回顧録 *Cougar Killer*（『ピューマ殺し』）で、自然保護の名の下に数十年にわたってピューマを殺しつづけたジェイ・ブルースを含め、一九〇七年から一九六三年までの間に、牧場主、賞金稼ぎ、州の動物管理職員らによって、少なくとも一万二四六二頭のピューマが処分された。一九七一年、カリフォルニア州漁業狩猟動物局は初のレクリエーション用ピューマ・シーズンを開催したが、立法府はこれをわずか一年で中止し、抗議はさらなる狩猟を阻止した。一九九〇年、有権者は提案一一七号を可決し、カリフォルニアのピューマを国内唯一の「特別保護哺乳類」とした。猟師たちはピューマの殺処分禁止を取り消したり緩和したりしようとしたが、彼らの努力は意図した効果とは逆の結果をもたらした。今日、ピューマが公共の安全と私有財産にもたらす危険性についての懸念が続いているにもかかわらず、カリフォルニアのピューマはかつてないほど人気がある。

P―22の足跡

ピューマは、北アメリカで最も長く鋭い都市と原野の境界線をもつことで知られるロサンゼルスの周辺を常に徘徊していた。ただ、数十年にわたる迫害から立ち直りはじめた時でさえ、ピューマは市街地を避けていた。しかし二〇一一年頃、P-22（Pはピューマを意味する）と名づけられた一匹のネコが、マリブにあるサンタモニカ山地からハリウッド・ヒルズ、そしてロサンゼルスの都心部へと東へ移動しはじめた。

P-22がどのようにしてこの偉業を達成したのか、正確なところは不明だが、なぜそうしたのかは容易に理解できる。アメリカの主要都市を二分する唯一の山脈であるサンタモニカ山地は、海岸線とフリーウェイによって他のオープンスペースから遮断されている。この小さな灌木の多い山地には、せいぜい二〇頭ほどのピューマしか生息できない。混雑した地域に住む若い雄として、P-22は新しいテリトリーを求めて旅立ったに違いない。

たいていの場合、このような探索はうまくいかない。若いピューマはサンタモニカ山地に接する道路で定期的に命を落としている。しかし、幸運がP-22を助けたのかもしれない。二〇一一年七月一五日から一七日にかけて、カリフォルニア州交通局はセプルベダ峠のマルホランド・ドライブ・ブリッジを再建するため、サンタモニカ山地とハリウッド・ヒルズを隔てるフリーウェイ四〇五号線の一六キロメートル区間を閉鎖した。この閉鎖は五三時間にも及び、カーマゲドンとしてロサンゼルスの運転手たちに知られ、アメリカで最も交通量の多いこの道路は静寂が支配するものとなった。[*2]

四〇五号線を越えたとはいえ、P-22の旅はまだ終わっていなかった。それから数カ月の間、彼は人知れず、藪の多い谷間やゲーテッド・コミュニティを抜け、家のない野営地を通り過ぎ、峡谷の壁にそびえ立つガラス張りの家の下を通った。彼はおそらく、ある早朝に地下道を通って、もう一つの手強い障壁であるフリーウェイ一〇一号線を横断したのだろう。二〇一二年までに、彼はハリウッド・ヒルズの東端に位置するグリフィス・パークで、ロサンゼルスの繁華街を見下ろしながら、人間の海に囲まれていた。

広さ約一七四〇ヘクタールのグリフィス・パークは、運動場、球場、ハイキングコース、博物館、天文台、ハリウッド・サイン、ロサンゼルス動物園などがある、全米最大級の都市緑地である。典型的なマウンテンライオンの生息域はその五〇倍にもなるが、P-22はそこに居心地の良いすみかを見つけた。公園にはミュールジカが生息し、時折アライグマやコヨーテ、イエネコもやってくる。また、にぎやかな小道からわずか数歩のところに生い茂る森林地帯がある。カメラトラップで彼を発見した生物学者たちは、すぐに彼を捕獲し、検査し、GPS首輪を取りつけた。彼らのデータによると、P-22はスポーツチームの応援や幼児の大きな声をよく耳にしていたにもかかわらず、人を避け、大衆の中で孤独な生活を送るエキスパートになっていた。[*3]

都会での最初の四年間、P-22がトラブルに巻き込まれたのは二回だけだった。

一度目は、疥癬（かいせん）を発症して捕獲され、治療を受けなければならなかった。疥癬は寄生性のダニによって引き起こされる致死性の皮膚感染症で、野生の肉食動物が抗凝血性殺鼠剤として知られるネズミの毒を中毒量摂取し、免疫系を弱めた場合にしばしば発症する。P-22は殺鼠剤の陽性反応が出たが、ビタミンKの注射で回復した。

P-22が二度目のトラブルに見舞われたのは、グリフィス・パークの境界を越えて徘徊したためだった。夜が明けると、P-22はロサンゼルス・タイムズ紙が「洗練された、何層にも重なった白い現代的な」住宅として紹介した、ファッショナブルなロス・フェリーズ地区にある住宅の地下に取り残されていた。昼間の隠れ家のような場所で、このネコは麻酔銃を持った生物学者に明確な一撃を与えることはなかった。彼らは彼を無理やり連れ出そうとした。豆袋やテニスボールでたたいたり、棒で突いたりしたが、彼は動かなかった。敗北を宣言した関係者は群衆を追い払い、現場を後にした。翌朝には、P-22は公園に戻っていた。地元住民は、自分たちの安否を心配する代わりに、ネコが無事だったことに安堵の表情を浮かべた。傍観者の一人であるスイス人女優のヤンゾム・ブラウエンの言葉を借りれば、「私たちは自然公園の中で動物たちと暮らしている。私たちは彼らのテリトリーの中にいるのです」[*4]。

二〇一三年、P-22は地元の珍獣から地域のマスコット、そして世界的な有名人になった。*National Geographic*（邦題『ナショナル ジオグラフィック』）一二月号は、世界中の人里離れた場所を訪れ、希少で捉えどころのないネコ科動物の写真を撮影してきたスティーブ・ウィンターが撮影したP-22の写真を特集した記事を掲載した。ウィンターの写真には、優雅な尾とがっしりした腰をもつ大きな褐色のネコが、かさばる首輪をつけ、ハリウッド・サインが輝く中、尾根に沿って闊歩する姿が写っている。ここにロサンゼルスのライオンがいたのだ[*5]。

P-22の人気は、キラニーの死に対する地元の反応を説明するのに役立つ。コアラの死から数日後、ロサンゼルス市議会議員のミッチ・オファレルは、「この悲劇は、P-22をより安全で人里離れた野生地域に移し、人間と触れ合う可能性のない、十分に歩き回れる場所を確保する必要性を強調しています。……私たちがP-22を愛しているのと同様に、私たちはこの公園がP-22にとって根本的にふさわしくないことを知っています」。オファレルの同僚で、この公園を選挙区とするデビッド・リュウは異なる立場をとった。キラニーの死は不幸なことだが、P-22を移動させることは「野生動物の種の保護にとって最善の利益にはならない」とリュウは言う。「マウンテンライオンはグリフィス・パークの自然の生息地の一部なのです」。リュウは生態学者というほどではないが、自分の選挙区を知り尽くした政治家である。事件から三週間後、憤慨した有権者がオファレルに反旗を翻した時、発言を撤回しなければならなかったのは、リュウではなくオファレルだった。「私は彼の生存を応援している」とオファレルは語った。[*6]

動物園側はロサンゼルスの人々に謝罪し、保護されている生き物をより良く保護することを約束した。「P-22がグリフィス・パークに残ることが私たちの望みです」と動物園広報担当のエイプリル・スパーロックは記者団に語った。「ここは自然公園であり、多くの種類の野生動物が生息しています。P-22が私たちに順応してくれたように、私たちもP-22に順応しつづけるでしょう」。[*7]

P-22のあり得ないような旅は、全米第二の都市の中心部での長い暮らしへとつながったが、同時に彼を孤独な場所へと置き去りにした。彼はハリウッド・ヒルズを離れることはなく、子をもうけることもほとんどないだろう。彼の物語は、野生動物が都市環境の進路を決める際に直面する課題を示しており、この章はその課題を浮き彫りにしている。P-22一頭の成功の裏で、何十頭ものピューマが新しい縄張り、仲間、食料を求めて死んでいった。また、トウブハイイロリスやコヨーテのように都市環境を使いこなす種がいる一方で、ピューマの大半を含む何十もの種が人口密集地から撤退したり、完全に姿を消したりしている。移動は恵みにも災いにもなりうる。都市を安全に移動することは、ほとんどの生き物にはできない芸当である。しかし、移動することができた生物にとっては、豊富な資源と競合相手の少ない生息地という新たなフロンティアから得られる報酬は莫大なものになる。中には、ハリウッドで名声を得る者さえいるかもしれない[*8]（149頁図参照）。

水中の生き物に親しむ本

完全攻略！鮎 Fanatic

最先端の友釣り理論、放流戦略からアユのよろこぶ川づくりまで

坪井潤一+高橋勇夫+高木優也［著］
2400円＋税

アユの生態から川作り、放流種苗ごとの特徴、釣果が上がるテクニック、アユ増殖の成功事例まで。

魚と人の知恵比べ

フライフィッシングの世界

マーク・カーランスキー［著］
片岡夏実［訳］　2700円＋税

「なぜ釣るのか」という答えのない問いを発し続ける悦楽を描き、「人生の時間」の意味を鮮やかに浮き彫りにする。

びっくり！ふしぎ！海の求愛・子育て図鑑

星野修［著］　2000円＋税

海の小さな生き物の求愛と交接、産卵・孵化から保育、クローン繁殖まで。想像を超えた驚きの繁殖行動をオールカラーの生態写真で紹介。

海の極小！いきもの図鑑

誰も知らない共生・寄生の不思議

星野修［著］　2000円＋税

捕食、子育て、共生・寄生など、小さな生き物たちの知られざる生き様を、オールカラーの生態写真で紹介。世界で初めての海中《極小》生物図鑑。

林業・農業と人間

樹盗 森は誰のものか

リンジー・ブルゴン［著］　門脇仁［訳］

樹木の恵みと人間の歴史

石器時代の木道からトトロの森まで

で立ち退かされる地域社会の奥深く
に暮らす樹盗。陰謀、犯罪、森林の内部に隠された複雑性へのスリリングな旅。

えてきた樹木と人間の伝承を世界各地から掘り起こし、現代によみがえらせる。

地域森林とフォレスター

市町村から日本の森をつくる

鈴木春彦［著］　2400円＋税

フォレスターとして必要な基礎技術、市町村林政の林務体制の作り方、地元・現場に近い市町村林務独特の体制を作る方策を詳述。20年の経験に基づいて明快に書きおろした。

林業がつくる日本の森林

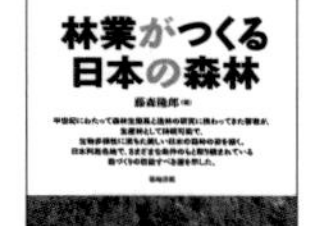

藤森隆郎［著］　1800円＋税

半世紀にわたって森林生態系と造林の研究に携わってきた著者が、生産林として持続可能で、生物多様性に満ちた美しい日本の森づくりを指し示す。

自分の農地の風（ふう）・水（すい）・土（ど）がわかれば農業が100倍楽しくなる

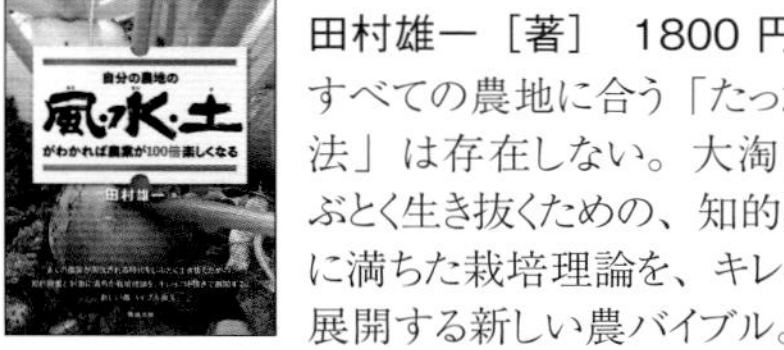

田村雄一［著］　1800円＋税

すべての農地に合う「たった一つの方法」は存在しない。大淘汰時代をしぶとく生き抜くための、知的興奮と刺激に満ちた栽培理論を、キレイゴト抜きで展開する新しい農バイブル。

自然により近づく農空間づくり

田村雄一［著］　2400円＋税

自分の畑の周りの環境に目をこらして、耳をすます。自然の力を活かして、環境への負荷を極力減らし、低投入で安定した収量の農作物を得る。
土壌医で有畜複合農業を営む著者が提唱する、新しい農業。

価格は、本体価格に別途消費税がかかります。価格は2023年5月現在のものです。

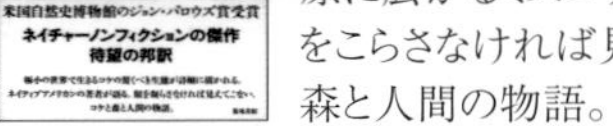

原に広がるミスゴケのじゅうたん——眼をこらさなければ見えてこない、コケと森と人間の物語。

暮らしていたり。土の中の微生物の働きや研究史、病原性から利用法まで、この一冊ですべてがわかる。

動物と人間社会の本

先生、ヒキガエルが目移りしてダンゴムシを食べられません!

鳥取環境大学の森の人間動物行動学

小林朋道［著］　1600 円 + 税

先生！シリーズ第 17 巻！
脱走ヤギは働きヤギに変身、逃げた子モモンガは自ら“お縄”に、砂丘のスナガニは求愛ダンスで宙を舞う。

苦しいとき脳に効く動物行動学

ヒトが振り込め詐欺にひっかかるのは本能か？

小林朋道［著］　1600 円 + 税

著者が苦しむ生きにくさの正体を動物行動学の視点から読み解き、生き延びるための道を示唆する。この思考方法を知っていると気持ちがラクになる！

人類を熱狂させた鳥たち

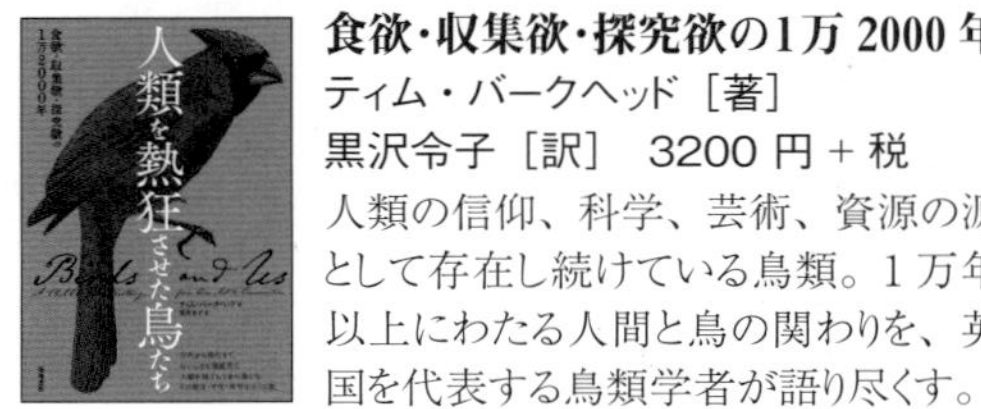

食欲・収集欲・探究欲の1万 2000 年

ティム・バークヘッド［著］
黒沢令子［訳］　3200 円 + 税

人類の信仰、科学、芸術、資源の源として存在し続けている鳥類。1 万年以上にわたる人間と鳥の関わりを、英国を代表する鳥類学者が語り尽くす。

時間軸で探る日本の鳥

復元生態学の礎

黒沢令子+江田真毅［編著］
2600 円 + 税

海に囲まれた日本にはどんな鳥類が暮らしてきたか、人間にどう認識されてきたか。時代と分野をつなぐ新しい切り口で築く復元生態学の礎。

移動の障壁

P–22のような動物が街中や周辺を移動中に直面する課題を理解するには、これらの風景を上から見下ろすことから始めよう。ほとんどの自然地域は、はっきりした縁のあるものもあれば曖昧な境界をもつものもある、さまざまな形や大きさのパッチ状の生息地からなっている。空から見ると、それらはモザイク模様として知られるクレイジーキルトのようになっている。対照的に、都市部には生息地の種類は少なく、鋭角的で、対照的で、時には障壁のある幾何学的なブロックが多い。都心から離れるにつれて、灰色の建築空間から緑の葉が茂る空間へとバランスが変化する。ロサンゼルスのような都市では、緑と灰色の境界は突然である。一方、ボストンなど他の都市ではその境界線は広く曖昧で、並木道が続く郊外は次第に野原や森になる。しかし、全体的に見れば、自然保護区と中核的な都市部とは、印象派の油絵とミニマリズムの石の彫刻とが異なるように、生息地の配置が異なるかもしれない。

上空から見たり、地上の野生生物が体験したりする都市景観の最も顕著な特徴は、それが分断されていることである。自然界では、資源は景観全体に分布し、隣接する生息地間の区別が曖昧になる傾向がある。一方、都市では、鋭角的なラインや、不連続な部分、ほとんど使用されていない空間（屋根や駐車場など）が、より孤立したパッチを形成している。都市は資源を小さなエリアに集める傾向があるため（庭やゴミ箱を考えてみよう）、あるパッチでは生命が豊かに成長するが、他のパッチは人を寄せつけない荒れ地となる。

このため、多くの種にとって都市での生活はギャンブルとなる。適切な生息地が小さなパッチしかない都市部では、そのパッチ内の野生生物の個体数は少ないままであるため、嵐や病気の発生といった偶然の出来事によって排除される可能性が高くなる。他の個体との交配が容易でない孤立した個体群は、時間の経過とともに独自の有用な形質を獲得する可能性がある。しかし、より多様な遺伝子のプールがあれば、健康や福祉の面でも恩恵を受けることができる。周囲を取り囲む障壁を越えようとする個体は、移動中に死ぬかもしれない。このような脆弱な状況がいつまでも続くはずはない。もし、コリドー（回廊）として知られる通路が開かれなければ、個体数は減少し、やがて消滅するものも出てくるだろう。[*9]

一九八〇年代、自然保護活動家たちは、孤立した生息地のパッチを「島」と呼ぶようになった。これは不完全ではあるがイメージしやすいメタファーであり、一九六〇年代に始まった実際の島の研究から生まれたものである。より大きく、より本土に近い島は、より到達しやすい。つまり、より安定した多様な動物群集が存在する傾向があるということだ。ある生物が死んでも、本土から別の生物がやってくる可能性が高い。小さい島や離れた島に住む個体群、たとえば小さな都市に住む個体群は、より孤立しているため、絶滅に対してより脆弱である。[*10]

この島のメタファーは不完全である。というのも、陸上動物が経験する人間の海に囲まれた都市の生息地のパッチは、実際の水に囲まれた島とは異なるからである。都市やその周辺の緑地は、同レベルの保護が施された本物の島よりも、人がアクセスしやすく、動物に嫌がらせをしたり焚き火をしたりするなど、妨害しやすい傾向がある。たとえば南カリフォルニアでは、毎年何百万人もの人々がサンタモニカ山地のレクリエーションエリアを訪れる一方、チャネル諸島にわざわざ出かける人ははるかに少ないが、実はそれらは部分的に海没した同じ山脈の峰にすぎない。同じことが多くの動物にも当てはまる。グリフィス・パークのような孤立した陸地の生息地は、時折マリブのピューマには手が届くかもしれないが、自尊心の高いライオンなら、サンタクルーズ島まで同じ距離を泳いで行こうとすることはないだろう。

動物の移動を妨げる最大の障壁は、道路である。最も近い道路から八〇〇メートル以上離れているのは、アメリカの国土の二〇パーセント以下である。少なくとも毎日一〇〇万頭の脊椎動物がアメリカの道路で死亡しており、都市部やその周辺に生息する多くの種類の生物にとって、自動車との衝突が最も一般的な死因となっている。二〇〇八年に議会に提出された報告書によると、野生動物の衝突事故によって八〇億ドルの損害が生じ、少なくとも二一の絶滅危惧種に被害が出ている。小さな道路、つまり交通量が少なく、制限速度が低い道路は、大きな道路に比べれば動物への被害は少ないが、たとえ小さな道路であっても、驚くほど致命的な被害をもたらすことがある。[*11]

さまざまな種がさまざまな方法で道路上の危険に遭遇する。したがって、脆弱性の程度も異なる。いくつかの種はヘラジカのように、生まれたばかりの子ジカを襲う捕食者から逃れるために、道端で出産する種もいる。しかし、たとえ効果的であったとしても、そのような種は少数派である。スカンクのような小型肉食動物は、しばしば交通事故で殺される。が、多産戦略によってその個体数損失を補っている。コヨーテは、交通量の多い交差点を横断する前に、交通量が減るのを待っているのが観察されている。一方、シカは暗闇でも見えるよう眼が発達しているため、明るい光線に直面すると一時的に目が見えなくなる。「ヘッドライトに固まる」のだ〔驚いて目を丸くする状態を表すことわざ〕。都市景観の横断に最も適した生物をゼロから発明するとしたら、それはカメのようにゴツゴツとした的の形をした円盤かもしれない。あるいは蛇のように細長く、脳が小さく、暖かい場所で休むことを好むかもしれない。何億年もの間、うまく機能してきた行動やボディプランも、対向車線を前にすると、突然時代遅れに思えてくる。[*12]

鳥類は都市に生息する野生動物の中でも最も身近な存在だが、その理由の一つは、地上の生物が直面する危険を避けることができるからである。しかし、鳥類ですら都市ではたくさんの個体が死亡する。タカ、カラス、ワタリガラス、ハゲワシ、その他のゴミあさりをする鳥たちは、最近死んだ動物のおいしい死骸に誘われてやってきた道路で命を落とす。建物や電線との衝突で命を落とす鳥はもっと多い。一九九〇年の時点で、鳥類学者のダニエル・クレムは、年間一億〜一〇億羽の鳥が建物との衝突で死んでいると計算している。ニューヨーク市だけでも、このような衝突で毎年推定二五万羽、一日あたり約七〇〇羽の鳥が死んでいる。反射ガラスのコーティング、春と秋の渡りの時期の照明の削減、危険性の高い場所への重点的な対策などにより、こうした死亡の多くを防ぐことができるが、今日にいたるまで、この殺戮と闘うための対策はほとんど講じられていない。[*13]

分断を解消する

カリフォルニア州では、いくつかのプロジェクトが道路やその他の建造物から種が受ける脅威を軽減しようとしている。バークレー・ヒルズでは、イーストベイ地域公園地区が、毎年サウスパーク・ドライブの一区間を閉鎖している。カリフォルニアイモリが、夏の森林地帯から冬の産卵池へと移動できるようにするためである。スタンフォード大学は、生息地保護計画の一環として、交通量の多いジュニペロ・セラ大通りに遮水壁と暗渠のネットワークを設置した。タイガーサラマンダーが繁殖相手を探す際、この安全な通路を利用することが期待された。この「愛のトンネル」がこのサンショウウオの役に立っているのか、それとも単に大学の評判になっただけなのかは不明である。[*14]

しかし、より大型な野生動物のハイウェイ横断は非常に効果的であり、その人気は高まっている。北アメリカでは、カナダのアルバータ州のバンフ国立公園で、二〇一四年の時点でトランス・カナダ・ハイウェイ沿いに三八カ所の横断歩道が設置され、野生動物との衝突事故が八〇パーセント以上減少している。もし建設されるとしたら、アメリカ最大のこのようなプロジェクトは、サンタモニカ山地の北縁にあるフリーウェイ一〇一号線を横断するリバティ・キャニオン陸橋になるだろう。完成すれば、リバティ・キャニオンの横断歩道はカリフォルニアのランドマークとなり、シカ、コヨーテ、ボブキャット、アメリカクロクマ、そしてもちろんピューマにも恩恵をもたらす、アメリカの自然保護における画期的な出来事となる。二〇一八年に、地元グループはフリーウェイに隣接する必要な土地を購入しているが、プロジェクトの推定費用六〇〇〇万ドルのうち三七〇〇万ドルしか集まっていない。彼らは今、時間との戦いの中にいる。サンタモニカ山地のピューマが隔離されたままであればあるほど、彼らが姿を消す可能性は高くなる。[*15]

都市の食物網

P-22のような動物は、安全や仲間を求めて都市にやってくることもあるが、たいていの場合は空腹を理由にやってくる。野生動物が都市を移動したり、都市に入り込んだりするのはなぜなのか、また都市に入った後の行き先を決めるのは何なのかを理解するためには、都市地理学の知識と都市食物網の理解を組み合わせる必要がある。

食物網とは、エネルギーと栄養素を交換する生物のネットワークのことである。ほとんどの食物網はめまいがするほど複雑であるが、それをイメージする一つの方法は、「栄養段階」と呼ばれる層が積み重なったピラミッドを想像することである。最下層は、緑色植物や藻類などの生産者である。太陽からのエネルギーを使って無機物を有機物に変換し、その有機物が生態系を動かしている（一次生産者）。草食性のオジロジカのような一次消費者は、これらの一次生産者を食べる。ハイイロリスからアメリカクロクマまでの雑食動物を含む二次消費者は、生産者と一次消費者の両方を食べる。その頂点に立つのが三次消費者で、ピューマのように一次消費者と二次消費者の両方を食べるものもいる。そして、もちろん、希少な肉食植物から、やがては私たちすべてを食い尽くしてしまうであろうどこにでもいる分解者まで、無数のバリエーション、例外、追加がある。ピラミッドの各層でエネルギーが失われるため、ほとんどの生態系では、P-22のような少数の頂点捕食者だけを維持するのに十分なエネルギーが頂点で利用できる。

人が野生動物に、その生態系では利用できないような資源を提供することを、生態学者は「人為的な餌資源（subsidies）」と呼ぶ。都市の食物網を非常にめずらしいものにしている特徴の一つは、人為的な餌資源がどこにでもあるように見えることである。たとえば、人々が意図的に野生生物に食料を提供することもある。最も一般的な方法の一つは、鳥の餌付けである。これは害のない趣味のように思えるかもしれないが、その数は驚くべきもので、その影響は部分的にしか理解されていないものの、拡大しつつある。アメリカでは、八二〇〇万人が毎年少なくとも一回は野鳥に餌をやり、約五二〇〇万人が頻繁にやっている。アメリカ人は年間五万トン以上の鳥の餌と七億五〇〇〇万ドルの関連用品を購入し、三五億ドルの産業を支えている。[*16]

鳥の餌付けは多様な人々にアピールする。調査によると、定期的に鳥に餌をやる人は、その地域の平均年齢よりも高い傾向にある。鳥を見るのが好きで餌付けをする人もいれば、人間が自然界に与えた他の影響を埋め合わせる、一種の償いとして餌付けを考える人もいる。全米オーデュボン協会やコーネル鳥類学研究所をはじめとする著名な団体は、個々の鳥を助け、種を保護し、人々を教育する方法として餌付けを支持している。しかし、クラウドソーシングによる野生生物管理という壮大な実験には、メリットだけでなくリスクも伴うことは、擁護派も認めている。[*17]

人為的な餌資源は、その地域の鳥類の多様性を高めることはないようだ。しかし、都市生態系の環境収容力を高め、他の地域から鳥類を呼び寄せ、鳥類が通常の生息範囲外で生活できるようにし、春の早い時期に多くの卵を産むことができるようにすることで、鳥類の総数を増やすことができる。餌付けは、より大きく、より攻撃的で、より好き嫌いの少ない鳥に利益をもたらすものだ。しかし、餌付けは他の鳥たちも助けることができる。寒波や干ばつなどの厳しい時期を乗り切ることもできる。そうでなければ絶滅してしまうかもしれないのだ。在来種が種全体として鳥の餌台に依存するようになったという証拠はほとんどないが、個々の鳥としては依存しているかもしれない。これは一時的にはこれらの動物を助けることになるが、餌台を所有する人が餌を入れなければ、動物に害を与えることになる。[*18]

鳥の餌やりには他にも危険が伴う。窓の近くに餌台を置くと、衝突の可能性が高まる。動物が餌台に集まると、サルモネラ菌などの病気を媒介するリスクが高まる。市販の鳥の餌は品質が向上しているが、健康への影響については疑問が残る。鳥の餌台には、招かれざる客も集まる。ネズミ、リス、そしてアメリカクロクマまでもが、鳥と同じように餌台に集まってくる。また、タカやアライグマのような捕食者は、鳥の餌を食べることよりも、鳥を食べることに興味があるかもしれない。

鳥の餌台は人為的な餌資源の明らかな例だが、都市では、外から入ってくる人為的な餌資源と、都市の生態系そのものが生み出す資源との線引きができないことが多い。人々の庭にある果樹は資源なのか、それとも人為的な餌資源なのか。灌漑用水で満たされた道路脇の側溝は、喉の渇いた動物たちに人為的な餌資源を与えているが、オオアオサギやユキコサギのような優雅な渡り鳥を引き寄せる奇妙な湿地帯でもある。手入れの行き届いた芝生からコマツグミが何千匹もむしり取るミミズは、人為的な餌資源と言えるのだろうか？誰もP-22にコアラを供給するつもりはなかったが、そこで何が起こったかは知っている。ここで重要なのは、生態学者が人為的な餌資源と呼ぶ資源の中には、都市生態系の基本的な特徴として考えた方が良いものもあるということだ。しかしアメリカでは、生ゴミという人為的な餌資源が、それ自体、別格の存在となっている。[*19]

ゴミをあさる者たち

多くの人が都市の野生動物について考える時、最初に思い浮かべるのは、カラス、カモメ、アライグマ、あるいはニューヨークの地下鉄の階段で特大のピザを引きずり下ろしているところを撮影され二〇一五年に一時インターネットで話題になった「ピザネズミ」による生ゴミあさりだろう。これは楽しい考えではない。ほとんどの人にとって、野生動物が私たちが排出したゴミをあさるというのは、ただただ気持ちの悪いことだ。都市に住む人々は、過去一〇〇年の間に都市が清潔になり、採食する動物が少なくなったため、このことに敏感になったのだろう。しかし、この嫌悪感というのも、人間は生物学的に、不衛生な環境を見たり臭いを嗅いだりすると気分が悪くなるようにできているからだ。私たちがつくり出した状況を利用する動物たちを批判するのはフェアではないが、動物たちが私たちが排出した汚物を食べているのを見るのは、誰にとっても好ましくないことだ。それは私たちに、自らの汚物を思い起こさせるのだ。

この反発は、現実的であると同時に比喩的でもある。人類学者のメアリ・ダグラスは、一九八四年に出版した名著 *Purity and Danger*（邦題『汚穢と禁忌』）の中で、社会は物事をきちんとしたカテゴリーに分類することで秩序を達成しようとすると書いている。それに当てはまらない事実や物、存在に遭遇すると、私たちは不快感や嫌悪感を覚える。ルールを破るものの存在を否定したり、罰したり、従わせたり、あるいは排除しようとしたりする。人々が「汚染」や「汚れ」のような言葉を使う時――ダグラスならそこに「有害」を加えたかもしれないが――私たちが真に意味しているのは「場違いである」ということなのだ。

多くの野生動物は、このように見ていない。彼らにとっては、私たちの食べ残しはただの食べ物であり、あるべき場所にあるだけなのだ。私たちの食べ残しの大部分は都市の生態系に漏れ出し、そこから都市の野生動物のお腹の中へと入っていく。世界で最も有名なゴミ捨て場のダイバーであるカモメは、巣から都市近郊の埋立地まで長距離を移動することが多い。飛ぶことができるうちにできるだけ多くの餌を飲み込み、巣に戻ると、そこで収穫した餌を栄養価の高いペースト状にしてヒナに与える。チャネル諸島に営巣するカモメの中には、本土のゴミ捨て場まで片道三〇キロメートルも通うものもいる。この旅に必要な労力は、必要なエネルギーに見合うものであることを示唆している。これはすべて少し不愉快に思えるかもしれないが、グロテスクな要素ではなく、子育てに焦点を当てよう。カモメのアプローチは、ハクトウワシが夕食をモノンガヒラ川の巣に持ち帰るのと大差はない。あるいは、二〇〇五年の大ヒット映画*March of the Penguins*（邦題「皇帝ペンギン」）で描かれた壮大な旅とさえも。タコスとポップタルトを子ネコとイカに置き換えただけだ。

都会に住む動物たちの中には、人間の食べ残しをあさることが、ほとんど自然なことのように思えるものもいる。アライグマは評判が悪いが、彼らには称賛すべき点がたくさんある。彼らは知的で、柔軟性があり、そして丈夫だ。手足を失っても、失明しても、野生で生き延びることが知られている！　アライグマは献身的な親であり、潔癖なまでの綺麗好きであり、共通の目的を達成するためにともに働く動物だ。彼らは優れたクライマーであり、ドアノブ、掛け金、錠前、ジッパーなどの人工物を巧みに操る。生ゴミをあさるアライグマの能力は、他の動物に比べ非常に有利である。都会のアライグマは田舎のアライグマよりも子孫を残し、太り、長生きすることが多い。アメリカ中西部や北東部のような北部の温帯地域では、農村部のアライグマは冬の間に体重の五〇パーセントを失うことがあるが、近隣の都市部のアライグマではわずか一〇～二五パーセントである。アライグマにとっては、この数キロの体重差が生死を分けることになる。[*20]

食料という観点から都市の野生動物を見ると、なぜ都市に生息できる種とそうでない種がいるのかが明らかになる。場所を移動するのが苦手な選り好みをするスペシャリストはうまくいかない傾向があるが、簡単に移動できる日和見主義の雑食動物はうまくいく傾向がある。このような日和見主義の種の多くは都市に適応する動物であり、中には都市を利用する動物さえいる。[*21]

このような都会の超繁殖生物の個体数を減らしたいのであれば、食料廃棄を減らすことが明らかな解決策である。しばしば世界で最も愚かな問題と呼ばれる食品廃棄には、多くの原因がある。食品の分量やカロリーの増加、ショッピングカートや食器、冷蔵庫の大型化、食料品店のマーケティングや価格設定、誤解を招く賞味期限表示、生鮮食品の不合理な美の基準などだ。しかし、これらはすべて、より大きな病気の症状である。安価な石油、農業補助金、移民政策、低農業労働賃金、工業的食品加工システム、多国籍アグリビジネス企業の政治力など、より根深い経済的・政治的力が、肥大化した食料システムを動かしているのだ。

自然資源防衛協議会による二〇一二年の報告書によれば、アメリカ人は食料の約四〇パーセントを無駄にしている。二〇一五年にアメリカで発生した三九〇〇万トンの食品廃棄物のうち、九四・七パーセントがゴミ捨て場や焼却炉に運ばれている。食品廃棄物はアメリカの埋立地の二一パーセントを占めている。生ゴミを国にたとえると、温室効果ガスの排出量は中国、アメリカに次いで世界第三位となる。この温室効果ガスの排出量は、食品を育てるのに必要なエネルギーと、腐敗の過程で発生するメタンガスの両方から生じている。四〇〇〇万人以上、つまり約八人に一人が食料不足に苦しんでいるにもかかわらず、アメリカ人の食料廃棄量は一九九〇年以来五〇パーセント増加している。アメリカ国内だけで廃棄される食料の量は、世界中の飢えた人々を養うことができる。その代わりに、私たちはゴミを育てるために、貴重な土地、土壌、水を大量に食い尽くしている。[*22]

人間の食べ物が手に入るからといって、すべての野生動物がそれを食べるわけではない。ゴミあさりには明確な報酬があるが、必ずしも生活が楽になったり安全になったりするわけではないのだ。病気、中毒、有毒化学物質、復讐心に燃えた人間、攻撃的な競争相手、捨てられた人間の食べ物を餌にする肉食動物などの危険にさらされる可能性がある。[*23]

コヨーテのように都会で成功を収めている種の中には、人間の生ゴミを食べることを避けながらも、その恩恵を受けているものもいる。コヨーテはスカベンジャー〔ゴミや腐肉をあさる動物〕というよりもハンターであり、採集者である。そしてその多くは、想像できないような都会的な環境であっても、この戦略に固執する。シカゴやデンバーのような都市の中心部に住むコヨーテは、生きた獲物と植物を主食としている。彼らは廃棄物の流れから直接的に多くを得ることはないが、生ゴミがコヨーテの好物である獲物の一部を支えているため、コヨーテは間接的にゴミの流れから利益を得ているのだ。[*24]

捕食者のパラドックス

人為的な餌資源に次いで、都市の食物網の特徴は、捕食者が突出して多いことである。都市には、アライグマ、キツネ、コヨーテ、そして齧歯類が他の生息地よりもはるかに多く生息している。これほど多くの生き物が生息しているのだから、捕食の犠牲も多いと思うだろう。しかし、都市で獲物になる動物は驚くほど少ない。捕食者のパラドックスとして知られるこの現象は、なぜハトのような美味しい食べ物が、都市の中でハトを捕食しうる動物に囲まれていながらのほほんとしていられるのかを説明している。この謎の答えの一端は、都市に生息する捕食者になる可能性のある動物が、狩猟から生ゴミあさりにシフトしていることであるが、話はそれだけではない。[*25]

都市の捕食動物に関する最も有名な研究の一つが、一九八〇年代に行われた。ちょうど生物学者が都市の生態系に関心をもちはじめた頃である。一八六〇年から一九八〇年の間に、サンディエゴの人口は八〇〇人未満から八〇万人以上へと一〇〇〇倍に増加した。急勾配の渓谷が切り立つ平らなメサ〔卓状台地〕が連なる海岸沿いの地形に広がるサンディエゴは、細い緑のリボンによって区切られた明確な地域からなる、めずらしい都市地理を形成した。都市がスプロール化し、資産価値が上昇するにつれて、開発業者たちは都市の峡谷に注目するようになった。

カリフォルニア大学サンディエゴ校のマイケル・スーレと彼の同僚たちは、サンディエゴに生息する鳥類の窮状を憂慮し、画期的な研究を開始した。ピューマのような大型肉食獣のほとんどは、数十年前にこの渓谷から姿を消していた。その代わりに、キツネ、アライグマ、オポッサム、スカンク、コヨーテ、イエネコなどの中型肉食動物が取って代わった。しかし、これらの動物は獲物たちに対し、大型肉食獣とはまた違った形の影響力をもっていた。アライグマ、イエネコ、オポッサムのような登り上手な動物は、在来の鳥を狩り、その卵を盗んだ。コヨーテはこれらの小型の哺乳類を殺したり追いかけたりしたが、登攀(とうはん)が苦手なため、鳥や卵を捕食することはほとんどなかった。コヨーテが残っている渓谷では、登攀する捕食者が少ないため、このパッチに営巣した鳥たちに勝機があることがすぐに明らかになった。[*26]

スーレは禅宗の仏教徒であり、愛猫家でもあった。しかし、彼は放し飼いにされているイエネコや、その不注意な飼い主を非難した。「ネコたちは通常、『人為的な餌資源つき』の捕食者である」と彼と彼の同僚は書いた。鳥を殺すことは「彼らの多くにとって余暇活動である。その結果、都市の渓谷で発生しうるネコの数には事実上制限がない。飼いネコは、食糧の多くを野生動物にたよっている在来の捕食者を支えるには獲物の密度が低すぎる状況に陥った後も、渓谷で野生動物を捕食しつづけることができる」。この研究から数年後、その結果は広く議論されるようになった。研究者の中には、この結果からあまり一般的な結論を導き出すべきではないと警告する者もいる。しかし、都市で働く研究者を含む多くの生態学者は、今でもスーレの核心に同意している。たとえ少数でも、大きくて恐ろしい捕食者がいれば、生態系全体に利益をもたらすことができるのだ。[*27]

袋小路の都市と遺伝的多様性の欠如

二〇二〇年四月一六日、世界中がパンデミック（世界的大流行）警報に包まれる中、南カリフォルニアのピューマが再びニュースになった。わずか数時間の差で、二つの爆弾ニュースが公開されたのだ。

その日の午後、サンディエゴのCBSニュース系列局が、放し飼いで知られるサンディエゴの世界的に有名な動物園サファリパークで、二頭のガゼルがピューマに襲われて死んだと報じたのだ。キラニーの死と同様、このエピソードも衝撃的だったが、決まり文句はおなじみのものだった。「私たちはマウンテンライオンを尊敬しています。彼らはここにいるべきです。しかし、我々の野生動物を保護する必要もあります」と哺乳類学芸員のスティーブ・メッツラーは言う。「通常、マウンテンライオンは周辺地域にとどまることが多いので、これは私たちにとってかなり新しい出来事です」と彼はつけ加えた。「しかし、彼らはどんどん近づいてきています[*28]」。

その日の夜、ロサンゼルス・タイムズ紙は、カリフォルニア州漁業狩猟動物委員会が全会一致で、サンディエゴからサンフランシスコにまたがる六つのピューマ個体群（サンタモニカ山地を含む）に対し、一時的に州レベルの絶滅危惧種に指定することを決定したと報じた。カリフォルニア州魚類野生生物局は一年以内に、長期的なステータスと保護対策を勧告する報告書を委員会に提出することになった。[*29]

委員会は、南カリフォルニアと中央カリフォルニアのピューマ個体群の遺伝的多様性が減少しているという調査結果をもとに、この決定を下した。個体群の遺伝的変異が少ないにもかかわらず比較的健康でいられるチーターなどの他の大型ネコ科動物と異なり、ピューマは孤立した小さな個体群の中で近親交配が起こると、病気や奇形になりやすい。フロリダパンサー〔ピューマの一亜種〕は、生物学者がテキサスから健康な個体を導入して個体数を回復させるまで、このような病気にかかりかけていた。委員会が引用した研究によると、南カリフォルニアと中央カリフォルニアのピューマも同様の絶滅の渦に瀕していた。特にサンタモニカ山地のピューマは、今後五〇年間で九九・七パーセントの確率で絶滅するという悲惨な状況にあった。遺伝子プールをリフレッシュするためにこれらのピューマが本当に必要としていたのは、山に出入りする安全な方法だった。[*30]

この視点から見ると、P-22の武勇伝は新たな意味をもつ。このロサンゼルスのライオンは困難を乗り越えて生き残ったが、彼の物語は警告でもある。都市は、資源を捕獲しながら危険を回避する方法を見つける生物にとって肥沃な土地である。しかし、生態系において最も重要な一員であるピューマのような大型で広範囲に生息する捕食動物にとっては、回廊で結ばれた安全な生息地をもたない断片的な都市景観は、行き止まりでしかない。

10 不快生物を理解する

テキサス州オースティンには、夏の夕暮れを楽しむ場所が何百とある。しかし、毎年一〇万人以上の観光客が訪れるこの街最大のアトラクションの一つは、騒々しいバーでも、きらびやかな劇場でも、一流のレストランでもない。それは、アン・W・リチャーズ・コングレス・アベニュー橋のコンクリートの下である。毎晩、橋の歩道沿いに列をなし、近くの芝生の丘にローンチェアを並べ、レンタルしたカヤックに座り、レディ・バード湖のツアーボートに乗り込み、ドリンクを飲みながら黄昏時の光景を眺める。

一九八〇年、オースティンは州議事堂から一〇ブロックほど離れた南北の幹線道路である古いコングレス・アベニュー橋を、六車線のアーチ型構造物に建て替えた。この新しい橋には、アーチの上に車道を支えるコンクリートの梁が何本もある。これらの梁の間に、建築家は深さ四〇センチメートル、幅わずか二・五センチメートルの狭い隙間を残し、構造の揺れ、たわみ、膨張に対処した。この暖かく、暗く、保護された隙間は、メキシコオヒキコウモリにとって理想的なねぐらであることが判明した。

このコウモリは長い間オースティン地域に生息していた。個体群の一部は夏場はテキサス州やその近郊の州で過ごすが、冬はほとんど国境以南で過ごす。テキサス州は一九三七年から一九七〇年にかけて一連のダムと貯水池を建設し、レディ・バード湖をつくり、何十もの自然の洞窟を水没させた。コウモリはやがて、テキサス大学のフットボール・スタジアムのような建物に現れデッキの隙間を巣にするようになった。当局は対策としてその隙間を塞ぎ、何千匹ものコウモリを青酸カリで殺した。

新しいコングレス・アベニュー橋は、ある市の公衆衛生担当者によると「コウモリの洞窟としてこれ以上の設計はないだろう」。完成から数年のうちに、ここを利用するコウモリの数は急増し、最終的には年間一五〇万匹に達した。毎年夏の夕方、橋の下から大波となって流れ出る影のような大群に怯えた地元の人々は、コウモリの駆除を求めた。また、橋の下をネットで覆って隙間を塞ぐことを提案する者もいた。遠くシカゴからの新聞は、オースティンは疫病に包囲されていると警告した。[*1]

オースティンでは毎年八月にコウモリをテーマにした陽気なフェスティバルが開催されるようになり、この大騒ぎは今日では馬鹿げているように思えるかもしれないが、これはより大きな真実を反映していた。ステファン・ケラートが一九八四年に発表した、一般的な動物三三種の人気度ランキングでは、コウモリはコヨーテに次ぐ二八位で、ガラガラヘビ、スズメバチ、ネズミ、蚊、ゴキブリよりは前の順位だった。長い間、コウモリは暗闇、悪魔、魔術を連想させ、不気味すぎて信用できないと考える人もいた。また、ブラム・ストーカーの著書に出てくるドラキュラのように、コウモリは血を好んで飲むと考える人もいた（ちなみに、世界に一一〇〇種いるコウモリのうち、血を飲むのは三種だけで、定期的に人間を捕食するものもいなければ、アメリカに生息している吸血コウモリもいない）。しかし、ほとんどの場合、オースティンの人々やその他の人々は、コウモリが病気を媒介するのではないかと心配していた。[*2]

コウモリの生態

コウモリは世界に二六グループいる哺乳類の中で最もめずらしい動物である。また、最も逆説的でもある。コウモリは温血動物だが冷血動物に近い動物だ。多くは小型で代謝が速いが、繁殖は遅く、長生きする。また、陸上哺乳類の中で唯一エコーロケーション〔音の反射によって物の位置を知ること。反響定位〕によって航行し、真の飛行が可能な哺乳類でもある。そしてコウモリは何十種類もの病気を媒介するが、そのほとんどは野生で健康な状態を保っている。少なくとも最近までは。[*3]

コウモリは哺乳類時代の初期に進化した。最古のコウモリの化石は約五二〇〇万年前のもので、暁新世‐始新世境界温暖化と呼ばれる地球温暖化の時代に、霊長類を含むいくつかの哺乳類グループが新しい形態に多様化した。今日、コウモリは哺乳類の中で齧歯類に次いで二番目に多様で、二番目に広く分布している。コウモリは世界の哺乳類種の二〇パーセント以上を占め、南極大陸を除くすべての大陸に生息している。空を飛ぶことができるため、多くの離島ではコウモリだけが固有の哺乳類である。

コウモリの外見は実にさまざまで、生態学的にも経済的にも重要な役割を果たしている。最も小さなマイクロコウモリは体長五センチメートル以下、大きなマルハナバチほどの大きさで、体重は一〇セント硬貨ほどしかない。一部のコウモリは脊椎動物の小動物につきまとうが、ほとんどは果物や昆虫を食べる。マンゴー、バナナ、グアバ、テキーラの原料となるリュウゼツランなど、およそ五〇〇種の植物がコウモリの花粉媒介に依存している。一般的な小型コウモリのような昆虫食動物は、病気を媒介する何千匹もの蚊や農業害虫を含め、一晩に自分の体重分の虫を消費することもある。コウモリの糞は洞窟全体の生態系を維持し、何世紀もの間、肥料やその他の産業・商業製品に使用するために採取されてきた。

コウモリの生態を理解するためには、疾病生態学における役割と同じように体温から始めるのが良い。温血動物は体温を内部で調節している。中には冬眠中に体温を下げることでこの定義を拡大解釈するものもいるが、ほとんどは安定した体温を維持している。たとえば、健康な人間の中核体温は摂氏三六～三八度で、わずか三度しか変化しない。

コウモリはこの温血動物という定義に挑戦している。起きていても休息している時は、ほとんどが適度な体温を保っている。そのためにはカロリーが必要で、オースティンのような温帯気候では、コウモリの餌は季節的なサイクルで入手できるようになる。こうした毎年の食物入手の波に対処するため、小型種の九七パーセントを含むほとんどのコウモリは、長時間の活動休止に入る。この状態にある間、体温は摂氏六度まで下がることがある。果実が熟し、昆虫が羽化すると、コウモリは目を覚まし、採餌のために飛び出す。しかし今度は逆の問題が起こる。飛行は多くのエネルギーを消費し、多くの熱を発生させる。コウモリが飛んでいる間、代謝率は安静時の三四倍にも跳ね上がり、体温は摂氏四〇度を超えることもある。[*4]

コウモリはいくつかの方法でこの両極端を和らげている。コウモリの翼は血管で満たされており、周囲の空気に熱を放射して体を冷やしたり、ソーラーパネルのような働きをして体を温めたりする。コウモリはまた、翼を毛布のように使ったり、体を寄せ合って暖かさを共有したり、毛皮を舐めて汗をかくのと同じ効果を得たり、イヌのように喘いだりすることでも体温調節を行う。比較的一定の温度を保つ洞窟のような居心地の良い空間に集まる。オーバーヒートを避けるため、夜間に採食する。また、温暖な気候の中で餌を収穫するために季節ごとに移動するものもいる。
コウモリを成功に導いたこれらの性質は、病気を共有するのにも適している。オオコウモリは重い餌を食べながら飛ぶことができないため、餌から栄養分を吸い取り、多くの場合雑菌で味つけされた果肉部分を残す。コウモリはまた、コロニーに集まったり、唾液を浴びたり、気温が上昇するたびに隣のコウモリに大きく息を吹きかけたりすることで、他のコウモリに病原菌をうつす。コウモリはあちこちに出没するため、新しい土地で他の生物に病気をうつすことも容易である。
では、コウモリはどうやって彼ら自身がつくり出した細菌培養器の中で生き延びるのだろうか？ 現在最も有力な説は、「発熱としての飛行」という仮説である。コウモリは飛ぶと、体温が上昇して発熱を疑似体験し、体内の細菌を焼き尽くして免疫システムを高める。この驚くべき適応には欠点もある。飛行中にコウモリが経験する急速な心拍数と、この「飛行熱」によって引き起こされる炎症は、細胞を損傷させる酸化を引き起こす。しかしコウモリには秘密兵器がある。炎症を抑え、酸化を最小限に抑え、傷ついた細胞を修復し、他のほとんどの生物では発熱が引き起こすストレスを回避できるような、複雑な生理学的プロセスを進化させてきたのだ。その結果、コウモリは同じような大きさの他の哺乳類と比べて平均で三・五倍も長生きする。中には四〇年以上も野生で生きつづけている種もある。[*5]
しかし、コウモリが生き残ったからといって、その病原体がなくなるわけではない。正反対だ。コウモリの中には、何の症状も示さずに、病気を引き起こす複数の病原菌を保有しているものもいる。コウモリは長生きするため、他のコウモリに感染させる機会が多い。また、コウモリは非常にうまく身を守るため、彼らの身体は運悪く感染してしまった他の動物に壊滅的な打撃を与えるようなスーパー耐性菌を選びとったのだ。

コウモリがいくつかの厄介なウイルスを媒介することは、驚くべきことではない。ウイルスはタンパク質の毛布に包まれた遺伝情報の小さな塊である。遺伝情報を伝えるという意味では生物である。しかし、食物を代謝してエネルギーを生産するといった基本的な生物学的機能をもたないため（宿主に依存している）、多くの生物学者はウイルスを部分的にしか生きていないと見なしている。ウイルスはミクロの世界のゾンビなのだ。

ウイルスにはDNA、RNA、RNA-RTの三種類があり、それぞれが独自の組成、構造、複製方法をもつ。コウモリは特にRNAウイルスに感染しやすい。RNAウイルスは単純なゲノムをもつが、自然界で最も変異率の高いウイルスの一つである。この変幻自在の性質により、RNAウイルスは強い宿主以外の免疫システムを出し抜くことができる。また、RNAウイルスは新しい宿主に跳躍することができるため、一部のRNAウイルスは異常な感染力をもち、特に毒性が強い。宿主から宿主へと容易に移動できる能力によって、RNAウイルスは宿主を生かしておくという不利益から解放された。

一九一一年に健康に見える吸血コウモリが狂犬病と初めて診断されて以来、疫学者たちはコウモリと病気を関連づけてきた。後に研究者たちは、他のほとんどの哺乳類で致死的な病気である狂犬病がRNAウイルスによって引き起こされることを明らかにした。それ以来、科学者たちはおよそ二〇〇種類ものRNAウイルスをもつコウモリを研究してきた。その中には、ヘンドラウイルス、ニパウイルス、マールブルグウイルス、各種肝炎、おそらくエボラ出血熱のような本当に恐ろしいウイルスや、インフルエンザ、中東呼吸器症候群（MERS）、重症急性呼吸器症候群（SARS）、そしてもちろんCOVID-19の感染源であるSARS-CoV-2のような呼吸器疾患を引き起こすものも含まれている。[*6]

これはかなり怖い話だ。しかし、コウモリが危険だということなのだろうか？　一九八〇年代、恐怖に怯えたオースティンの人々が気味悪がり、心配したのは正しかったのだろうか？　これらの質問に対する答えは、「イエス」が少し、「ノー」がたくさんである。

コウモリに対する誤解

世界に一一〇〇種ほどいるコウモリのうち、人間と病気を共有するのは一〇八種、つまり九・八パーセントにすぎない。平均すると、この一〇八種は他の哺乳類目よりも一種あたり多くのヒトの病気を媒介し、その病気はかなりひどい傾向がある。しかし、これは話のほんの一部にすぎない。ヒトを苦しめることが知られている約一四一五種の病原体のうち、コウモリを宿主とするものは二パーセント未満である。約五九パーセントはヒト以外の動物を宿主としている。最後の三九パーセントは、動物由来ではないか、あるいは私たちの種に特有のものである。[*7]

哺乳類の中で、齧歯類はヒトと共通の病気をもつ種が最も多い。二二二〇種の齧歯類のうち、約一〇・七パーセントが人を苦しめる病気の宿主となっている。これは非常に多いように思えるが、哺乳類の中でも多様性の少ない他の三つの目では、ヒトの病気を媒介する種の割合が高い。世界の霊長類三六五種のうち約二〇パーセント、有蹄類二四七種のうち約三二パーセント、食肉類二八五種のうちなんと約四九パーセントがヒトの病気を媒介する。[*8]

コウモリを心配しすぎる必要がないもう一つの理由は、コウモリが直接人に病気をうつすことはあまりないからだ。コウモリが攻撃的になることはめったになく、いわれなき咬傷はめったにない。コウモリが他の動物に病気をうつし、その動物が私たちに病気をうつすことで、間接的に病気を感染させることはある。また、同じ果樹の実を食べたり、コウモリを食用として狩ったり、グアノ〔肥料などに使われる、海鳥やコウモリの糞の堆積物〕を集めたり、コロニーの近くで作物や家畜を飼育している人に病気をうつすこともある。コウモリの生息地を破壊したり、コウモリを私たちの生息地に呼び寄せるような建造物を建てたりすることによって、コウモリと私たちとの接触が頻繁になると、私たちはこうしたリスクを増大させることになる。

コウモリは私たちに病気を感染させる能力をもっているにもかかわらず、私たちを苦しめるよりもはるかに多くの人々を助けている。マラリアやデング熱、ジカウイルス感染症といった人間の病気を媒介する蚊を含め、コウモリは年間何十億匹もの昆虫を捕食する。コウモリは早期警戒システムの役割を果たし、出現しつつある病原体の存在を私たちに知らせてくれる。COVID-19の大流行によって緊急性が増した現在の研究は、コウモリの免疫システムがどのように機能するかをより深く理解し、人間の健康に応用することを目的としている。これには、近くの細胞がウイルス感染に反応できるようにするインターフェロン・アルファとして知られる「シグナル伝達タンパク質」分子や、飛行中に大量の酸素を消費するにもかかわらずコウモリが細胞の損傷を避ける方法に関する研究も含まれる。

コウモリは驚くべき生き物だが、彼らはますます苦境に陥っている。国際自然保護連合によれば、少なくとも二四種のコウモリが「深刻な絶滅の危機に瀕している」とされ、一〇四種が「絶滅の危険が増大している」とされている。さらに少なくとも二二四種のコウモリについて、その状態を知るためのデータが不足している。コウモリが直面している最大の脅威は、乱獲、絶滅、そして特に生息地の喪失である。[*9]

人間と同様、コウモリも新種の病気に苦しんでいる。二〇〇七年にニューヨーク州北部で初めて記録されて以来、白鼻症候群の原因となる真菌病原体シュードギムノアスカス・デストラクタンス（*Pseudogymnoascus destructans*）は、絶滅危惧種に指定されている二種を含む北アメリカのコウモリ一三種に感染している。この菌がどこから来たのかは誰も知らないが、いくつかのコウモリ種はこれまで一度も遭遇したことがないようで、人間が持ち込んだことが示唆されている。この菌は洞窟のような涼しく湿った場所で繁殖する。コウモリが冬眠している間に繁殖し、その刺激によってコウモリは落ち着きを失い、餌の少ない季節に貴重なエネルギーを浪費する。白鼻症候群は数百万頭のコウモリを殺し、九〇パーセント以上が死んでしまった個体群もある。[*10]

動物由来感染症を正しく理解する

人と動物の間を循環する病気は、動物由来感染症または人獣共通感染症と呼ばれる。多くの場合、この用語は動物に媒介され、ヒトに感染する病原体によって引き起こされる病気を指す。ヒトの動物由来感染症八六八種のうち、ウイルスやプリオン（ねじれたタンパク質）が原因のものは一九パーセント、細菌が三一パーセント、菌類が一三パーセント、原虫が五パーセント、寄生虫が三二パーセントである。これら八六八のうち、約三分の二は動物からヒトへ間接的に感染するが、約三分の一は直接接触が必要である。これらの疾患の約四分の一は、動物宿主と人との間を移動する際に、第三の種を感染経路として利用している。およそ二〇分の一には、まだ解明されていない感染経路がある。[*11]

心臓病やがんなど、私たちを最も多く死に至らしめる病気を含め、人を苦しめる病気のほとんどは、私たちと他の動物との間では感染しない。世界の感染症の中でも、最悪のものは動物由来感染症ではない。しかし、動物由来感染症は不釣り合いなほど注目されている。これは、「新興感染症」と呼ばれる、人間にとって新しい、あるいは脅威を増している感染症が含まれているためである。世界の新興感染症約一七五のうち、私たちは一三二、つまり七五パーセントを他の動物と共有している。動物由来感染症は、それ以外の感染症に比べ、「新興感染症」である可能性が二倍高い。動物由来感染症は、複雑な生態系と多様な動物宿主の中に潜んでいる可能性があるため、根絶はほぼ不可能である。[*12]

これらの病気がどのように蔓延しているかを理解するためには、いくつかの用語を定義する必要がある。また、病気そのものに対するイメージも変えなければならない。私たちの多くが病気について考える時、おそらく得体の知れない病気に苦しむ個人を想像するだろう。実際には、感染症は二つ以上の生物が関与する生態学的な関係であり、それぞれの生物が重要な役割を果たしている。

「病原体」と「宿主」はしばしばともに進化し、病原体には生息地を提供することで利益をもたらし、宿主には影響を与えない、あるいは回復させることができる関係を形成する。しかし、すべての宿主が同じというわけではない。ある宿主は死に絶え、それ以上病気を媒介することができない。また、病原体に感染し、それを媒介することはできるが、生化学的あるいは行動学的な理由により、非効率的な宿主もいる。その反対に、病原体に感染し、それを大量に集める増幅器として働く宿主もいる。ある生物が宿主として機能するためには、病原体を容易に獲得し、体内で病原体に耐え、病原体を第三者に感染させることができなければならない。

「媒介者」は病原体を他の生物に媒介する。病原体を媒介するのは、埃のような非生物の場合もあるが、微生物や節足動物のような小さな生物であることも多い。蚊、ノミ、ダニは最もよく知られた病原体の媒介者である。病原体には宿主と媒介者が複数存在することが多く、両者を明確に分ける線引きはない。宿主の中には、ある時期だけ媒介者として働くものもいれば、特殊な条件下やライフサイクルのある時期だけ病気を媒介するものもいる。

現代医学は個々の生物に焦点を当てているが、集団、共同体、生態系は病気がどのように循環しているかを決定する上できわめて重要である。宿主と媒介者の集団の「密度」が重要であるが、それは病原菌がある生物から次の生物へと受け継がれるためには、その集団の構成員が十分に近くに住んでいなければならないからである。生態系の「多様性」がきわめて重要なのは、異なる種類の宿主をもつ共同体では、病原菌の循環効率が低下する傾向があるからである。これは希釈効果として知られる。最後に、生態系の「安定性」も重要である。攪乱はしばしば病原菌を攪拌し、感染の可能性を高めるからである。疾病生態学の数学は非線形であることが多いため、これらの変数のいずれかがわずかに変化するだけで、大きな違いが生じる可能性がある。[*13]

疾病生態学の複雑さを考えれば、理解が難しいのも無理はない。このような誤解の最も有名な例が、ライム病であろう。一九七五年にコネチカット州で初めて診断されたライム病は細菌感染症であり、発疹や関節痛から動悸、頭痛、疲労、神経系や心臓組織の損傷にいたるまで、さまざまな症状を引き起こす。まれに、感染による合併症が致命的となることもある。人間がライム病に感染するのは、ボレリア属の細菌に感染したクロアシマダニに咬まれた時である。米国疾病予防管理センターは、年間約三万件の新規ライム病患者の報告を受けているが、実際の数はその一〇倍以上である可能性がある。ライム病が最も多いニューイングランドでは、住民はジレンマに直面している。ライム病に感染すると病気になるが、家の中にいることで病気を避けようとすると、生活の質が低下してしまうのだ。

何年もの間、多くの専門家はオジロジカがライム病の主要な感染源であると考えていた。シカが増えればライム病も増えるため、都市や州はシカの群れの殺処分に乗り出した。しかし二〇一一年、ケリー生態系研究所のリック・オストフェルドが *Lyme Disease: The Ecology of a Complex System*（「ライム病——複雑なシステムの生態学」）を出版し、二〇年以上にわたる研究をまとめた。彼は、シカが多く生息する地域であっても、ライム病陽性のマダニの九〇パーセントがマウス、シマリス、トガリネズミから感染した血液を摂取していることを発見した。広範なフィールドワークとモデリングに基づく計算では、ある地域に数頭のシカが生息していれば、それ以上シカを増やしても問題は悪化せず、また逆に殺処分しても解決しないことが示された。オストフェルドは、シカは一役買ってはいるが、ライム病の説明においてはほんの一部にすぎないと結論づけた。

この話にはまだ続きがある。一九世紀から二〇世紀にかけて、ニューイングランド地方の多くの森林は、中西部や西海岸の緑豊かな牧草地を求めて農民たちがこの地方を切り捨てたために再生した。しかし二一世紀になって、開発業者たちは再び郊外への道を切り開いた。この地域で最も森林が多い地域でも、森林地帯は小規模で孤立していることが多く、ピューマ、オオカミ、オオヤマネコなど、何世紀も前に駆逐された大型捕食動物を含む、在来種の動物の多くが生息していない。ライム病を媒介するシカ、小型の齧歯類、トガリネズミが唯一の哺乳類であることが多く、彼らがその場所を独占している。このような捕食、競争、多様性の欠如が、クロアシマダニ、ひいてはライム病の繁殖を可能にしているのである。郊外がどんどん田園地帯に入り込んでいるニューイングランドでは、人々をライム病から守る最善の方法は、生態系を人々から守ることかもしれない。[*14]

コウモリよりも危険なもの

都市は長い間、疫病と結びつけられてきた。人々が都市に定住する以前は、感染症はあまり一般的ではなかった。多くの病原体が私たちとともに進化し、広く循環するためには、私たちの集団はあまりにも小さく、あまりにも薄く分布し、あまりにもバラバラだったのだ。また、私たち人類は何万年もの間、生息地を改変してきたが、私たちの種の歴史のほとんどすべてにおいて、疾病生態学の基本方程式を変えるような規模での改変は行わなかった。

それが、人々が都市に集まり、都市間を行き来するようになると、様変わりした。ヨーロッパとアジアを席巻した古代および中世の伝染病で最も悪名高いものは、腺ペストである。エルシニア属の細菌によって引き起こされる腺ペストは、宿主であるネズミに感染し、媒介者としてノミを利用する。腺ペストに対する免疫をもつネズミもいれば、もたないネズミもいる。免疫をもつネズミが船やキャラバンの密航者として新しい地域に入ると、そのノミが免疫のない集団に広がり、地域のネズミ、ひいては人間に感染する。

西暦一六五年頃にローマ帝国を襲った伝染病や、五四一年から地中海沿岸を襲った伝染病など、古代の伝染病にまつわる謎はいまだに多い。一三四七年から一三五一年にかけてヨーロッパで大流行し、ヨーロッパ大陸の人口の三〇～六〇パーセントが死亡した黒死病は、腺ペストが引き起こしたものなのかどうか、学者たちは長年にわたって議論してきた。二〇一〇年、研究者たちはヨーロッパ各地に散在する一四世紀の集団墓地に埋葬された骸骨のDNAを調査した。その結果、二つの型のエルシニア属菌が見つかり、腺ペストが彼らに死をもたらしたのは確かで、少なくとも二つの波があり、それぞれがこの壊滅的な伝染病の新型株をもっていた可能性が高いと結論づけられた。[*15]

伝染病はまた、アメリカの歴史を形づくってきた。一九世紀には、マラリア、黄熱病、狂犬病、コレラ、その他の病気が大流行し、アメリカ全土の行政官たちは、下水道の設置、ゴミの収集、家畜の飼育禁止、放し飼い禁止条例の制定、公共公園の建設など、積極的な対策を講じるようになった。人間と二〇〇種類以上の病気を共有し、大量の糞を路上に落としてイエバエやその他の媒介者の個体数を増加させるウマを、電気鉄道や後の自動車に置き換えたことも功を奏した。

アメリカの都市は、動物由来感染症の病原体にとって今も住みやすい場所である。都市には、かつて病気を媒介する小動物の個体数をコントロールしていた病気の感染を遅らせることが示されている頂点捕食者を含む多くの分類群における種の多様性が欠けている。都市は郊外の緑地を乱し、病原菌を高い確率で循環させている。都市は狭い地域に資源を集中させ、同じ種の動物が密集するように仕向ける。比較的温暖な気候、常時存在する水、生ゴミは、媒介者、ひいては病気の温床となる。大気汚染や水質汚染などの環境ストレスは、人間や非人間の免疫力を低下させる。人が病原体に感染した場合、都市の人口密度が高ければ高いほど、その結果発生する病気はより早く、より広範囲に広がることになる。[*16]

感染症から都市住民を守るために何世紀にもわたって努力が続けられてきたにもかかわらず、都市の動物由来感染症の科学的研究はまだ若い分野である。しかし、都市に引き寄せられる野生動物の数が増えているため、新たな研究が進められ、注目される種が増えている。アライグマ、スカンク、キツネ、リスは、パルボウイルス、回虫、サナダムシ、そして狂犬病、ジステンパー、レプトスピラ症を引き起こす病原体を媒介することが知られている。シカは慢性消耗病を媒介し、コマツグミやメキシコマシコはウエストナイルウイルスの増幅器として機能する可能性がある。[*17]

COVID-19のパンデミックが二〇二〇年に起きた時、世界はコウモリのような野生動物がもたらす病気のリスクに一時的に目を向けたが、家畜化された動物はより長期的な脅威をもたらすかもしれない。一般的なペットの中で最も懸念されるのはネコである。ネコはサルモネラ菌、ヒトに血液感染を引き起こす可能性のあるパスツレラ・ムルトシダ(*Pasteurella multocida*)、ネコひっかき病の原因となるバルトネラ・ヘンセレ(*Bartonella henselae*)を媒介する。また、ノミ、ヒゼンダニ、回虫、鉤虫、白癬などの寄生虫や真菌感染症も媒介する。また、クリプトスポリジウム、ジアルジア、トキソプラズマ・ゴンディ(*Toxoplasma gondii*)などの原虫を媒介することもある。トキソプラズマはネコの体内でしか繁殖せず、ネコの糞便を通じて感染し、トキソプラズマ症を引き起こす。数百種の哺乳類がトキソプラズマ症の陽性反応を示し、全人類の約三分の一が感染していると考えられている。トキソプラズマ症は通常、人には良性であるが、妊娠中の女性には重篤な症状を引き起こすことがあり、神経障害や精神障害に関連する研究もある。マウスの場合、捕食者に対する恐怖心を減退させ、ネコにさらわれやすくなるという極悪非道な効果がある。トキソプラズマ症はまた、カリフォルニア沿岸の太平洋のラッコに致命的な脳感染症を引き起こしたこともある。[*18]

動物由来感染症をつくり出すのに、工業的畜産ほど適したシステムはないだろう。工業的畜産は、遺伝的多様性が低く、数種類の動物を、密集して大量に飼育する。工業的畜産経営は、群れを監視し、必要な人間の労働者数を減らし、動物に抗生物質を大量に投与することで、結果として生じるリスクを管理している。それでも、工業的畜産業で働く労働者は、そうでない労働者よりも多くの疾病を保有していることが研究で明らかになっており、これらの施設はいくつかの疾病アウトブレイクの中心地となっている。[*19]

動物由来感染症は私たち以上に野生動物を危険にさらしている。野生動物は屋外で生活しており、食物、水、空気をろ過されていないものから得ているため、一般の人々よりも環境の脅威にさらされている。公害は、アメリカにおける野生動物が絶滅危惧に陥る三番目に大きな原因となっている。外来種がやってくると、新しい病気を持ち込むことが多い。このような移入種は生態系を乱したり、在来種にストレスを与えたりするため、在来種が病気にかかりやすくなる。特に被害を受けやすい種もある。キツネやアライグマのような社会性動物は、都市部に密集して生息することができるが、そうすることで伝染病にさらされることになる。小型哺乳類を狩るボブキャットのような捕食者は、大型ネズミや小型ネズミ、ホリネズミを殺すための殺鼠剤でしばしば毒殺される。コウモリのような生物は、大病を媒介してきたが、古い病原菌と同じ経路で感染するものの彼らが免疫をもたない新しい病原菌には影響を受けやすい。また、都市に棲むことで、野生動物がストレスや不摂生、食生活の乱れなどに関連して、心臓病やがんなどの非感染性の病気にかかるリスクが高まる可能性もある。[*20]

そして気候変動である。人類が気候を変化させるにつれ、ダニや蚊、ある種の寄生菌類は、かつては寒い冬には発生しなかったか、あるいは抑制されていた地域で繁殖するようになる。気候変動は伝統的な食料源も脅かし、動物たちはより広範囲を歩き回ることを余儀なくされる。その過程で細菌に感染し、蔓延しかねない上、ストレスが免疫力を低下させる原因にもなる。

COVID-19の大流行を受け、一九八〇年代のオースティンの住民のように、世界中の多くの人々が、病気に侵された動物たちであふれかえる地球において四面楚歌の状態に置かれていると感じているのではないだろうか。真実はもっと複雑だが、メッセージは単純だ。動物由来感染症は、人間にとっても野生動物にとっても悪いニュースなのだ。自然の生態系を破壊し、単純化することで、私たちすべてが直面するリスクを増幅させているのだ。次のCOVID-19のようなパンデミックを防ぐ最善の方法は、野生動物も家畜も、より良く扱うことである。

コウモリであるということ

一九七四年の有名なエッセイの中で、哲学者トマス・ネーゲルは、人間はけっして現実を完全に認識することはできないと主張した。というのも、私たちの感覚はその一部にしかアクセスできないからだ。彼はこれを「経験の主観的性格」と呼んだ。自身の議論を説明するために、ネーゲルは読者に、人間の感覚とは大きく異なる知覚の一種であるエコーロケーションによって世界を部分的に把握しているコウモリのようなものであることを想像するよう求めた。「コウモリは私たちとはまったく異なる活動範囲と感覚器官をもっていて」、異質な現実を体験していると言える。「哲学的な考察を抜きにしても」、彼は言った。「興奮したコウモリと密閉空間で過ごしたことのある人なら誰でも、基本的に異質な生命体に遭遇するということがどういうことかを知っている」と彼は結論づけた。[*21]

毎年夏になると、オースティンのコウモリがコングレス・アベニュー橋の下のねぐらから一斉に姿を現すのを見ようと、歓声を上げる観光客が集まる。ネーゲルが言いたいこととは、このような驚異を目の当たりにすることで、私たちは心を広げ、思いやりの心を養うことができる。人間の知覚は客観的な現実ではなく、人間が生き残るために見たり、嗅いだり、触ったり、味わったり、感じたりするように進化したものにすぎない。ネーゲルの指摘は別の意味でも関連している。もし、多くのウイルス学者や免疫学者が信じているように、コウモリを研究することが私たち自身の身体のより深い理解に役立ち、人間の健康に利益をもたらし、さらには次のパンデミックの予防に役立つような治療法につながるのであれば、科学はヒトとコウモリをもう少し近いものにするかもしれない。人間はついに、そして大きな利点として、コウモリであるとはどういうことかという、奇妙で、異質で、不思議な体験を少しは理解できるようになるかもしれない。

11 動物たちがいるべき場所

ロン・マギルに会うことはマイアミに会うことだ。身長約一九八センチ、白髪交じりの後れ毛、三日月形の口ひげ、ゴールドのチェーン、キャデラック・エスカレードの後部に「ZOO GUY（動物園の男）」と書かれたナンバープレートを取りつけ、彼の見た目は派手だ。キューバ移民の父をもつ彼は、一二歳でニューヨーク州のクイーンズからフロリダ州のマイアミに移り住み、八年後に開園したマイアミ・メトロ動物園（現マイアミ動物園）で働きはじめた。彼がかなりの人気者にのし上がったのは一九八〇年代のことで、*Miami Vice*（邦題「特捜刑事マイアミ・バイス」）でワニのハンドラーを務めたのがきっかけだった。それ以来、自然ドキュメンタリー番組で五つのエミー賞を受賞し、野生動物写真でニコンアンバサダー賞を受賞、スペイン語のテレビ番組の司会を務め、ユニビジョン〔スペイン語コンテンツを配信するアメリカのメディア会社〕の大ヒットバラエティ番組 *Sábado Gigante*（「サバド・ギガンテ」）に二五年間レギュラーゲストとして出演している。理学療法士の妻とは、ワニによる咬傷の治療中に出会った。

現在、動物園の広報部長と親善大使を務めるマギルは、忘れがたい人物である。しかし、彼の最も記憶に残る瞬間、名声を得るきっかけとなった瞬間は、一九九二年の蒸し暑い夏の朝に起こった。それは、マイアミのような都市の生態系において、外来動物が果たしつづけている役割を、おそらく近年の歴史の中で最もよく物語っている一日だった。それはまた、「飼育下」と「野生」というような、動物のグループを分けるために私たちが使っているカテゴリーが、流動的で柔軟性があり、永続的なものにはほど遠いものであることを示している。

八月二四日の夜明け直前、ハリケーン・アンドリューがマイアミの約四〇キロメートル南に上陸した。アンドリューは、西アフリカ沖で普通の熱帯低気圧として始まったが、メキシコ湾流の暖かい海域を通過するにつれて、渦巻き状の怪物へと変質していった。アンドリューは八月二三日にバハマ諸島を襲い、その数時間後には時速約二八〇キロメートルという最大級(カテゴリー5)の暴風雨となってアメリカ本土に上陸した。被害総額は二七三億ドルと推定され、南フロリダは当時、アメリカ史上最も甚大な被害を受けた。最も被害が大きかったのは、マイアミ・メトロ動物園のあるケンドールの郊外だった。

嵐の前日、マギルは奇妙なことに気づいた。普段の日には、サギやトキの仲間など何十羽もの在来種の野鳥が動物園に群れ、プールを歩き、外来種の飼育個体と一緒に展示室で餌を食べたりしていた。八月二三日の朝、野生の鳥たちは突然姿を消した。[*1]

動物園の職員は詳細な手順に従って嵐に備え、その後、急いで帰宅し嵐を待った。悲惨な一八時間の後、アンドリューはルイジアナ州に向かって移動し、マギルは復旧を支援するために動物園に向かった。眼前には恐ろしい、混沌とした光景があった。瓦礫が道路を覆い、目印となるものは消え、いつもなら一〇分で済むドライブが一時間以上続いた。「まるで神が四〇キロメートルもの幅の草刈り機を持ってやってきたようだった」と彼は後に振り返った。[*2]

コーラル・リーフ・ドライブで、マギルは何度目かの奇妙な出会いをした。少なくとも一〇匹以上のアカゲザルの群れが、まるで金曜の夜にフットボールの試合に向かう騒がしいティーンエイジャーのように騒々しく、のんきに道路を走っていたのだ。彼が最も驚いたのは、フロリダの道路にこれらの生き物がいることではなく、「彼らが動物園所有のサルですらなかった!」ということだった。[*3]

動物園でマギルは「戦場」を目の当たりにした。アンドリューは車両を何百メートルも投げ飛ばし、コンクリート壁を倒壊させ、五〇〇〇本の木をなぎ倒し、モノレールを大破させ、いくつかの建物を崩壊もしくは損壊させたりした。動物園の最新設備の鳥小屋は、まるで潰れたスノードームのようだった。[*4]

マギルが到着するまでに、動物園の飼育員たちは、逃げ出したかもしれない危険な動物から身を守るため、銃で武装して園内を捜索していた。動物園の災害計画に従って、彼らはハリケーンが来る前に一部の動物をトイレに閉じ込め、他の動物をまとめてコンクリートの動物舎に収容した。その他の動物たちは、囲いの中につくられた隠れ家の中で嵐を待った。こうした準備が功を奏した。動物園の一六〇〇頭のうち、死んだのはわずか三〇頭ほどだった。そのうち三〇〇頭が逃げ出したが、そのほとんどは鳥で、職員が数週間かけて回収した。メトロ動物園はボロボロになったが、そこに住んでいた生き物たちの大部分は無事だった。[*5]

しかし、動物園はこの地域に数多くある飼育野生動物を保有している場所の一つにすぎなかった。アンドリューは、研究所、繁殖施設、道路沿いのアトラクション、そして眠ったような外観の裏にこの大陸で最大級の外来ペットの個体数を抱える近隣の町々を駆け巡った。[*6]

嵐の後の混乱した数日間、メトロ動物園のスタッフが体制を立て直し、全米の動物園が支援を提供する中、地元の人々はマイアミ郊外を見慣れない動物たち（外来の鳥、めずらしいシカ、一頭のライオン、そしてコーラル・リーフ・ドライブで騒ぐ件のサルたち）がさまよっていると報告した。近くのマイアミ大学霊長類センターから逃げ出したヒヒの数は不明だが、木からぶら下がったり、歯をむき出しにしたり、車に飛び乗ったり、少なくとも一軒の家に押し入ったりしていた。彼らは動物園にさえやってきた。しかし、これらのカリスマ的な逃亡者たちは、写真映えし、ニュースになることはあっても、アンドリューが解き放った推定五〇〇〇頭の飼育動物のほんの一部にすぎなかった。そして、州の野生動物検査官トム・クインが「生態学的災害」と呼んだアンドリューは、フロリダにおける数世紀にわたる外来種の歴史の中ではほんの一瞬の変化にすぎなかった。[*7]

棲み着いた外来種

一九八〇年代にフロリダで育った私は、ニューヨーク市民であった父が「それが生存しているのはフロリダだからだ」と宣言するのをよく耳にした。父が言っていたのは、家の中のエアコンの効いた母の要塞に時折侵入してくる巨大なパルメットバグ〔ゴキブリの一種〕や、郊外にある我が家の裏庭の運河の対岸でのんびりと日光浴をするワニのことだったと思う。真実はむしろ違う。その大部分が海から出現してから七〇〇〇年も経っていないフロリダ半島は、その短い歴史を通して実質的な島であった。人里離れた孤島であり、渡り鳥の天国ではあるが、同じような気候と面積をもつ他の地域と比べると、陸生種や水生種の生息数は比較的少なかったのだ。

一五三八年、エルナンド・デ・ソトが熱望していたアメリカ南東部を横断する三年間の旅に出た時から、この状況は変わりはじめた。デ・ソトの旅は、ミシシッピ川の泥沼の岸辺での死によって終わったが、彼と彼の従者たちは、今日のレイザーバック〔カミソリのようにとがった背の意〕と呼ばれる野生ブタの起源となる、ヨーロッパの家畜ブタを置き去りにしていった。それ以来、観察者たちはフロリダで約五〇〇種の外来動物が自由にうろつき回っていることを記録してきた。二〇〇七年の調査では、鳥類一二種、哺乳類一八種、淡水魚類二二種を含む少なくとも一二三種がフロリダに定着していることが判明した。つまり、少なくとも五年間は野生で繁殖しており、人間の断固とした努力なしには消えそうにないということである。それらの多くは明らかにそこに居座りつづけそうだったのだ。[*8]

フロリダ州の外来爬虫類と両生類のリストは驚くべきものだ。一八六三年にカリブ海からの密航者として最初のオンシツガエルが到着して以来、少なくとも一三七の外来爬虫類と両生類がフロリダ州に生息していることが報告されている。そのリストはまるで高校の地理クイズのようだ――アフリカクチナガワニ、アルゼンチンテグー、ビルマニシキヘビ、ヒスパニオラアノール、ジャワヤスリヘビ、ホンジュラスミルクヘビ、グランディスヒルヤモリ、アジアジムグリガエル、メキシコツナギトゲオイグアナ、ナイルオオトカゲ、テキサスツノトカゲ、カリフォルニアキングスネーク。フロリダは今や誰もが認める世界の爬虫類学のるつぼであり、マイアミ国際空港はいわば動物版移民局である。[*9]

これらの動物が何種フロリダに定着しているのか、さらに何種がやってくるのか、そしてそのうちの何種が問題を引き起こすのかを知ることは不可能である。ある種が新しい環境で繁栄するかどうかを予測することはできないし、ある種が突然急増する前に、少ない個体数で何年も持ちこたえられる理由を説明することもできない。移動が容易な種、繁殖が速い種、多様な生態学的条件に耐える種、同種の他個体を容易に発見して交流できる種、人に慣れやすい種、撹乱された地域で繁栄する種は、他の種よりも危険かもしれない。アメリカに持ち込まれた五万種以上の外来種のうち、生物学者が「侵略的」と見なすのは一〇パーセント未満である。しかし、ひとたび外来種が侵略的になると、大混乱を引き起こす可能性がある。私たちが確実に言えることは、外来種を見つけた時には手遅れであることが多いということだ。[*10]

外来動物ブームと脱走

生きた外来動物の取引は、数千年前にさかのぼる。近代的な外来ペットの取引は、グローバル化と経済成長により、ロンドン、アムステルダム、ニューヨークなどの都市で、より多くの人々が世界中から生きた動物を購入できるようになった一八世紀後半に始まった。鳥類は常に、最も人気のある外来ペットの一つであった。一九世紀後半までには、北アメリカとヨーロッパの販売業者は、少なくとも七〇〇種にのぼる生きた鳥を年間一〇〇万羽以上輸入していた。生きた鳥の取引は世界的な業者たちが七五〇万羽を販売した一九七〇年頃にピークを迎えた。その後、一九七三年の「絶滅のおそれのある野生動植物の種の国際取引に関する条約（ワシントン条約）」に盛り込まれた新たな規制などにより、毎年販売される外来鳥類の数は約三〇〇万羽にまで減少した。[*11]

爬虫類や両生類が人気のペットになったのは、他の脊椎動物に比べて遅かった。フロリダの業者は一九二〇年代に生きた爬虫類を大量に販売しはじめた。大勢の観光客が初めてこの州を訪れ、巧みな宣伝に惹かれ、建設されたばかりの鉄道で運ばれ、きらびやかな新しいリゾートに宿泊した。それに伴いこの地域の熱帯の魅力に乗じて、ワニの赤ちゃんやその他の爬虫類、両生類を売る道路沿いのアトラクションがつくられた。当初、この産業はゆっくりと成長した。一九七〇年の時点で、アメリカは一七六種、約三二万匹のトカゲやヘビを輸入していた。二〇〇〇年代には、二八七種、一〇〇万頭以上の爬虫類が輸入されるようになった。これらの数字には、国内で捕獲・繁殖された個体、アメリカから輸出された個体、闇市場で売買された個体などの数百万頭分は含まれていない。[*12]

爬虫類や両生類は、運動や愛情を必要とせず、常に注意を払う必要もないため、可愛いが世話を焼く必要があるイヌやネコに比べ、手がかからないペットとして販売されることが多い。売り手は、気難しいシダ植物に比べ、世話の簡単なサボテンに匹敵する動物であると表現したがる。しかし、これらの動物を購入する人の多くは、その動物を生産している産業や、逃げ出す能力、寿命、十分に成長した時の大きさ、それらがもたらす危険性についてほとんど知らない。

今日の野生生物の取引は、気が遠くなるような規模で行われている。違法な野生生物取引だけでも、麻薬、武器、人身の売買に次ぐ世界第四位の密売産業となっており、その年間収益は二三〇億ドルにのぼる。合法・違法を含めた取引全体の規模は、その何倍にもなる。その正確な規模は誰も知らないが、種ごとの規模はおよそ把握されている。二〇〇六年から二〇一二年にかけてこの業界を定量化したある最近の研究では、鳥類五八五種、爬虫類四八五種、哺乳類一一三種の取引記録が見つかっている。[*13]

外来ペットの取引がここまで発展したのには、いくつかの理由がある。迅速で安価な輸送により、遠隔地の業者が新しい市場を開拓できるようになった。移民がアメリカの都市により多くの人間以外の動物を世界中から持ち込んだ。都市化により、ペットを飼う可能性のある人々が、アパートで飼える小型の動物を購入するようになった。世界的な観光業は、より多くの人々に外来生物を紹介した。そして、この露出が関心を高め、ペットショップ、テレビ番組、書籍出版社、インターネット上のインフルエンサーによって、プラスのフィードバック・ループが生み出された。その結果、ここ百年余りのどの時代よりも多くの野生動物が飼育されるようになっただけでなく、アメリカの都市には膨大な数の外来動物が飼育されるようになった。そして、この二つのグループはしばしば混ざり合っている。

飼育下の外来動物が逃げ出したり、放されたりすると、すでに定着している多様な外来種の仲間入りをする。政府機関は害虫駆除のために外来種を導入した。ペット業者は、法的処罰を避けるため、余剰商品を投棄するため、あるいは後で捕獲できる野生の繁殖群を確保するために動物を放した。宗教的な儀式で、飼育されている動物を解放することもある。その他にも、商業的な野生動物飼育場、製薬工場、餌屋、研究施設、映画のセットなどから逃げ出したり、放されたりしている。いったん群れが定着すると、人々は同じ種類の動物をさらに放しても良いのではという誘惑にさらされる。

放された後、同類を見つける不思議な能力をもつ動物がいる。一九六〇年代以降、オウムは何百ものヨーロッパや北アメリカの都市でにぎやかな群れを形成しており、その中にはロンドンやシカゴのような意外な場所も含まれている。今日、アメリカの都市に生息する外来オウムたちは、(気候変動による)温暖な冬、都市のヒートアイランド現象、公園や庭に植えられた実のなる木々、食品廃棄物、捕食者の欠如、継続的な放鳥による定期的な個体数の補充などの恩恵を受けている。南フロリダに生息する二〇種ほどの外来オウムのうち、数種は元の生息地で絶滅の危機に瀕している。*14

外来種が野生化する経路は増えつづけている。こうした経路は今や非常に多く、多様化しているため、それを阻止しようとする努力は無謀に思えるかもしれない。明確でしっかり施行された政策が流れを食い止めるのに役立つが、業界のロビー団体はほとんどの州（ハワイは特筆すべき例外）でそれを妨げているし、万能薬ではない。強力な規制を導入しても、一部の動物は最も厳重で保護意識の高い施設からさえ逃げ出す可能性がある。

動物園というと、サンディエゴ動物園やブロンクス動物園のような、広々とした自然をそのまま再現した園内、専門スタッフ、教育プログラム、研究センター、品揃え豊富なスナックバーやギフトショップを備えた、一握りの有名な施設を思い浮かべる人が多いだろう。認定を受けるには、動物園水族館協会（ＡＺＡ）やヨーロッパ動物園水族館協会（ＥＡＺＡ）などの監督機関が課す、動物福祉、公共の安全、バイオセキュリティ、災害対策などの厳しい基準を満たさなければならない。マイアミにあるロン・マギルの勤務先を含むいくつかの動物園では、違法に輸入された外来種を飼育するための厳重な施設さえある。

しかし、このような近代的な主要施設は少数派である。世界には、認可を受けずに外来動物を飼育・展示している施設が何千とある。これらの動物園やサーカスの多くは、建設、資金調達、維持、規制が不十分である。これらの施設では、外来動物がその場しのぎの檻から脱走する割合が、認定された動物園よりもはるかに高い。中には非常に危険な場所もある。[*15]

メリーランド州を拠点とし、アメリカで報告された外来種に関する事件のデータベースを管理する非営利団体「ボーンフリー」によると、一九九〇年から二〇一八年までの二八年間で、一二八六頭の動物が動物園やサーカス、その他の外来動物施設から脱走したという。このうち、ＡＺＡが認定した施設で起きたのは一二八件にすぎない。しかし、有名な動物園でさえ、動物の管理に苦労してきた。たとえば、二〇〇〇年代初頭、シマウマ、チンパンジー、カンガルーなどが相次いで脱走したことで、米国農務省はロサンゼルス動物園に二万五〇〇〇ドルの罰金を科した。[*16]

動物園にやってくるもの

キラニーとP-22の件が思い起こさせるように、動物を飼育する施設は野生の動物を引き寄せる傾向がある。野生動物が多く生息する都市にあるアメリカの動物園の多くは、都市の生態系に溶け込みつつある。動物園は音や匂いを都市全体に漂わせ、好奇心旺盛な生き物を手招きする。広々とした野外の囲いや定期的な餌やりは、野生の来園者を誘惑する。公園のような動物園のキャンパスには緑豊かな生息地があり、その多くは都市の緑地に近い。南カリフォルニアの主要な五つの動物園は、ロサンゼルス、パームデザート、サンタバーバラに各一カ所、サンディエゴに二カ所あり、いずれも都市公園、野生動物保護区、国有林の近くにある。ブロンクス動物園の北側にはニューヨーク植物園があり、東側にはかつては砂利だらけで、今ではまるでアディロンダック山脈の源流にあるような、野性味のある風光明媚な滝を擁するブロンクス川が流れている。

イリノイ州シカゴのリンカーン・パーク動物園は、野生動物と飼育動物との関係において、ありそうでなかったケーススタディとなっている。上空から見ると、シカゴは同心円で構成されたきれいな半円に見える。公園や森林保護区はこの環にほぼ平行に走っているため、陸上動物が市の中心部に到達するための緑の回廊はほとんどない。しかし、それでも動物たちはそこに辿り着く。748のようなコヨーテは目立たないように息を潜めているが、実はすぐそばにいるのだ。地元のウサギやリスは、動物園の囲いの中で飼育されている捕食者に殺されることがあり、時にはぞっとするようなものであれ、来園者に貴重な学びの機会を提供している。ビーバーたちが現れたのは、動物園が二〇一〇年に南池の設計を変更した直後のことで、この伝説的な技術者たち〔ビーバーのこと〕が、この慎重に計画された場所をどのように改善しようとしているのかが懸念された。イリノイ州では絶滅危惧種に指定されているゴイサギも、小型爬虫類や両生類、昆虫のビュッフェがあるこの池を気に入ったようだ。サギたちはすぐに、池から北に数百メートル離れた、動物園のアメリカアカオオカミの囲いの中に張り出した木に、イリノイ州唯一の繁殖コロニーを築いた。この場所は危険な場所に思えるかもしれないが、アライグマなどの野生の巣荒らしから守ってもらうため、サギたちはオオカミたちを専属のボディーガードとして雇ったかのようだった。

マイアミ動物園は、地元の野生動物たちと、そして力のある周辺住民たちとの関係を両方ともうまく管理するのに苦労してきた。マイアミ動物園のキャンパスは、少なくとも二〇種の保護動植物が生息する、パインロックランドとして知られるユニークな自然環境にまたがって位置している。何十年もの間、マイアミ大学は動物園に隣接するパインロックランドの区画を所有していたが、二〇一四年にその土地を開発業者に売却した。開発業者は、その土地にショップ、レストラン、九〇〇戸のアパートメント、ウォルマート・スーパーストアなど、まるでジョニ・ミッチェルの歌からそのまま引用したかのような巨大複合施設を建設する計画で、コーラルリーフ・コモンズと名づけた。マイアミ動物園を所有するデイド郡の政治家たちからの報復を恐れた動物園関係者たちは、この売却についてコメントしないよう職員に命じ、その後、動物園の未使用地でのささやかなパインロックランド復元プロジェクトを大々的なファンファーレとともに開始することで、その沈黙から注意をそらした。二〇一九年、生物学者が動物園のすぐ外の森で数種類の希少植物と新種のクモを発見したにもかかわらず、反対派はプロジェクトの中止を求める重要な裁判で敗訴した。減少しつつある在来の生息地に代わって、小さな都市と同じ大きさの開発地が動物園の新たな隣人となる。[*17]

動物園は長い年月の間に何度もその姿を変えてきた。一八世紀の檻の中の動物園は、一九世紀の薄汚いテーマパークや巡回サーカスへと姿を変えた。二〇世紀初頭、アメリカの動物園は科学的知識と市民教育の器であることを宣言した。第二次世界大戦後、動物園は再び方向転換し、自然保護の役割を強調し、自然の生息地で動物を展示することを意図した囲いを建設した。一九八〇年代には、一部の動物園は世界の野生生物から在来種へとその焦点を移しつつあった。二一世紀には、動物園は密閉されたテーマパークではなく、都市部の豊かな自然環境の多孔質なパッチであるという考えを受け入れはじめている。マイアミやシカゴの例が示すように、動物園は常に複数の競合する勢力の管理に苦慮している。そしてしばしば自らが属している周辺の文化から一歩も二歩も遅れているように見えるし、自らを取り巻く生態系から自らを遮断することに成功したことは一度もない。[*18]

クリニックの存在意義

動物園の最優先事項が野生動物を収容することだとすれば、野生動物リハビリテーションセンターの目的は野生動物を解放することである。これもそう簡単ではないことがわかった。

ロン・マギルほど派手ではないが、ジェニファー・ブレントはまさに自然児だ。ロサンゼルスの繁華街から西に約四〇キロメートル離れた森の丘の中腹に建つ動物病院、カリフォルニア野生動物センターのエグゼクティブ・ディレクターであるブレントは、人間もそうでない動物も含め、動物たちの世話で手いっぱいだ。一九九八年の設立以来、同センターは住民や他の非営利団体、地元、州、連邦政府機関と協力し、ロサンゼルス郡とベンチュラ郡の病気や怪我をした動物たちのケアにあたってきた。二〇一五年までに、同センターは四万五〇〇〇頭以上の鳥類、哺乳類、爬虫類、その他の野生生物を収容してきた。最近では、約五六キロメートルに及ぶマリブの海岸線からアザラシとアシカの受け入れを開始することに合意した。

センターの目標は、人と野生動物が共存できるようにすることだ。二〇一七年一月にセンターを訪れた際、ブレントは私にこう言った、「私たちは、受け入れた動物を救い、リハビリを施し、リリースすることを目指しています。私たちの仕事はケアですが、同時に共存でもあります。動物のケアは簡単なことですが、彼らと共存するのは大変なことなのです」。人々がしばしば問題になる。助けを必要としない動物を通報したり連れてきたり、野生動物を家に引き寄せたり、何か悪いことが起きた時に対応を求めたり、多くのニーズに応えているが資源に限りがあるセンターに過剰な期待をしたりする。

センターは二〇〇人以上のボランティアに頼っているが、常駐スタッフは不足している。そこで働く獣医の多くは、無料奉仕や研修中の短期ローテーションで一時的に勤務している。多くの種類の動物が多くの潜在的問題を抱えているため、野生動物のケアは複雑な分野である。しかしほとんど経験を積まないままやってくる獣医が大半だ。野生動物を扱うことは、多くの獣医学部ではまだニッチというか、目新しい職業とさえ考えられており、家畜や普通のペットに関する科学から数十年遅れているのが現状である。

北はカラバサス、南はマリブという裕福なコミュニティのほぼ中間に位置するこのセンターには、動物を愛する裕福な隣人が多い。長年にわたり、美容製品会社のポール・ミッチェルやモデル、女優、動物愛護活動家のパメラ・アンダーソンなど、有名人や大金持ちの寄付者、セレブリティのボランティアが数多く名を連ねている。しかし、家畜やペットよりも野生動物の世話にかけられる予算の方がはるかに少ない。同センターは予算の約三分の一を助成金、三分の一を寄付金、三分の一をイベントでまかなっている。他の多くの非営利団体と同様、資金集めが終わることはない。

しかし、カリフォルニア野生動物センターはいったい何のために資金を集めているのだろうか?

クリニックが自然保護にどのように貢献するかについては、ほとんど研究がなされていない。野生動物の個体数は時間とともに変化するが、そのほとんどは生態学的要因によるものである。これには気温や降水量などの物理的要因、他の種との相互作用や病気などの生物学的要因、そして人間が引き起こした生物群集や生態系の変化などが含まれる。野生動物は採餌のために十分な広さと質の生息地を必要とし、社会生活を営み交尾相手を見つけるために十分な密度の個体数を維持しなければならない。

ほとんどの場合、野生動物クリニックは、これらの種の個体数を増やすのに十分な数の動物を診療していない。仮にそうであったとしても、収容された動物のほとんどは二度と放し飼いにされることはない。一部の動物は完全に回復しないか、外に出すにはリスクが高すぎる。そして、それ以上の数の個体が治療中に死亡する。このテーマに関する数少ない研究の一つ、イギリス野生動物リハビリテーション協会の発表によると、イギリスにある八〇の野生動物クリニックに毎年収容される最大四万頭の動物のうち、リリースされるのはわずか四二パーセント程度だという。[*19]

助かったとしても、そのほとんどは長くは生きられない。イギリスでは、野生動物クリニックに最も多く収容される種はナミハリネズミで、野生では平均三年生きる普通種である。ハリネズミの二五〜八二パーセントは、クリニックから放獣された後、少なくとも六〜八週間は生き延びる。この数字に大きな幅があることは、クリニックから放された動物の運命について私たちがいかに何も知らないかを示している。イギリスでの研究によれば、リリース後少なくとも六週間生存するのは、ヨーロッパケナガイタチでは約五〇パーセント、猛禽類では六六パーセントにすぎない。[*20]

クリニックでは、失敗する運命にある動物を放すことは避けているが、多くの理由でリリースがうまくいかないことがある。外見上は健康であるように見えても、体が弱くて生きていけない動物もいる。人に依存しすぎて自力で生きていけない動物もいる。自分の群れを失った動物もいる。別の個体に乗っ取られた行動圏に戻ってくることもある。また、最初にトラブルに巻き込まれたのと同じ危険な行動を繰り返す場合もある。

野生動物クリニックは、個々の動物の生活向上を目指す動物愛護団体と、種や個体数の維持を目指す保護団体との間の曖昧な境界線をまたいで存在する。個々の動物の救済を目的とするのであれば、病気や怪我をした動物の世話をすることは理にかなっている。種や個体群の保全が目的であれば、一部の有名な例外を除き、獣医療を提供することは最も費用がかかり、最も効果的でない方法の一つである。

カリフォルニア野生動物センターで私が話をしたスタッフはみな、自然保護について深く考えていた。彼らがこのクリニックを選んだ理由はさまざまだ。動物たちと一緒に働きたいという単純な思いが原動力の人もいる。しかし多くの場合、その思いはもっと深い。野生動物を癒やし、解放し、場合によっては安楽死させることで、これらの生き物が尊厳をもって生き、死ぬことができ、思いやりが培われ、人間がより人間らしく感じられるようになる。スタッフたちは、それが正しいことだと信じてやっているのだ。

多くの保護活動家はそう考えていない。彼らは、高価な獣医療は避けられないトレードオフを伴うと主張する。クリニックは個々の動物を助けるかもしれないが、種や生態系を助ける意義あるやり方にはならない。このような施設は、より多くの動物を助けることができる生息地の保護や回復プロジェクトから希少な資源を引き離し、塀の外の野生動物に害を与える可能性さえある。

状況はそれほど単純ではない。獣医療が種の保存に役立つケースは、少なくとも二種類ある。一つはカリフォルニアコンドルのような絶滅危惧種に関するもので、一九八七年までの世界個体数はわずか二七羽だった。それ以前の数十年間、何十羽ものコンドルが鉛中毒や電線との衝突で治療を受けたり死んだりしていた。この種を救うため、管理者たちはコンドルの成鳥をすべて集め、飼育下繁殖プログラムに参加させた。このコンドルは、絶滅危惧種の回復には、急性期および長期の獣医療の両方がいかに不可欠であるかを示している。二つ目のケースでは、クリニックが監視員として、野生動物や人間に対する健康上の脅威を追跡している。このような脅威には、新興の動物由来感染症のような生物学的脅威や、速度制限の引き下げ、取り締まりの強化、インフラ整備の必要性を指摘するような、道路での動物衝突の増加などの物理的脅威が含まれる。

最も効果的な行動にコストをかける

クリニックでの動物の世話は、人々を教育し、野生動物との共存について難しい議論を巻き起こす機会を与えてくれる。飼いネコに襲われてクリニックに収容される多くの小動物は、より良い教育と簡単で積極的な対策があれば防げる殺戮を減らすことができる、明快な例を示している。解放には向かないカリスマ的な生き物は、地域の野生動物の使者となることで、こうした教育的努力を助けることができるかもしれない。私の地元では、マックスという名のミミズクが二〇年以上この役割を果たしてきた。オハイという町の近くでヒナの時に巣から落ちたマックスは、地元の猛禽類レスキューセンターに辿り着いた。そこでマックスはすぐに人馴れし、その結果、野生復帰は不可能な個体となった。その後、マックスはサンタバーバラ自然史博物館に移り、地元の有名人、教育者、そして資金調達者としてのキャリアをスタートさせた。

マックスのような愛すべきキャラクターに異論はない。しかし、獣医療と自然保護に関するこのような対立する議論を整理し、野生動物を助けるための最善の決断を下すにはどうすれば良いのだろうか？ その答えを求めて、私は世界で最も有名な倫理学者のひとり、ピーター・シンガーに注目した。

実践倫理の功利主義哲学者であるシンガーは、一九七五年に今では古典となった宣言書 *Animal Liberation*（邦題『動物の解放』）を発表し、一躍有名になった。シンガーによれば、知覚のある動物はみな苦しみを経験しているのだから、我々には責任があるというのだ。一九七〇年代に、すべての動物が苦痛を感じているという彼の主張に多くの裏づけが得られたが、今日、その証拠は反論の余地のないものとなっている。「ある存在が苦しんでいるのであれば、その苦しみを考慮しないことを道徳的に正当化することはできない」と彼は結論づけた。そうでない行動をとることは、年齢差別、性差別、人種差別と変わらない偏見の一形態である「種差別」に与(くみ)することなのだ。[*21]

シンガーは重要な注意点を提示した。すべての動物は苦しむが、その苦しみを経験する方法は異なる。無脊椎動物は脊椎動物よりも苦しみを感じないかもしれない。脊椎動物は中枢神経系をもっているので、自分の苦境をより自覚することができる。知能が高く、詳細な記憶を保持し、長生きし、地域社会や家族、そして自分自身に投資する生き物（ほとんどの人間を含む）は、他の動物よりも苦しみを感じることができる。私たちが行動すべき義務は、その苦しみの大きさによって異なるが、全体的に見れば、あらゆる苦しみを軽減することが正しいことなのである。

一九七〇年代のシンガーの研究は、カリフォルニア野生動物センターのような、苦しみを減らし、すべての動物を平等に扱うことを目指すクリニックの目的を支持しているように見えるが、彼の最近の著作は疑問を投げかけている。二〇一五年の著書 *The Most Good You Can Do*（邦題『あなたが世界のためにできるたったひとつのこと』）において、シンガーは善をなすだけでは十分ではないと主張した。彼が説明した「効果的な利他主義」とは、何が正しくて何が間違っているかを区別することではなく、さまざまな利他的な選択肢がある中で、最も効果的な行動はどれかを判断することである。たとえば、財政を隠し、明確な成果を示せない慈善団体ではなく、一貫して目に見える成果を示している慈善団体に寄付をするといったように、最大の苦しみを減らす選択肢が「最も正しい」ことなのだ。このプリズムを通して見ると、野生動物クリニックは、比較的乏しい予算、リリースされた動物の生存率に関するデータの欠如、より大きな保護目標への貢献が曖昧であることなどから、苦痛を減らすには不十分な方法に見える。

意見の食い違いを感じた私は、オーストラリアにある彼の別宅にいるシンガーとビデオ通話をすることにした。七〇代前半のシンガーはまだ若々しく、強いオーストラリア訛りの話し方で、アメリカ人である私の耳にそれは、気まぐれで、ほのぼのとした楽しげな響きに聞こえた。彼は、ＣＯＶＩＤ以前の粗いビデオ映像に温かい微笑みを浮かべ、彼が四〇年の時を隔てて書いた二冊の本にまつわる難問を私が説明するのを辛抱強く聴いてくれた。私が話し終えると、シンガーは短い脱線を繰り返した。彼は気候変動について考え、ほとんどの人は種のような集団よりも個々の存在に感情移入すると指摘し、絶滅の危機に瀕している動物は普通の動物よりも痛みを感じないことを私に思い出させた。そして彼は本題に入った。効果的な利他主義者は、最大の利益のために賢くお金を使わなければならない。「答えはわからないが、これらのクリニックは苦しみを減らすための非効率的な方法のように思える。数字に注目しなさい」と彼は言った。[22]

飼育下と野生の線引き

飼育動物と野生動物がいかに切っても切れない関係にあるか、そして両者のつながりがいかに都市の生態系を形成しているかが明らかになったマイアミメトロ動物園の運命の日が一九九四年のハリケーン・アンドリューであったとすれば、カリフォルニア野生動物センターの運命の日は、それから四半世紀以上も経った、同じように暑い、しかしずっと乾燥した日に訪れた。その日はセンターにとって、実存的な恐怖と洞察に満ちた一日となった。

二〇一八年一一月八日木曜日の午後三時、センターのスタッフは、ウールジー・ファイヤーと呼ばれる小さな炎が約二〇キロメートル離れた丘陵地帯で燃えていることを耳にした。これ以上悪いタイミングはないだろう。その一時間前には地元の消防隊が近くの別の火災に出動しており、北カリフォルニアでは、何十もの消防隊がキャンプ・ファイヤーに駆けつけようとしていた〔「ウールジー・ファイヤー」「キャンプ・ファイヤー」は災害名〕。キャンプ・ファイヤーはその後四八時間かけてパラダイスの町を焼き尽くし、州史上最悪の大火災となった。ウールジー・ファイヤーの出足は鈍かったが、高温で乾燥した風がすぐに炎を燃え上がらせた。その日の夜、当局は進路上にいる約三〇万人に避難命令を出した。午前三時までに、スタッフがセンターに集結した。それから九〇分の間に、ボブキャット、オポッサム、アカオノスリ、コチョウゲンボウなど、まだ世話の必要な動物たちを箱舟に詰め、野生で生き残る可能性のある鳥を急いで放した。[*23]

その二時間後、ウールジー・ファイヤーは南カリフォルニアのピューマを保護するための野生動物横断予定地であるリバティ・キャニオンのフリーウェイ一〇一号線を飛び越えた。フリーウェイの南側に到達すると、約二三キロメートルの炎の壁を形成し、険しい地形を南へ西へと進みはじめた。やがてマリブ・ビーチまで燃え上がり、一五〇〇軒の家屋を破壊し、数百の企業、政府機関、歴史的建造物に被害を与えた。サンタモニカ山地国立保養地の八八パーセントを含む四万ヘクタール近くが焦土と化した。[*24]

カリフォルニア野生動物センターは、ウールジー・ファイヤーをかろうじて生き延びた。スタッフが避難した数時間後、炎の列がマリブ・キャニオン・ロードを駆け抜け、センターから約一キロメートル以内を通過した。その後数日間で、足に火傷を負ったボブキャットなど、火災の被害を受けた動物たちが保護された。しかし、ハリケーン・アンドリューの時と同様、この地域の野生動物は人間よりも被害が少なかった。死骸はほとんど発見されず、地元のピューマのほとんどは無傷であった。野生の動物たちは、車や窓、銃や人間といった最新の危険物を避けることはできなくても、何千年もの間直面してきた嵐や火事から身を守る術（すべ）を知っているのだ。

動物園やクリニックなど、動物を飼育している施設は、都市の生態系において過小評価されている。正当化するのが難しいリスクや、定量化するのが難しい便益をもたらすこともあるが、一つはっきりしているのは、動物園とそれを取り巻く土地や水域、野生生物との結びつきがますます強くなっているということだ。二一世紀のアメリカの都市で、これらの施設が今直面している課題は、飼育動物は飼育状態で、野生動物は野生状態で維持し、しかも誰も傷つかないように努めることである。

12 駆除

時間とコストが永続的にかかり、暴力的で効果がなく、根本的原因を解決するより新たな問題をつくり出す野生生物管理の形態の正当性が疑われている

一九八〇年に公開されたドタバタコメディ映画 *Caddyshack*〔キャディ詰所の意。邦題は「ボールズ・ボールズ」〕では、ビル・マーレイ演じる頭は悪いが装備は立派なグリーンキーパー、カールが、シカゴ郊外のブッシュウッド・カントリークラブから厄介な侵入者を排除する任務を命じられる。隣の建設工事ですみかを追われたホリネズミ〔映画の公式情報ではジリスと訳されているが、正確にはホリネズミだと思われる〕が、クラブのゴルフコースに棲み着き、手入れの行き届いたリンク〔スコットランド式の古いゴルフコース〕を荒らしているのだ。怒り狂ったカールの上司は、強いスコットランド訛りで、「コース上のホリネズミを皆殺しにしろ」と命令する。カールは答える、「できますとも。そうする理由もいりませんや」と。

ブッシュウッドは保守的なところだが、変革の機は熟している。資金提供者で快楽主義者のタイ・ウェッブ（チェビー・チェイス）は、クラブの伝統と礼儀作法を馬鹿にする。ホリネズミの生息地を破壊した開発業者アル・チャービク（ロドニー・デンジャーフィールド）は、クラブ会長のイライフ・スメイルズ判事（テッド・ナイト）を、その無礼な振る舞いとおどけた態度で翻弄する。野心家の若いキャディ、ダニー

（マイケル・オキーフ）は、コースでの腕前でブッシュウッドの階級制度をひっくり返そうとする。そして、狡猾な齧歯類が、自然を管理するというクラブの建前に崩壊の危機をもたらす。

カールとホリネズミの物語は、しがない管理人がゴルフ場の白鯨に戦いを挑むというサブプロットとして描かれたものだった。しかし、四〇年以上経った今、彼らの壮絶な戦いは、この映画の中で最も多くの人々の記憶に残っている部分である。

カールは演説をもって作戦を開始する。「そろそろこの害獣どもに道徳を教える時期だと思うんだ」と彼はつぶやく、「社会のまっとうな一員になるのがどんなことかをな」。巣穴に突っ込んだ手を噛まれたことで、彼は本気で戦闘態勢に入る。彼は、敵を排除する最善の方法は、約六万リットルの水をそのトンネルのネットワークに送り込むことだと判断した。すると、近くの練習用グリーンの穴は間欠泉のように吹き上がったが、ホリネズミに打撃を与えることはなかった。

次にカールが選んだ手段は狙撃だ。しかし郊外のカントリークラブではその試みは通用しなかった。ついにこの不運なグリーンキーパーは宣戦布告をする。そして今度は作業小屋でブツブツ言いながらプラスチック爆弾を組み立てている。「殺すには、敵を知らなければならない。俺の敵は害獣であり、害獣はけっして諦めない。絶対に」。カールはコースを守ろうとしてコースを破壊することになる。

映画のクライマックスで、カールは爆薬を爆発させる。木々はなぎ倒され、ゴルファーたちは逃げ惑い、ブッシュウッドのコースの大半が破壊される。地面が揺れ、カップの縁で止まっていたダニーの最後のパットが入る。スメイルズ判事との勝負に勝った彼は、大学の奨学金を得て社会進出への切符を手にする。しかし、カールのホリネズミは生き延びて、誰もがそれとわかるポップ・ロック・スターのケニー・ロギンスのサウンドに合わせて、勝利のアニマトロニクス・ダンスを披露し、この映画は幕を閉じる。

俺は大丈夫だ
誰も俺のことを心配すんなよ
なぜ喧嘩を売るんだ?
放っといてくれないか?

この映画は、都市と害獣駆除についての会話を始めるには馬鹿げた場所のように思えるかもしれないが、カールの災難は案外現実に近いのである。有害な脊椎動物の駆除は、アメリカにおいては時間とコストがかかり、暴力的で、効果がなく、ほとんど無意味で無駄な作業であった。根本的な原因よりも症状に焦点を当て、現実の問題を解決できず、存在しないところに新たな問題をつくり出し、計り知れない付随的な被害をもたらし、計り知れない苦しみを生み出し、多くの人々を犠牲にして少数の人々に利益をもたらしてきた。このような惨状に、現場も人々も徐々に目を覚ましはじめている。しかし、今日でもアメリカの多くの都市では、駆除が野生動物管理の主要な形態である。なぜ、こんなことになってしまったのだろう。

駆除の歴史

害獣の定義に普遍的なものはない。同じ生物が、ある状況ではある人にとって害獣であり、別の状況では別の人にとって善良で価値があり、あるいは絶滅危惧種でさえあることもある。害獣はモノではなく、考えであり、関係であり、感情である。しかし、いまだに多くの人がこの言葉の意味を知っているかのように使っている。故ポッター・スチュワート最高裁判事が一九六四年に実施した猥褻物に関する閾値テストは、直感についての誤ったことわざのようなものになっているのだが、彼の言葉〔ポルノ写真の線引きについての「法的な定義は難しいが、見ればわかる」という主旨の発言をさす〕を借りれば、「害獣」という言葉を定義するのは不可能に近いのに、ほとんどの人は見ればわかると思っている。[*1]

家庭菜園を荒らすシカや、不注意な海水浴客のピクニックランチを持ち去るカモメなど、人によっては有害鳥獣とレッテルを貼る動物を見ると、野生生物被害管理（WDM）として知られる数十億ドル規模の産業が見えてくる。野生動物との共存には困難が伴うものである。野生動物は、農作物や家畜の損失、財産やインフラの損害、医療費、公衆衛生や安全への被害など、直接的または間接的に毎年数十億ドルの損害をアメリカ人に与えている。しかし、野生動物がもたらすコストに関する統計を見つけるのは困難であり、入手できた統計も誤りやただし書き、仮定に満ちている。野生動物が人間の生命や生活、財産に与える「被害」がどれほどのものなのか、誰も知らないし、野生動物がもたらす利益と比較する説得力のある方法もまだ誰も考案していない。[*2]

野生生物被害管理インターネットセンターによると、WDMは「人間のニーズと野生動物のニーズのバランスをとり、両者を向上させる」ことを目的としている。同センターの目標は、「人間と動物の衝突」に対して「科学的根拠に基づいた」解決策を提供することで、WDMを推進することだと述べている。WDMの実践者たちは、近年、変化する社会の期待や科学的知見に適応するために懸命に働き、疾病生態学、侵入種、旅行安全などの分野で活躍し、私たちはみんな彼らに感謝することができる。しかし、このWDMの新しい側面はまだ発展途上であり、この分野にはまだ答えなければならない問題がたくさんあるのだ。[*3]

害獣駆除には長く奇妙な歴史がある。人は常に他の生物と複雑な関係を築いてきたが、人類の歴史のほとんどすべてにおいて、小さなバンド〔近親者を中心にごく少人数で構成される集団〕や村で暮らし、狩猟と採集によって自給自足していた。伝染病が少なかったのと同じ理由で、本当の意味での害獣はほとんどいなかった。つまり定住し、農作物を栽培し都市を建設するようになるまでは、人類は他の種に確実で有益な機会を提供できるのに十分なほど大きな集団で生活したり同じ場所に長くとどまることがなかったのだ。

古代社会では、害獣は神の介入を意味するものと考えられていた。それは罰という形で現れることが多かったが、強力な神は人間以外の動物を通して人々を助けることもあった。たとえば、古代エジプト神話では、時よりも先に生まれ宇宙を創造したとされるメンフィスのプタハが、ペルシウムを攻撃したアッシリア軍に対して、ネズミの軍勢を率いて戦いに挑んだ。

ヨーロッパの民俗学や哲学は、人間と身近な動物たちとの間につかみどころのない停戦協定を模索した。ギリシャの文献では、農民は有害生物となり得るものたちと契約し、収穫物の一部を昆虫や齧歯類のために確保するよう勧めていた。ローマで最も有名な自然史家プリニウスは、月経の分泌物が農作物の害虫を抑えると信じていた。プリニウスは西暦七九年、ベスビオ山から噴出した有毒ガスによる窒息で死んだ。この噴火では、高温のガスと火砕流が発生し、ポンペイでは数千匹のネズミが灰に埋もれ、害獣がはびこっていたことを証明することになった。一四世紀、黒死病の時代に書かれたドイツの「ハーメルンの笛吹き男」のような神話は、病気や飢餓が絶えなかった中世の社会を襲った害獣への恐怖を表現している。[*4]

ヴィクトリア朝時代、イギリスをはじめとする都市の発展は、新たな害獣駆除の軍団を生み出した。女王の公式ネズミ捕りと自称していたジャック・ブラックは、派手な自己顕示欲、社会的上昇志向、インチキ薬のセールスマンとして、現代の駆除業者の定義づけに貢献した。彼は、緑色の上着に真っ赤なベスト、白いズボン、鋳鉄製のネズミが縫い込まれた厚い革の帯を身につけ、おしゃべりなクリスマスツリーのようにロンドン中を練り歩いた。ブラックはネズミを殺すだけでなく、繁殖させ、新しい品種をつくり出し、ペットとして売り出した。彼は、ビアトリクス・ポターやヴィクトリア女王など、名だたる顧客に彼の「貴重なネズミ」を売りつけたと噂されている。[*5]

一八四〇年代には、ニューヨークやフィラデルフィアといったアメリカの都市で、ネズミ捕りのプロが働くようになった。一八五七年にブルックリンで開業したウォルター・アイザックセンは、ニューヨークで最も有名なネズミ捕り師の一人である。アイザックセンは、訓練されたフェレットと、象をも殺すと噂される毒入りペレットの組み合わせでネズミを退治していた。[*6]

一八八五年、アメリカで野生生物管理の近代的な分野が始まった時、そのおもな対象は有害鳥獣だった。野生動物の分類と管理を目的とした最初の連邦機関である経済鳥類学・哺乳類学部門は、経済的利益をもたらす野生動物種と、アメリカのビジネスや納税者に損害を与える「有害な」動物種を区別することに着手した。コストと利益を定量化できれば、役人がそれぞれの種を適切に管理できるようになると考えたのだ。数十年後、この部門は名前を変え、その任務を拡大し、一九〇五年には生物調査局、一九四〇年には米国魚類野生生物局となった。

同部門の取り組みは、各州で実施されているものと同じで、現代の農業害獣を駆除するという終わりのない無駄な作業に重点を置いていた。一九世紀、中西部とグレートプレーンズの農民たちは、世界で最も生産性の高い穀倉地帯をつくり上げた。この地域の森林や草原を開拓した結果、何十種類もの種が絶滅し、残った種の一部は、新しい外来種や病原体とともに、長い間個体群を抑制してきた捕食者がいなくなったことで増殖していった。さらに作物の病気、害獣の蔓延、放牧地をめぐる争い、砂嵐なども発生した。[*7]

都市でも地方と同じように、有害生物の駆除は想像以上に大変なことだった。二つの大きな壁が立ちはだかっていた。一つ目は、都市は有害生物にとって理想的な生息地であること。ネズミやナンキンムシ（トコジラミ）にとって最高の条件の中で彼らを退治するのは簡単なことではないし、彼らにとっての資源が豊富にある都市部では、それはほとんど不可能だった。第二の障壁は、偏見である。政治家や評論家は、有害生物は移民や有色人種が住む貧しい地域で最も多く発生すると信じていた。そのような地域は汚い人々が住む汚い場所で、彼らが汚い有害生物を引きつけるのだと考えた。こうした考え自体を根絶するのは大変なことだった。二〇一九年、ドナルド・J・トランプ大統領はこの種の人種差別的な言葉を使い、イライジャ・カミングス下院議員のメリーランド州選挙区を「ネズミどもがはびこって吐き気がするような場所」と表現した。貧しいコミュニティが、歓迎されざる動物たちとの生活で不釣り合いに苦しんできたことが多いのは事実だが、彼らが自らこの状況を招いたわけではない。政府の放置、怠慢、投資の差し控えによって、彼らは軽んじられ、危険にさらされ、特段きちんとしているわけでもないのに清潔で安全な環境を享受していた裕福な白人コミュニティよりもはるかに脆弱な状態に置かれたのである。[*8]

一九二〇年から一九五〇年にかけて、近代的な害獣駆除の新時代の幕開けとなる出来事が相次いだ。一九二〇年代になされたニューヨークの臨海部の一部に防鼠壁をつくるという提案のような、奇抜で突飛なプロジェクトは廃れていった。その代わりに、野生生物管理のプロである新世代の人々が、生態学的条件によってある地域に生息できる野生動物の数が決まるという新しい認識をもつようになった。この理屈によれば、害獣を含む野生動物を管理するには、その生息地を管理するのが最良の方法ということになる。[*9]

生態学者のデイビッド・E・デイビスは、この壮大なアイデアをありふれたネズミに適用した。一九三九年にハーバード大学で博士号を取得した後、ジョンズ・ホプキンス大学、ペンシルベニア州立大学、ノースカロライナ州立大学で働き、三冊の本と二三〇本以上の論文を発表した。都市におけるネズミの研究方法を開発した彼は「ニューヨークには一人に一匹のネズミがいる」という俗説を覆し、三〇人に一匹の割合に近いとした。デイビスは、ネズミをコントロールする唯一の方法は、その生息地を管理することだと主張した。彼のアプローチは、害獣駆除をより人道的で賢明、かつ効果的な道へと導く可能性を秘めていたが、三つの要因が彼のビジョンを狂わせてしまった。[*10]

一九三〇年代、ドイツ人やユダヤ人の移民が経営する駆除業者が集まり、全米有害生物駆除協会を有力なロビー団体に育て上げた。この協会は、駆除剤を規制しようとする動きと戦い、駆除業者のライセンスを義務づける法案を阻止し、大恐慌時代の労働法を回避する創造的な方法を見出した。これらの会社の経営者は、アメリカの都市の清掃と近代化に果たした役割に誇りをもち、民間の独立した地位を維持しようと決意していた。そして、ほとんどにおいて彼らは成功した。[*11]

一九三一年、議会が関与し、米国農務省（ＵＳＤＡ）の長官に「有害な動物種に関する野生生物サービスのプログラムを実施し、プログラムの実施に必要だと長官が考えるいかなる行動をも取れる」権限を与える法律を可決した。この新しい法律は、政府の「迷惑」野生生物管理の範囲を拡大し、捕食動物・齧歯類管理部門の創設につながった。この部門は一九八五年に動物被害管理部門と改称され、一九九七年には米国農務省動植物検疫課の野生生物局となった。現在、この組織は研究を行い、他の機関の侵略的な種の管理を支援している。しかし、そのおもな目的は、民間の駆除業者と同様に、クライアントが問題動物を処分するのを支援することであり、最小限の規制、監視、科学的根拠により、明確で説得力のある保護目的もほとんどなく、これを実行している。二〇一九年だけで、野生生物局は推定一二〇万匹の動物を殺処分した。[*12]

現代の有害生物駆除の隆盛には、技術も重要な役割を担っている。ストリキニーネのように一九世紀から広く使われている駆除剤もあるが、第二次世界大戦中から戦後にかけて、軍事、工業、農業の研究により、強力な新薬が安価で容易に入手できるようになった。一九四二年に発売されたモノフルオロ酢酸ナトリウム（1080〔テン・エイティ〕）は、細胞が炭水化物を代謝するのを阻害し、エネルギーを奪う。一九四五年に殺虫剤として普及したDDTは、神経細胞のナトリウムイオンチャネルを開き、自発的な放電を繰り返し、細胞を死に至らしめる。一九四八年に殺鼠剤として市販された抗凝血剤ワルファリンは、被害者を出血多量で死に至らしめる。戦後のアメリカ人は、他の動物を支配しようとするあまり、彼らの生息地と体内に工業用の毒のカクテルをあふれさせたのだ。[*13]

その後、状況は変わったが、その変化はわずかにすぎない。たとえば、一九七二年、ニクソン政権は連邦所有地での1080〔テン・エイティ〕の使用を禁止した。しかし、この禁止令は州有地や私有地には適用されず、既存の備蓄品も回収されなかった。他の害虫駆除の規制と同様、例外や抜け道はいくらでもあった。一方、民間の駆除業界は成長を続け、ほとんどの州で規制がないままだった。現在では、州や連邦の機関が個人の顧客を対象にした有害生物駆除を行い、科学的根拠に乏しい民間企業がその効果を主張し、産業規模で動物を苦しめながら生態系にダメージを与えつづける技術や精神が、この分野を支配している。

殺すと状況が悪化することもある

駆除業界に対する厳しい指摘の一つは、野生動物に関連した軋轢（あつれき）が急速に増加している都市部も含め、業界が実際の問題に対処できないまま、多くの被害をもたらしていることである。一九九四年から二〇〇三年までの一〇年間で、野生生物局は、野生動物に関連する都市部の年間平均損失額が約一〇〇〇万ドルから一億ドル近くへと一〇倍に増加したと報告している。具体的な数字は信用できないが、このようなコスト増加の傾向が非常に現実的であることを示す証拠がある。[*14]

その被害はさまざまな形で現れる。車や家、庭などの財産への被害は、最も多く報告されているものだ。また、環境に対する影響も少なくない。不快な音や匂いといった軽微なものから、外来種による森林や水域への被害などより深刻な問題まで、さまざまなものがある。公衆衛生と安全に対するリスクとしては、病気への感染、野生動物による威嚇行動、時にはペットや子どもに危害を加えるような物理的な衝突などが挙げられる。

野生動物に関連する最も怖い公共の安全のリスクの中には、車や飛行機が動物と衝突して起こる事故がある。二〇〇八年から二〇一八年まで、連邦航空局の野生動物衝突データベースには二四万四一六二件の記録があり、関係する生物はコウモリからチョウゲンボウ、ハゲワシ、そしてウッドチャックまで多岐にわたる。航空機の衝突事故で最も多い犠牲者はカナダガンだ。当然のことながら、自動車は飛行機よりはるかに多く動物をはねている。保険会社ステート・ファームが発表した統計によると、二〇一八年六月までの一年間に、アメリカで一三三万件の自動車事故にはシカ、エルク、ヘラジカ、カリブーとの衝突が含まれ、一件あたり平均四三四一ドルの損害が発生している。動物関連の事故の報告はカリフォルニア州で最も少なく、一一二五人に一人の自動車運転手が申し立てただけであるのに対し、ウェストバージニア州では最も多く、なんと四六人に一人の運転手がそのような事故を報告している。[*15]

その他の物的被害も地域や種によってさまざまである。一九九四年から二〇〇三年にかけて、アメリカではアライグマが野生動物に関連する被害の訴えを最も多く引き起こしている。次いでコヨーテ、スカンク、ビーバー、シカ、ガン、リス、オポッサム、キツネ、クロウタドリがトップ10に入っている。西部では尻を持ち上げたスカンクが上位にランクされている。中部ではコヨーテ、クロウタドリ、シカが最も多く問題を起こしている。東部ではビーバーとガンがトップで、それぞれ数千人の頭痛の種になっている。[*16]

アメリカでは、不都合な動物に遭遇した場合、まず射殺、罠捕獲、毒殺を行い、質問は後回しにするというのが伝統的な考え方である。これは、州や連邦の機関がその歴史の大半でやってきた方法であり、今日でも公的機関や民間の駆除業者の間で一般的な考え方となっている。致死的な方法で野生動物を管理することがけっして適切でない、あるいは正当化されないというのは間違いだ。時には急を要する事態が発生する。少数の動物を殺すことで、より多くの動物が助かることもある。時には関係する生物にとってそれが最善の方法であることもある。入念に規制された狩猟を中心に管理プログラムが組まれることもある。そして、他に良い選択肢がない場合もある。しかし、都市の野生動物に関連する問題の原因をざっと見ただけでも、なぜ流血がしばしば非効果的、あるいは逆効果になるのかがわかる。

殺処分は短期的には野生動物の個体数を減らすことができるが、その地域から完全に追い出さない限り、チャンスがあれば個体数は復活する可能性が高い。つまり、駆除を前提とした野生生物管理プログラムはいつまでも続けなければならず、貴重な時間と資源を消費してしまう。特に、繁殖が早い動物の場合、その傾向が顕著である。都市部では、最も繁栄している動物たちがこれに含まれ、彼らがたまたま人々を最も悩ます動物となっている。アライグマ、オポッサム、ネズミ、ムクドリ、ハト、ワタオウサギなどは、生き残った集団の中で繁殖力が高まることによって駆除に素早く対応できる生き物の一例である。今日一匹殺せば、明日には二匹増えている可能性が高いのだ。

長寿の社会性動物にとっては、たとえ少数の上位の個体が殺されただけでも、集団に混乱が生じる可能性がある。後を継ぐことになる個体は若く経験も浅く、縄張りも確立できておらず、彼らを指導し秩序を教えることができる成獣の数も減らされている。一九九〇年代にカリフォルニア州マンモス・レイクでやんちゃなクマの駆除を始めた「クマ撃ち屋」スティーブ・サールズが発見したように、これらの若い個体がまさに問題を起こしやすい動物たちなのだ。このように個体数を減らすことは、野生生物の出生率を上げるだけでなく、社会構造や縄張りの境界を混乱させ、動物を予測しにくくし、人間との共存を難しくする。[*17]

また、駆除は農村部よりも都市部でより困難である。特にシカやクマのような大型でカリスマ性のある動物については、都市部の住民は駆除に反対する傾向が強い。多くの都市では、銃器の発砲を禁止している。弓矢を使った狩猟を行う地域もあるが、傷つき、苦しみながら出血多量で死んでいく動物が、人家の裏庭を必死で歩くという悲惨な光景を生み出すこともある。都市部には殺鼠剤があるが、これも子どもやペットへの危険性に住民が気づくこととなり、論議を呼んでいる。

殺鼠剤による巻き添え被害と非致死的アプローチの難しさ

致死的な動物管理の最悪の側面の一つは、その巻き添え被害である。罠はしばしば違う動物を捕獲してしまう。殺鼠剤は、それを食べた動物を殺すのに時間がかかり、病気になって方向感覚を失うと、より簡単な餌食になる。毒は食物網に蓄積され、ボブキャット、コヨーテ、タカ、フクロウ、ピューマなどの捕食者の体内で有毒レベルに達する。たとえば、カリフォルニア州のある調査では、ボブキャットの八五パーセントを含む哺乳類の七〇パーセントが殺鼠剤に陽性反応を示し、ニューヨーク州の別の調査では、アメリカワシミミズクの八一パーセントを含む猛禽類の四九パーセントが同様の結果を示している。これらの毒に苦しんでいる捕食者たちは、ネズミを食べてくれる生き物たちにほかならないことは悲しい皮肉である。害獣を食べて私たちを助けてくれる彼らに、私たちは毒を盛ってお返ししているのだ。[*18]

一方、毒殺の対象となる生物種の多くは、毒物に対して強力な免疫を獲得してしまった。一九七〇年代には、ドブネズミが抗凝血剤に耐性を示すようになった。その後すぐに登場した第二世代の抗凝血剤は、現在では広く普及しているが、初期の化学物質よりも毒性が強く、生体組織や環境中に長く残留する。

動物を殺す代わりにその行動を変えようとする直接的な非致死的アプローチは、しばしば費用がかかり現実的ではない。嫌悪療法は、騒音や明るい光、ゴム弾に長時間さらされたアメリカクロクマが、人間は怖くて迷惑で、もしかしたらちょっと狂っているかもしれない、絶対に避けるべきだという結論にいたらせるのに有効かもしれない。しかし、一九五〇年代風のレトロな科学を実践する行動心理学者を除いては、ネズミに嫌悪療法を試す人はいないだろう。野生動物をある場所から別の場所に移動させても、幸せな結果になることはほとんどない。なぜなら、ほとんどの動物は慣れない場所ではうまくいかず、結局他者の家の裏庭に問題を移動させるだけなのだ。不妊手術は、一頭あたり駆除の一〇倍もの費用がかかり、しかも非効率的である。これは、スタテン島のオジロジカのように、場所によっては最後の手段になっている種もあるが、しかしそれは住民が他のいかなる方法にも同意できない場合に限られる。

大規模な殺処分プログラムが必要とされる数少ないケースの一つが、その実施について最も議論のあるケースだ。アメリカには六〇〇〇万～一億頭の野良ネコがいると推定されている。ネコは肉を食べるように進化し、その多くは優れた捕食者である。サンディエゴでマイケル・スーレが述べたように、ネコは、空腹であろうとなかろうと獲物に忍び寄らないではいられない強い狩猟本能をもった動物なので、食べきれないほど多くの動物を殺してしまい、与えるキャットフードの量を増やしても効果はない。野良ネコや放し飼いのネコは、毎年何十億という野生動物（小型の両生類、魚類、爬虫類、哺乳類、そして特に鳥類）を殺し、さらに多くの動物を傷つけ、感染させる。これらの犠牲者の多くは、ゆっくりとした痛みを伴う死を遂げ、少なからぬ数の犠牲者がカリフォルニア野生動物センターのようなクリニックに収容され、貴重な時間と資金を消費している。屋外のネコもまた、屋内のペットよりも寿命がはるかに短く、苦痛に満ちた生涯を送って苦しんでいる。しかし、野良ネコの数を減らし、ペットを室内で飼うよう飼い主を説得する明らかな必要があるにもかかわらず、これらの対策に対する反対は依然として激しい。かわいいけれど獰猛な捕食者に強力で断固としたパトロンがつくと、勝つのは困難である。[*19]

賢明な解決策を目指して

カールはホリネズミとの戦争に敗れたが、フワフワな強敵を根絶しようとする彼の執拗な戦いは、いくつかの重要な真実を明らかにした。厄介な野生動物と共存するための簡単な解決策はないが、誰かに迷惑をかけたことが最大の罪である何百万もの動物に死刑を科す社会は、間違った方向に進んでいるように思える。殺処分が避けられない場合もあるが、それを避け、生息地の回復や在来の捕食者の回復など、システマチックな解決策を重視すればするほど、私たち全員がより良い生活を送れるようになる。都市は、その歴史上初めて、野生生物と共存するための、より賢明で、人道的で、効果的なアプローチを率先して開発することができるユニークな立場にある。グリーンキーパー、カールの不滅の名言を引用するなら、「できますとも」である。ただし違うのは、私たちにはそうする理由があるのだ。

13 都市と共進化する生き物たち

一九九〇年代から二〇〇〇年代初頭にかけて、バードウォッチャーたちは誰も予想だにしなかった警鐘を鳴らした。何千年もの間、世界中の都市に生息していたイエスズメ（227頁図参照）が姿を消しつつあったのだ。ロンドンからムンバイ、フィラデルフィアにいたるまで、イエスズメの個体群は二〇世紀の最高値から九五パーセントも減少しているのだ。なぜこのようなことが起こったのか、誰も正確には知らなかったが、多くの人々がこのことに強い思いを抱いていた。外来種が在来種の鳥に害を及ぼすと考え、「厄介払い」だと言う鳥好きもいた。しかし、多くの生態学者や疫学者は、イエスズメの突然の急減を、都市環境の健全性が損なわれている指標として捉え心配した。世界で最もタフで適応力のある鳴禽の一つであるイエスズメでさえ姿を消したということは、何かがとてつもなく間違っているに違いないのだ。[*1]

イエスズメは、エントツアマツバメ、メンフクロウ〔barn owl納屋のフクロウ〕、クマネズミ〔roof rat屋根のネズミ〕、ナンキンムシ〔bed bug寝床の虫〕など、人間との関わりが深く、その名前から人工的な環境を連想させる数少ない種の一つである。人間との関わりは、その運命を変え、その性質さえも変えてしまった。数千年の間に、ほとんどすべてのイエスズメが農場や都市に棲み着き、人に依存するようになり、街での生活に適した生物へと進化していった。私たち人間に囲まれて生きることができる能力によってイエスズメは世界中に広がり、人間を受け入れることによって、人間と運命をともにすることになったのだ。[*2]

人類は現在、地球上で最も強力な進化の推進力の一つとなっている。私たちが生息地を変えると、自然選択の力が働き、そこに住む動植物に新たな機会が生まれ、新たな圧力がかかる。多くの種はそれにほとんど順応できないが、「人為的な急速な進化」として知られるプロセスによって適応できる種もある。イエスズメはその一例であり、ほとんどの生物学者が長い間無視してきた都市が、進化的変化を研究する実験場と見なされるようになってきている。多くの生物種が減少し、消滅している現代において、一部の生物種が迅速に適応できるという考え方は、希望を抱く根拠に思われるかもしれない。しかし、変化に対処するための自然界最大のメカニズムである進化が、自然が生み出した最も落ち着きがなく独創的で破壊的な種によってもたらされる変化についていけなくなるのではないかと心配する根拠もあるのだ。[*3]

イエスズメの急速な進化

世界で最も一般的な鳥の一つが、あまりにも普通なゆえに、ほとんどの人が識別できないというのは少し奇妙である。イエスズメは、世界中の街路や歩道、ピクニックテーブルなどで、種や食べかすをついばみながら飛び回る、白・黒・茶色が混じったふっくらとした鳴禽類だ。もしあなたが都会に住んでいて、今まさに屋外にいるのなら、周りを見渡せば、かなりの確率で見ることができるだろう。

イエスズメは、ヨーロッパ、北アフリカ、アジアに生息する約二〇種の「真のスズメ」を含むスズメ属の一種である。スズメに似た鳥が初めて化石の中に出現するのは、現在のベツレヘム近郊の洞窟で、約四〇万年前のものである。その頃、中東に広がっていた草原や森林で採餌し、にぎやかな群れで生活するように進化したのだ。[*4]

今から一万一〇〇〇年ほど前、人類が栽培を始めた穀物や種子の恵みを、イエスズメは理想的な形で享受することができた。一〇〇〇年も経たないうちに、ほとんどのイエスズメが人間の居住地やその周辺で暮らすようになった。同属の他の種とは異なり、イエスズメは彼らが共存するようになった人間と同様に移住すること（渡り）をやめた。移動を続けた少数派は村から村へと移動しつつ新たな個体群を形成していった。三〇〇〇年前には、現在のスウェーデンにあたる青銅器時代の遺跡の北のはずれにまで姿を現すようになった。[*5]

イエスズメは近代分類学の創始者であるスウェーデンのカール・リンネその人によって一七五八年に記載され、初めて学名を与えられた種の一つである。その頃までに、この種は基本的な象徴的な存在になっており、食用として狩られ、ペットとして飼われ、大衆文学、宗教書、民間伝承のキャラクターやシンボルとして用いられていた。

イエスズメが北アメリカにやってきたのはいつなのか、正確にはわかっていない。一八五〇年、現在のブルックリン博物館の前身であるブルックリン・インスティテュートが、イングランドからスズメを輸入し、翌年放鳥した。その後、一八五二年と一八五三年にニューヨークで、一八五四年と一八八一年に中西部で放鳥されたようだが、記録は曖昧である。最初の群れのわずか一六羽からでも、この異国の地での足がかりを

得るには十分だっただろう。一八七〇年代には、シカゴ、デンバー、ガルベストン、サンフランシスコに分布を拡大したり、あるいは導入されたりしていた。現在イエスズメは北アメリカのすべての主要都市に生息し、六つの大陸の町や都市に生息している。[*6]

博物館やクラブがイエスズメを輸入したのは、この種が美しく、捕食者である鳥類と餌昆虫のバランスが農業によって崩れたアメリカでは害虫駆除に役立つと考えたからだ。しかし物事は計画通りには進まなかった。イエスズメは昆虫を食べたが、農作物も食い荒らしたので、その価値をめぐって論争が起こった。この論争は「スズメ戦争」と呼ばれ、スズメを脅威と見なす米国農務省やアメリカ鳥学会と、スズメを楽しむ愛鳥家が対立した。スズメを非難する人々は執拗であった。彼らはスズメを「浮浪者」「略奪者」「羽毛をまとった山賊」と呼び、銃を持つ者には「猟期かどうかにかかわらず、やつを見かけたらどこであろうとも殺せ」と迫った。クリスマス・バード・カウントで有名なフランク・チャップマンにとって、イエスズメは悪臭でしかなかった。彼らがいるとまるで「何かの悪臭が野原や森の香りを永久的に汚してしまった」かのようだと彼は書いている。[*7]

一八八九年、米国農務省の経済鳥類学・哺乳類学部門のウォルター・バローズは、イエスズメの消化管内容物の研究を発表した。その結果、イエスズメは七〇種の在来鳥類よりも競争力があり、害虫よりも穀類を多く消費していることが判明した。また、イエスズメは伝染病を媒介することも疑われていた。ウエストナイルウイルス、パラミクソウイルス、アフトウイルス、結膜炎、鳥インフルエンザも引き起こすセントルイス脳炎ウイルス、ニワトリにも感染するクラミジアなど、人間や他の動物に感染する二九種類の病原体の宿主または媒介者となることが、その後の研究で明らかになった。これらの病原体を運ぶ能力をもつイエスズメは、潜在的な公衆衛生の脅威を早期に警告する優れた生物学的指標となるが、一九世紀当時、科学者たちはこの鳥が果たしうる有用な役割をまったく理解していなかった。イエスズメという種を悪役に仕立て、アメリカのイエスズメ「について」の論争は、ストリキニーネを使った「対」イエスズメ戦争へと移行し、北アメリカ、ヨーロッパ、アジアに戦線が張られた。[*8]

このような論争が展開される一方で、イエスズメ自体も変化していた。一八九六年、ブラウン大学の発生学者ハーモン・C・バンパスは、北アメリカでイエスズメが広まったのは進化的な出来事であると主張する講演を行った。彼は、イギリス産のイエスズメの卵八六八個とマサチューセッツ産の同数の卵を比較したところ、北アメリカ産の卵は長径が短く色や大きさがより多様であることを発見した。バンパスは、進化が起こったことを示したが、その原因については不明なままであった。[*9]

その二年後、バンパスは自然の実験を捉えた。一八九八年二月一日、ニューイングランドに激しい冬の嵐が吹き荒れた。多くの同僚が室内で暖炉の火を見ながらお茶を飲んでいる間、バンパスはプロビデンス周辺を歩き回り、嵐で動けなくなった一三六羽のスズメを集めた。研究室に戻ると、六四羽が死んでいた。残った七二羽は平均して体長が短く、体重も少なく、頭蓋骨は厚く、翼の骨、脚の骨、胸骨は長かった。バンパスは、この嵐はニューイングランドの気まぐれな気候に適応できない個体が死滅した自然選択であったと結論づけた。彼の研究は重要な科学的貢献であり、分析結果とともにデータを公開したため、オープンソースの古典となった。それ以来、何人もの生物学者がバンパスのデータを再解析し、イエスズメは進化生物学研究のモデル生物となった。[*10]

一九六四年、カンザス大学のリチャード・ジョンストンとロバート・セランダーは、アメリカ大陸に渡ってからイエスズメが「色と大きさに顕著な適応的分化」を示したと報告した。この変化は、進化生物学の二つの法則に合致していた。すなわち、温血動物の種は、バンパスの住むニューイングランドのような比較的寒い環境に置かれると、大型化し（ベルクマンの法則）、色が薄くなる（グロージャーの法則）傾向がある。当時、鳥類学者や進化生物学者のほとんどは、鳥類の進化には数千年の時間が必要だと信じていた。ジョンストンとセランダーは、イエスズメの場合、「五〇年もかからなかった」と結論づけた。[*11]

進化と適応

進化を含め、あらゆることが猛烈なスピードで進んでいるように見える現代において、これは大したことではないと思われるかもしれない。しかし、一九六〇年代に、ジョンストンとセランダーは過激なアイデアを広めようとしていたのだ。チャールズ・ダーウィンは、進化はゆっくりとした漸進的なプロセスであると信じていた。実際、あまりにもゆっくりであるため、彼が数億年しか経っていないと考えていた惑星で、なぜこれほどまでに生物の多様性が生まれたのかを説明することはできなかった。もちろん、地球はダーウィンが想像していたよりもずっと古いものであることが判明した。四五億年という時間は、目を見張るような豊かな生物圏を生み出し、さらにはそれが大量絶滅で何度も消滅するのに十分な時間だった。しかし、ジョンストンとセランダーにとって、ダーウィンのジレンマは問題外だった。適切な環境下であれば、ある種の生物にとっては進化は何十億年もかかるものではなく、数十年で足りるものなのだ。

ジョンストンとセランダーはイエスズメを急速な進化の申し子としたが、自然界でこのような変化を観察したのは彼らが初めてではなかった。一八六〇年代、イングランド北西部のマンチェスター周辺の博物学者たちは、オオシモフリエダシャク〔蛾の仲間〕の中でこの地域で長い間優勢だった色の薄い変種よりも、黒い色素をもつ個体の数の方が増えていることに気づいた。何十年もかけて石炭を燃やすエンジンや炉から出る煤煙が地表を覆い、黒くなった木の幹にとまった色の薄い蛾が目立ち、捕食されやすくなっていたのだ。アルバート・B・ファーンは、これは自然科学者の目の前で進化が起こった例であると最初に推測した一人である。一八九六年、ジェームズ・ウィリアム・タットは、このオオシモフリエダシャクの話を「メラニズム」（現在ではしばしば「工業暗化」と呼ばれる）と名づけ、学校の生物学における必修項目とした。しかし、リバプールを拠点とするチームがこの変化に対する遺伝的な説明を見つけたのは、二〇一六年になってからだった。このグループによると、一八一九年前後に蛾の羽色を制御する遺伝子に、二万二〇〇〇塩基のジャンピングDNA〔トランスポゾン〕配列が挿入され、その後、集団全体に広がっていったという。生物学の歴史上、最も有名な進化の事例の一つであるこの事例は、生物学者がその原因を完全に理解するまで、一世紀以上にわたってそのように教えられてきたのだ。[*12]

タットがメラニズムについて発表した一年後、ワシントン州の研究者たちが関連した観察を行った。石灰硫黄合剤がカイガラムシ、アブラムシ、ダニなどの作物の害虫を防除する効果が低くなっていることに気づいたのだ。一九一四年、A・L・メランダーは、その原因を獲得耐性と特定した。一九四〇年代に開発されたDDTをはじめとする有機合成殺虫剤は、この問題を解決することを約束したが、それも一時的なものであった。一九五四年の時点で科学文献に記載されていた殺虫剤に対する獲得耐性はわずか一二例だったが、一九六〇年には一三七例、一九八〇年には四二八例と急増した。現在では五〇〇種以上が少なくとも一種類の化学殺虫剤に耐性があり、特にコロラドハムシは五〇種類以上の殺虫剤に耐えることができる。今日、害虫駆除業者は、害虫そのものを管理するのと同じくらい、殺虫剤への耐性獲得を遅らせることに重点を置いている。[*13]

これらの事例は急速な進化が一般的であることを示唆していたが、科学者は懐疑的、慎重、保守的になりがちである。工業暗化や農薬耐性獲得は例外であり、実験室の外では急速な進化はまれであると科学者の多くが考えていた。しかし、一九八〇年代から、捕獲、公害、新興の病気、外来種、気候変動、生息地の喪失などに対応して、野生下でリアルタイムに進化が起きていることを研究が明らかにしはじめた。急速な進化の潜在性は自然界に普通に存在するものだが、野生個体群を進化させる生態学的変化のほとんどは、人間が引き起こしていたのだ。[*14]

二〇〇〇年代に入ってから、科学者たちは都市を進化の実験場として捉えるようになった。道路脇の排水溝に巣をつくるサンショクツバメは、翼が短くなり、より軽快に採餌できるようになり、車に轢かれる危険性が低くなったことがわかった。東海岸の汽水湾に生息する丈夫な小魚マミチョグは、ポリ塩化ビフェニル（PCB）という有害な工業化学物質から脆弱な胚を守るために、タンパク質受容体を利用していた。アノールトカゲは、コンクリートの壁のような滑らかな表面にしがみつくために、より長い手足とつま先に粘着性のあるクッション様のものをもつようになった。南フランスでは、ナマズがハトを狩るようになり、水面から飛び出し、一時上陸して気絶した獲物を濁った深みへと引きずり込むようになった。ロンドンの地下鉄には、地下鉄の中にだけ生息する独自の蚊の一種が存在し、その洞窟のような場所にふさわしい吸血鬼のような生活様式をもつ。[*15]

鳥類は、都市環境における脊椎動物の急速な進化を示す最もよく研究された例である。多くの鳥類は、音によるコミュニケーションに依存しているため、都市の騒音によって鳴き声がかき消されてしまうという深刻な問題がある。このため都市を避ける種もあるが、鳴き声の音量、メロディー、テンポ、タイミング、音の高さを変えることでとどまることができた種もある。人間からシャチまで、声を出す動物の多くは、大きな音がする環境では無意識に声のボリュームを上げている。しかし、音の高さの違いを別の調として聴くように進化した種にとっては、別の歌に聞こえるかもしれない。このような場合、集団全体が声の出し方と聞き方を変えなければならない。クロウタドリやヨーロッパシジュウカラなど、都市部では声を高くしたり、ラッシュアワーにかき消されないように変な時間に鳴いたりすることで、これを実現してきた種もいる。また、カエルや一部の昆虫のように、進化に伴い、同様の方法で適応している種もいる。[*16]

野生生物にとって急速な進化が何を意味するのかを理解するためには、いくつかの派手な例だけでなく、それが何を意味するのかをより一般的に定義する必要がある。自然選択によって、種の形質、すなわち遺伝暗号と外見が変化することが進化だと考えている人が多いのではないだろうか。このような変化は、生殖の成功につながる何らかの利点をもたらし、それが次の世代に受け継がれることで起こる。このように進化した種を、私たちは「適応した」と呼んでいる。これが教科書的な進化なのだが、実際の現場では、事態は一気に複雑化する。

種によっては、硬い選択（hard selection）という進化過程を経ることがある。これは、突然変異によって遺伝子のDNA配列が変化し、その遺伝子の作用が著しく変化した場合に起こる。この新しい遺伝子を受け継いだ個体が、受け継いでいない個体よりも多くの子孫を残せば、その遺伝子が広まり、集団の進化を引き起こす。これはマンチェスターのオオシモフリエダシャクで起こったことである。第二の進化様式は、しばしば軟らかい選択（soft selection）と呼ばれ、集団にすでに存在する遺伝子が、しばしば自然選択によって、より一般的になることで起こる。これには新たな突然変異は必要ない。遺伝子には通常、対立遺伝子と呼ばれる別の形があり、集団全体に異なる頻度で存在するため、軟らかい選択は多くの種で常に起きている。集団内の対立遺伝子の種類が多ければ多いほど、その集団の遺伝的多様性は高くなり、軟らかい選択の可能性も高くなる。

多くの場合、進化は自然選択によるプラスの産物ではなく、遺伝的浮動によるマイナスの結果である。この遺伝的浮動は、偶然に起こる多様性の喪失であり、小さな集団で起こりやすい。断片化された都市部の生息地では、野生生物の個体群が容易に縮小し、孤立化するため、遺伝的浮動が脅威となる。このような集団は、偶然や個体数の減少によって遺伝的多様性を失い、そのメンバーは近親者との繁殖が多くなり、有害な形質を後代に引き継ぐ可能性が高くなる。ロンドン地下鉄の蚊のように、孤立した集団が枝分かれして新しい種を形成することもある。しかし、南カリフォルニアのピューマのように、ほとんどの個体群は成功するよりも苦しむことの方がはるかに多いのだ。

一部の種は、少なくとも短期的には進化することなく、都市環境での生活に順応することができる。これは、ある集団の個体が、通勤のように行動することや夜行性の生活スタイルに移行するなど、行動を変化させた場合に起こる。このような変化を起こせない動物がいる一方で、選択肢の幅が広い動物がいる。後者は学習能力や順応力が高く、子孫に教えることができるのだ。行動の変化は進化につながるかもしれないが、行動の柔軟性が高い種では、遺伝的に進化する圧力はそれほど大きくないかもしれない。[*17]

一見進化に見えることが進化ではないこともある。高層ビルに巣をつくりハトを食べるアカオノスリ、アメリカチョウゲンボウ、ハヤブサを考えてみよう。これらの都会の猛禽類は、田舎の猛禽類に比べれば進化しているかもしれないが、ビルに巣をつくり、公園で狩りをすること自体は、おそらく進化の例ではないだろう。ビルの中には、その高さや塀の形において、多くの猛禽類が自然に営巣するふつうの崖を模倣したものがあり、ハトは多くの草原に生息する鳥や小型齧歯類の完璧な代用品となっている。猛禽類は、これまでの技術を新しい土地に適応させるだけでよかったのだ。植物も同じだ。たとえば、自然界に存在する重金属を含む土壌で育つように進化した植物が、同じ有害元素で汚染された都市の土壌で生育することもあり得る。これは、新しい生態系への適応と考えたくなるが、実際には、技術を活用しただけとか、ただの幸運だったりするのだ。

生態系の寡占化と生物多様性の低下

本書に登場するいくつかの動物は、知的で社会的、長寿の雑食動物で、さまざまなことをうまくこなすことができる。しかし、その中には、人間が原因となって急速な進化を遂げつつあるものもある。ニュージャージー州のアメリカクロクマは、野生のものよりも冬眠期間が短いかもしれない。北東部のオジロジカは都市部での食生活を変え、公園や庭にある多くの種類の植物を採食して庭師を困らせている。シカゴに住む大都市のコヨーテは、近隣の森林に住むコヨーテよりも夜行性の傾向が強い。二〇二一年に一四万件以上の記録を調査したところ、都市部に生息する北アメリカの幅広い哺乳類の種が、大型化してきていることがわかった。これらすべてのケースで、都市の野生生物が進化の途上にある可能性があり、実際そうなのかもしれない。[*18]

しかし、進化は、世界中の多くの生態系で起きている生物多様性の危機を解決するものなのだろうか。おそらく、オランダの生物学者であるメノ・スヒルトハウゼンほど、都市環境における進化について書いている人はいない。二〇一八年に出版した*Darwin Comes to Town*（邦題『都市で進化する生物たち』）で、スヒルトハウゼンは、人為的な急速な進化を、自然の驚異であると同時に、その潜在的な救世主であると表現している。私たちはできるだけ多くの野生地域を保全すべきだが、「地球規模の災害や独裁的な出生抑制がない限り、人間は今世紀末までに……都市によって地球を窒息させるだろう」と彼は書いている。生き残りをかけた闘いによって、多くの種が消滅することになるが、残った種は私たちの尊敬に値するだろう。スヒルトハウゼンたちは、私たちは多くのダメージを与えていると指摘するが、長い目で見ることも求めている。自然は自ら調整し、適応し、治癒していく。失ったものを懐かしむよりも、今ともにいるものを愛するべきなのだ。[*19]

希望をもつことは間違いではない。しかし、このような明るい話題は、より暗い真実を見えなくしてしまうかもしれない。進化は奇跡的なものだが、生物の多様性の喪失を補うことはできないのだ。その単純な理由は「時間」である。急速な進化を遂げた驚くべき事例が数多くあるにもかかわらず、人間が種を絶滅させることは、より適応性の高い新しい種を育てることよりもはるかに簡単である。遺伝子工学が時間の問題を解決し、私たちがより積極的に進化を導き、すべての人に利益をもたらす未来へと前進させるという説がある。しかし、空想的な新しい生命体を考え出す能力は、実際の地球上の生態系に適応した生物を産み出す能力をほぼ確実に凌駕してしまうだろう。ロンドン地下鉄の蚊一匹に対して、絶滅寸前の動物が何千種もいるのだ。人類がこのままの道を歩む限り、絶滅は進化を大きく上回り、私たちの世界はより多様性を失っていくだろう。

進化論的楽観主義には、もう一つ、私たちを躊躇させる側面がある。進化論に信頼を置く著者たちは、生態学と経済学を混同する傾向がある。アメリカ人はもちろんのこと、オランダ人の多くも、懸命に働き、競争に打ち勝つことで偉大なことを成し遂げるという物語を好む。しかし、進化を信じる時、私たちは人間以外の種に、人間特有の考えを投影することになる。現代社会に適応できる種は成功に値する先駆者であり、適応できない種は不幸な者、不適合者、才能のない者、敗者である。この論理を好む人もいるかもしれないが、生態学や進化生物学に基づくものではなく、社会ダーウィン主義を逆にしたものだ。このような問題を経済学的に捉えようとする人たちは、オランダ人が自国の物理的インフラを綿密に整備し、社会的セーフティネットをきっちり構築するのと同じように、自然保護について考えるのが良いだろう。

資本主義的なレトリックによく見られるように、メリットとして売られているものは、実際には力に関わるものだ。私たちは、現代社会にそぐわない種を淘汰することで、自然に対して良い事をしていると考えることもできるが、実際に行っていることは、持たざる者を犠牲にして持てる者を優遇しているのだ。都市部で不利な立場にある種は、このような新しい生態系に適応することが難しいのだろう。一方、すでに都市に馴染んでいる種は、おそらく都市での生活にさらに適した形で変化していくだろう。超適応型の都市利用生物の新種が支配する生態系の寡占化を私たちがつくり出す一方で、生物の多様性は低下していくだろう。ここまで読んでくださった方は、私がカラスやハト、ネズミに何の恨みもないことをご存じのはずだ。私は彼らを称賛し、彼らから学ぶべきことがたくさんあると信じている。しかし、野生動物が彼らだけになってしまうような世界は、私たちの誰もが望む未来ではないと思うのだ。

変わりつづける都市で

イエスズメの減少の謎はいまだ解明されていないが、おそらくいくつかの要因が関係している。一九一八年に制定された渡り鳥保護条約により、ほとんどの鳴禽類をペットとして飼うことが違法とされた。この善意の政策は成功したが、いくつかの意図しない結果をもたらした。当時、アメリカ南西部と太平洋岸に生息し、太いくちばしとピンク色の頭をもつカラフルな小鳥、メキシコマシコがペットとして人気を博していた。一九三〇年代から一九四〇年代にかけて、ニューヨークなどの都市の当局が、この法律を積極的に執行するようになり、多くの飼い主が近くの公園に鳥を放した。メキシコマシコは、イエスズメほどには都市利用生物というわけではないが、その英名〔house finch〕が示すように、通常、人のそばでうまくやっている。

一九六〇年代まで、メキシコマシコの個体数は少ないままだったが、郊外のスプロール化によってメキシコマシコの新天地が開かれた。メキシコマシコは新しい地域に進出すると、イエスズメを駆逐するようになったことがいくつかの研究によって明らかになった。一九九〇年代には、呼吸器疾患、副鼻腔炎、結膜炎などを引き起こす細菌感染症にかかり、東海岸で少なくとも一億羽のメキシコマシコが死亡し、イエスズメはつかの間の猶予を得た。しかし、メキシコマシコはすぐに回復し、生息域をアメリカ全土に広げ、北アメリカの推定生息数は一四億羽に達した。[*20]

一九二〇年頃、都市部ではウマが労働力として使われなくなり、農家では穀物の保存状態が良くなったため、イエスズメは余剰食料を手に入れることができなくなり、苦境に立たされたのだろう。また、大気汚染、近代的なビルの営巣地不足、ネコや猛禽類による捕食なども影響していると思われる。また、スズメは種子だけでなく昆虫も食べるので、科学者がようやく気づくことになった昆虫の減少も要因の一つだろう。

イエスズメがすぐにいなくなることはないだろう。最終氷期が終わった頃から人とともに生活し、世界中で私たちにつき添ってきたのだから。彼らは都市環境で優位に立つ性質をもち、変化する目覚ましい能力を発揮し、多くの都市でありふれた存在でありつづけている。しかし、その未来は保証されているわけではない。人間が支配する環境は常に変化している。新たな脅威が生まれ、古い資源が消えていく。イエスズメを害鳥や侵略者と見なす愛鳥家も多く、スズメ戦争は続いているが、最近はどちらかというと冷戦状態である。しかし、イエスズメを最も嫌う人たちでさえ、この鳥が驚くべき小鳥であることには同意するだろう。タフで柔軟、そして大胆不敵だ。しかし、無敵の鳥というわけでもないのである。

14 都会の野生をいつくしむ

一九八〇年代初頭、ワシントン州シアトルのバラード地区でハーシェルという名のアシカが、いや、地元民が若いカリフォルニアアシカの雄たちをまとめてハーシェルと呼ぶようになったのだが、ワシントン湖運河のハイラム・M・チッテンデン閘門(こうもん)にたむろするようになった（243頁図参照）。リベラルでアウトドアの街として知られるシアトルは、遊び好きなアシカの群れが安住の地を得られそうな場所だ。しかし、アシカは数十年にわたる戦いの火種となり、州対州、機関対機関、保護主義者対保護主義者、種対種の対立を引き起こした。一九九〇年代半ばには、アシカの熱狂的な支持者でさえ、バラードのアシカはもはや歓迎されざる客であることを認めるようになった。

カリフォルニアアシカは、イカや魚、時には二枚貝も食べる。ワシントン湖運河には、イカも二枚貝もあまりいないはずだが、サケは毎年産卵のためにこの運河を遡上する。閘門に到着したサケは、二一の小さなプール（堰(せき)）からなる階段状の魚道へとなだれ込む。各プールはそれぞれが一段下より三〇センチメートルほど高くなる。魚たちは、あたかも小滝の連続を上るようにプールからプールへと飛び移り、それぞれの堰でより淡水に近い水を得て、閘門の内陸側に到達するのだ。しかし、その前に魚道そのものに入らなければならない。流れが緩やかになるつけ根部分で進路を確認し、淡水環境の影響に備えつつ自分の番を待つのだ。彼らが格好の餌食となるのはここだ。

ハーシェルがこのことを理解するのに時間はかからなかった。アシカは非常に知能が高く、飼育下では輪くぐりジャンプをしたり、鼻の上でビーチボールのバランスを取ったりすることができる。それがシアトルなどの都市の水路をはじめ、多様な海洋生息地で繁栄するのに役立つ資質となっている。優位な雄は体重が五〇〇キログラム以上になることもあり、自分の四分の一〜三分の一の大きさの雌のハーレムを支配する。小柄な雄たちはしばしばグループを形成し、バー巡りをするスタッグパーティー〔花婿とその友人男性たちによる結婚前夜のパーティー〕の海上版さながら、カリフォルニアやメキシコの繁殖地からピュージェット湾などの豊かな餌場へ季節ごとに移動する。

「魚泥棒」

ヨーロッパ人が太平洋岸にやってきた時、カリフォルニアアシカは数十万頭もいた。しかし、一九〇〇年になると、狩猟によってアシカは人里離れたわずかな場所に隔離され、その数は一万頭にまで減少した。一九一一年に締結されたオットセイ条約によってその数は回復し、一九七二年に制定された海洋哺乳類保護法によってさらに増加した。二〇一二年頃には、少なくとも一五〇年ぶりに三〇万頭を突破し、アシカ科のアシカとオットセイ一四種の中で最も多く生息するようになった。ハーシェルがシアトルにやってきた一九八〇年代前半には、この回復が進んでいた[*1]（243頁図参照）。

バラード閘門は、四〇年にわたるシアトル市街の水路改修の礎だった。一九一七年に完成するまでは、シアトル北西部の入江であるサーモン湾には、シアトルの二大淡水域であるユニオン湖とワシントン湖に通じる通路がなかった。一八五四年、トーマス・マーサーはこの二つの湖を結ぶ水路を提案したが、掘削業者が「カット」と呼ばれる一連の西向きの運河の最初のものを掘削したのは一八八三年になってからだった。一九〇六年、米国陸軍工兵隊長のハイラム・チッテンデンがこのプロジェクトを指揮し、多くの地元住民が設計や管理の不備、あるいは費用がかかりすぎるとして物議を醸した。一〇年後、工兵隊が閘門を完成させると、ワシントン湖の水位は約二・七メートル下がり、閘門の内陸側にある船運河は平均約五メートル上昇してユニオン湖の水位と一致するようになった。閘門のおかげで、ボートはピュージェット湾とワシントン湖・ユニオン湖の間の運河を行き来できるようになり、閘門に並んだ魚道は回遊魚のために同じ役割を果たした[*2]。

スチールヘッドは、カリフォルニアアシカと同様、ピュージェット湾に生息している。サケ科の魚であるスチールヘッドは、ニジマスと同じ種である。しかし、ニジマスが一生淡水で過ごすのに対し、スチールヘッドは淡水から海水へと移動する点が異なる。海で二～三年生き延びたスチールヘッドは、産卵のため、ニジマスとともに生まれた川に戻ってくる。歴史は、スチールヘッドよりもニジマスにずっと優しかったのだ。一九世紀後半以降、ニジマスは孵化場で何百万匹も育てられ、六大陸の湖や川に放流され、世界で最も広く生息する脊椎動物の一種となっている。スチールヘッドは、ダムや分水嶺によって移動が妨げられ、その生息域のほとんどで絶滅の危機に瀕している。現在、サンディエゴからシアトルまでの西海岸一帯で、絶滅の

危機に瀕しているとされている。[*3]

陸軍工兵隊は一九七六年にバラード閘門の魚道を改修し、一〇年後には毎年三〇〇〇匹ものスチールヘッドが産卵のためにこの魚道を上り下りするようになった。また、何万人もの観光客が、スチールヘッドやその近縁種であるギンザケ、キングサーモンがワシントン湖に向かって遡上する様子を水中窓から覗き込むために、この構造物の内部に足を踏み入れたのである。一方、科学者、漁師、自然保護活動家たちは、在来魚の保護においてまれに見る成功を収めたと宣言した。しかし、これは長くは続かなかった。一九九三〜九四年のシーズン中、ハーシェルが閘門の入口で飽食する中、生物学者はわずか七六匹のスチールヘッドが通過するのを数えたのみであった。[*4]

不満は何年も前からくすぶりつづけていて、今、住民たちは行動に移しはじめたのだ。シアトルの新聞はバラードのアシカを「泥棒」と呼び、太平洋沿岸漁業組合連合会は彼らを略奪する「ギャング」と呼んだ。国政が移民、福祉改革、ギャングによる暴力、犯罪に厳しい法執行に焦点を当てていた時代には、これらはわかりやすい非難だった。アシカの名前にある「カリフォルニア」という言葉も、彼らに侵入者としての烙印を押した。一九九〇年代初頭、カリフォルニア州は、深刻な不況、市民運動、オークランド・ヒルズ火災、ノースリッジ地震に見舞われ、大変な時期だった。何万人もの住民が荷物をまとめて出て行き、カリフォルニアが抱える問題（渋滞、公害、高い住宅費）をワシントンなど近隣の州に持ち込むのではないかという懸念が高まった。カリフォルニア州民に対する軽蔑の念は、野生動物にまで及んだ。バラードのアシカを「本来の居場所」である南へ送り返せという声がすぐに高まった。あるいは、もっと悪い事態になった。[*5]

一九七二年に制定された海洋哺乳類保護法は、特別な状況下においてのみ保護種の「殺処分」を認めていた。しかし、一九九四年に議会がこの法律を再承認した際、ワシントン州の代表が挿入した文言が、他の保護種を脅かす海洋哺乳類を殺処分する自由度を野生生物管理官に与えることになった。バラードのアシカは、今や背中に標的を背負うことになったのだ。[*6]

動物愛護団体や環境保護団体は、これをすんなり受け入れるつもりはなかった。彼らは、スチールヘッドが苦しんでいるのはアシカのせいではなく、むしろ生息地の破壊と、はるかに危険な種の手による不適切な管理のせいだと主張した。海獣類保護団体のウィル・アンダーソンとトニ・フロホフは、捕食者を殺処分することが長期的に被食者を助けるという考えを裏づける科学的文献はほとんどなく、フジツボで覆われたカミソリのように鋭い閘門自体が数百匹の魚の「うろこをはぎ」、通過する際に死傷させていると指摘した。「今こそ、この漁業衰退の真犯人である私たち自身を直視し、対処する時だ」と彼らは書いている。[*7]

アシカ追い払い作戦

野生生物管理官は、ハーシェルを滅ぼすことなく、何年もかけてハーシェルのやる気を削ごうとしていた。一九八九年、彼らはバラードのアシカ三九頭に麻酔をかけ、タグをつけた。二頭は死亡したが、三七頭は約四八〇キロメートル南方へ移動させることに成功した。その後、一週間以内に二九頭が戻ってきた。水中爆発物や二〇〇デシベルの「音響バリア」でも、酸味のある薬剤を塗った魚を餌にすることでも、アシカを阻止することはできなかった。ゴム弾の使用を提案したところ、担当官たちは殺害予告を受けた。カリフォルニア州沿岸委員会は、アシカをカリフォルニア州のサンタバーバラに近いチャネル諸島に移動させるという提案を却下した。シアトルのラジオ局はこのエピソードを宣伝に利用すべく、シャチをテーマにした一九九三年の映画 *Free Willy*（邦題「フリー・ウィリー」）にちなんでフェイク・ウィリーと名づけた実物大のファイバーグラス製シャチをサーモン湾に浮かべた。一九九五年、スチールヘッドの産卵期が終わるまで飼育する目的で、アシカたちの中で一番の悪者と目されホンドと名づけられた四〇八キログラムの雄を捕獲した。檻から逃げたホンドは、当局が再捕獲するまで八〇〇メートルもうろつき回った。[*8]

これはうまくいかなかった。

一九九六年、ワシントン州と国立海洋大気庁は、シーワールドと契約を交わし、ホンドとその共犯者であるビッグ・フランクとボブの二頭をフロリダ州オーランドに移し、同園のパシフィック・ポイント保護区で展示することにした。当局は彼らを捕獲し、ワシントン州タコマのポイント・ディファイアンス動物園＆水族館に送った。そこで獣医師による検査と検疫を受けた後、フェデラル・エクスプレスでフロリダに送られた。三頭のアシカは、七月四日の独立記念日に初めてパシフィック・ポイント保護区の〇・八ヘクタールの海水プールに飛び込んだのだった。「私は、彼らが満足していると思いたいのです」とシーワールドの動物園運営担当副社長ブラッド・アンドリュースは語った。「撃たれるよりはましでしょう」と。[*9]

九月二日、ホンドは知らぬ間に感染していた病が原因で死んだ。タコマでの検診で病気の兆候がなかったことから、獣医師は輸送中かフロリダで感染したのだろうと結論づけた。バラードから最悪の加害者がいなくなったことで、第三者の中には成功を宣言する者もいた。環境ニュースネットワークは、シアトルのアシカ問題は「解決した」とまで言い切った。しかし、それは勝利と呼べるようなものではなかった。何千ものギンザケ、キングサーモン、ベニザケが運河を遡上しつづけたが、ホンドの死後四半世紀を経ても、毎年数十匹のスチールヘッドがワシントン湖に辿り着くだけなのだ。[*10]

共生のための課題

野生動物が都市部にやってきた理由はさまざまだが、これだけ多くの動物がやってきた今、私たちが直面しているのは、共生するということだ。混雑した都市では、他人のつま先を踏んでしまったり、バラードのアシカの場合、人間さまの魚を食べてしまったりすることがあるのだ。シアトルのアシカの問題は、その特殊性からすればユニークなものだが、この問題や本書の他の多くの物語が提起する、ともに生きることの難しさは、今や実質的に普遍的なものとなっている。私たちは都市の生態系に何を求めているのだろう。そして、二一世紀の都市で人と野生動物が共存するためには、何が必要なのだろうか。

科学的な専門書を除いて、都市の野生生物について書かれた著者の多くは、この疑問について二つの陣営のいずれかに属している。*Nature Wars*（『ネイチャー・ウォーズ』）や *The Beast in the Garden*（『庭の野獣』）のような不吉でメロドラマ的なタイトルの本の著者にとっては、共存とは、自然やそれを維持するために必要なしばしば血なまぐさい仕事についてほとんど知らない郊外の特権階級の人々が甘受する幻想なのだ。一方、*Unseen City*（『見たことのない街』）や *The Urban Bestiary*（『都会の動物寓話集』）といった、より心地よく、滑稽ともとれるタイトルの本の著者にとっては、都市はすでに共存の場であり、目を開きさえすれば、無数の生物が生息地を共有して繁栄していることがわかる。[*11]

野生動物との共存は、どんな関係にも言えることだが、大変な作業なのだ。時間、お金、労力、組織、知識、忍耐、ビジョン、そして粘り強さが必要だ。しかし、それはけっして幻想ではない。アメリカでは、大小の都市、リベラルな地域、保守的な地域で、公的機関、民間機関、市民団体が、築いた基礎、学んだ教訓をもとに発展させている。その目標は、ほとんどの野生生物が、自分たちの自然の営みのゆえに人に傷つけられることなく生きられるような、多様で多種からなるコミュニティを育てることだ。中には問題を起こす生き物もいるが、多くの場合、隣人である人間を教育したり、刺激を与えたりしてくれるし、うまくいけば人間たちを無視してくれるだろう。最も豊かで、最も野心的で、最も先進的なアメリカの都市でさえ、目標到達にはまだ長い道のりが残されている。しかし、いつの日か私たちは、公園の建設や種の保存、画期的な環境法の制定に尽力した人たちを評価するのと同じように、野生動物に優しい都市づくりに取り組む人たちを評価するようになるかもしれない。私たちは都市を、大量絶滅の時代に生物多様性を守ってくれる予想外の避難所、箱舟として認識するようにさえなるかもしれない。[*12]

野生動物を都市部に誘い込むことは、けっして良い考えとは言えない。しかし、これまで見てきたように、私たちのそばで暮らす動物は、多くの恩恵を与えてくれる。彼らは私たちを教育し、想像力をかき立て、新たな病気から私たちを守り、あるいはそれらについて警告し、私たちの生息地を悪化させる力に立ち向かわせ、私たちにもっと柔軟で、寛容で、思いやりのある人間になるよう促してくれる。野生動物の良さを理解し、時には迷惑をかけるような生き物とも共存できるよう努力することは、人類の良さを理解し、より公正で人道的、そして持続可能な未来に向かっていくことでもあるのだ。野生動物に優しい街は、人間に優しい街でもあるのだ。

しかし、偶然ではなく、意図的に野生動物に優しい都市を目指そうとする場合、困難な課題に直面することになる。第一に、経済地理学の基本的な事実である。時間の経過とともに、都市とその周辺の土地は通常、より希少になり、より高価になり、開発にとってより魅力的になる。アメリカでは、このことが二つの相反する傾向を生んでいる。一九七〇年代以降、都市は何十億ドルもかけて、何十万ヘクタールもの公園やその他のオープンスペースを購入、修復、再設計し、人間や野生動物に恩恵を与えてきた。一方、建設業は広大な緑地面積を奪っている。多くの人は、荒れた生け垣や空き地よりも、手入れの行き届いた公園を好むだろうが、野生動物が同じように感じているかどうかはわからない。

野生生物保護団体が直面するもう一つの課題は、法律、制度、そして地域計画の決定に対して発言権をもつ利害関係者たちである。都市部の小川再生プロジェクトでは、連邦政府の陸軍工兵隊だけでなく、市の公園レクリエーション局、郡の洪水管理局、州の漁業狩猟動物局など、一〇以上の部局の承認が必要になることがある。たとえば、市の樹木医が植えた木の伐採にライン工が駆り出されるなど、同じ自治体内でも異なる機関が交錯することがよくある。土地利用計画のほとんどは郡レベルで行われるため、郡は野生生物関連の目標を推進する上で最も重要な場となる。しかし、郡の委員会は、手頃な価格の住宅の承認から有害廃棄物の処理、交通渋滞の緩和まで、あらゆる仕事を任されており、野生生物関連のプロジェクトに貴重な資源を割り当てることに難色を示すことがある。このような場合、地元の草の根運動の組織化と、法的義務付けや州や連邦政府からの財政的インセンティブを組み合わせることがきわめて重要である。

しかし、このような組織化が重要であるにもかかわらず、都市部の野生生物保護団体は構造的に不利な立場に立たされている。農村部では、公有地への入場料や狩猟・遊漁許可証の購入料が自然保護に役立っている。狩猟は通常違法であり、食料を得るための釣りはしばしば推奨されず、ほとんどの公園が入場料を徴収しない都市では、野生生物は明確な収入源や資金提供者を欠いている。アウトドア産業協会に加盟する用品メーカーは、REI〔Recreational Equipment, Inc.〕のような環境に優しいと評判の企業も含め、その売上から適度な「バックパック税」を徴収し、公共部門の保護プログラム、たとえば、これらの企業が最も稼いでいる都市やその周辺にある利用度の高いレクリエーション地域に利益をもたらすようなプログラムを支援しようとする動きに長年抵抗を示してきた。将来的には、都市の野生動物を保護するためには、より大規模で予測可能な収入源と、自分たちがコミュニティの生態系の健全性に投資していると考える納税者の層が必要になるだろう。

明るいニュース

こうした課題もあるが、いくつかの傾向から、アメリカの都市における野生動物の明るい未来を想像することができる。一つは、都市の生態系とそれを共有する生き物について、私たちがまだ多くのことを学んでいることだ。二〇一二年、生物学者がニューヨークの自由の女神像から一六キロメートルも離れていない場所で新種のヒョウガエルを発見したように、都市の野生生物に関する科学的な発見が新聞の見出しを飾ることがある。このようなストーリーは、驚きと感動を与えてくれる。しかし、ほとんどの都市生態学研究は、劇的な発見をもたらすものではなく、都市の自然を理解するための基礎データや小さな洞察を生み出すものなのだ。だが、このような小さな発見が大きな意味をもつのだ。なぜなら、私たちが生息地を共有する生物について知れば知るほど、彼らとの共存の可能性が高まるからである。[*13]

このような研究ブームと同時に、教育やアウトリーチの活動もさかんになった。アメリカの主要都市はもちろん、多くの小さな都市にも、地域の野生動物について教育するプログラムをもつ機関、動物園、学校、博物館が存在するようになった。ニューヨーク市では、公園レクリエーション局が、フィールドを使ったインタープリテーションプログラムと巧みな広告キャンペーンで先頭に立っている。リンカーン・パーク動物園の都市野生動物研究所は、シカゴを、多様な都市近郊での研究とアウトリーチを組み合わせたモデルとしている。南カリフォルニアでは、国立公園局、ロサンゼルス郡自然史博物館、全米野生生物連合、その他のグループが、市民の科学プロジェクト、会議、出版、フェスティバル、展示などを開催し、何十万人もの人々に影響を与えている。

都市計画者も野生動物に真剣に取り組みはじめている。その最大の理由の一つは、生息地を保護・回復することで、他の目標が達成されることが多いからだ。生息地を確保することで、人々が利用し楽しめるオープンスペースができ、公衆衛生や生活の質の向上につながる。植樹は、鳥や昆虫、小型哺乳類を引き寄せると同時に、気候変動によって悪化する都市のヒートアイランド現象に対抗する方法である。都市部の河川を修復すると、水質が改善され、地下水が涵養されるとともに、臨海部の新しい公園用地を確保し、洪水リスクを低減させることができる。都市の端に健康的でよく管理された森林を育成することは、野生から都市空間へ飛び火することが多くなっている火災から守ることにつながる。また、在来種や気候に適した植物を植えることで、その植物に依存する多様な種を助け、ラスベガスなどの乾燥気候の都市では何十億リットルもの水を節約することができる。このような取り組みを行うことで、都市は野生動物に優しい生息地を単なる暮らしを快適にするもの以上のものとして捉えはじめている。それは「生態系インフラ」であり、うまく設計し、手入れをすれば、コストを大きく上回る効果が得られることが多いのだ。

また、土地や水域の確保にとどまらず、野生生物にとって重要であるにもかかわらず都市部の生息地で軽視されている特徴に着目した革新的な取り組みも行われている。二〇〇一年、アリゾナ州フラッグスタッフは、世界で最初の「国際ダークスカイ・プレイス」に認定された。人間のみならず、鳥やコウモリ、昆虫のためにも、天空を遮ることなく見渡すことができるようにするための取り組みが評価され、公共の安全を維持しながらエネルギー消費を抑え、上向きの無駄な光を減らすデザインコードや関連プログラムのパイオニアとなった。フラッグスタッフは、標高約二一〇〇メートルの高地に位置するユニークな例と思われるかもしれないが、他の多くの都市がこれに倣っている。二〇二一年、より低標高に位置する都市であるフィラデルフィアは、春と秋の鳥の渡りの時期に、深夜に高層ビルの照明を落とすことを約束する自主プログラムを開始した。この措置は、二〇二〇年一〇月二日の夜に起こった、推定一五〇〇羽の鳥が市内で最も高く最も明るいビルに衝突するという、恐ろしいがあまりにもありふれたエピソードに起因する。翌朝、フィラデルフィアのダウンタウンの通りには、死傷した鳥が散乱し、世論の反発と政策的な対応につながった。このような出来事は、都市環境が、空気や水、そしてそこを行き交う生き物を通じて、より自然な生息環境と深く結びついていることを思い出させてくれる。[*14]

求められるリーダーシップと連携

都市の生息地を保護し、回復させることには、明らかに投資の価値がある。しかし、多様な人々がその恩恵を分かち合うこと、そして、その費用が最も余裕のない人々に及ばないようにすることが重要である。白人主体の富裕層のコミュニティは、より健康的で清潔、そして緑豊かな地域を享受する傾向があり、これは都市生態学で「ぜいたく効果」と呼ばれるパターンである。また、公害などの環境上の苦難にさらされることも少ない。不利な立場にあるコミュニティも同じことを望むと考えるかもしれない。しかし、これは必ずしもそうではない。「エコロジカル・ジェントリフィケーション（生態学的高級化）」とは、環境を改善することで生活費が上昇し、昔からの住民の生活が苦しくなったり、追い出されたりすることを意味する言葉である。公園や樹木が、高級コーヒーショップやおしゃれな食料品店と同じように不審な目で見られることもあり、歴史的に不利な立場にあるコミュニティのメンバーの多くは、「必要なだけ緑のある」地域、つまり、毒にもならず、住民を追い出すこともない地域を望んでいるという。政策立案者にとっての課題は、安全で健康的で人を育む環境を提供しながら、生活費を抑えることである。[*15]

このようなスペースをつくるには、リーダーシップと連携が必要である。コロラド州ボールダーは、手頃な価格のモデル都市ではないが、野生生物、生息地、オープンスペースなど意欲的なプログラムを開拓し、この国で最も魅力的な小都市の一つとなっている。西はロッキー山脈、東はグレートプレーンズに挟まれたボールダーは、アメリカの多くの都市と同様に、生態系の十字路に位置している。一九七〇年代、ボールダーは社会的、生態学的に多様な価値をもつさまざまな場所の保存に着手した。たとえば、猛禽類が山林をねぐらとし、近くの草原で狩りをすることができるように、これらの場所のつながりを維持することにも努めた。街を流れるボールダー川は鉄砲水が発生しやすいため、都市計画者は企業やインフラを川から遠ざける一方、暑い夏の日に涼しく水浴びができる公園を帯状にいくつも整備した（この数はますます増えている）。

ボールダー市は、数十年にわたる政治的リーダーシップの持続と、多くの機関が連携した努力によって、これらの目標を達成した。これは、資源の少ない都市にとっても手の届かないアプローチではないはずだ。[16]

資源が豊富で統治が行き届いている都市であっても、人々の生活に関わることであれば、変化は難しい。しかし、都市、郡、州は、より大きな利益に焦点を当て、有害生物管理業界をより良く規制することを含め、都市の野生動物管理の目標と基準を策定する上で、より主導的な役割を果たす必要がある。多くの都市には動物管理部門があり、動物関連のサービスを州や連邦の機関と契約しているところもある。しかし、アメリカの都市は、その歴史を通じて、野生動物に対する責任の多くを民間の業者に委託してきた。規制がほとんどないため、これらの企業は野生動物管理をビジネスとして成立させてきた。有害生物管理業者にも役割はあるが、その仕事はより良い規制の下で、科学的根拠に基づき、地域の環境基準や目標に沿うようにすべきである。危険性の少ない健康な動物を殺すことは、常に最後の手段であるべきで、ビジネスプランやサービス産業の基盤となるべきものではけっしてない。

野生生物と共存するには

私がバラード閘門を初めて訪れたのは、二〇一七年七月の蒸し暑い土曜日の午後、この施設の一〇〇周年記念式典の最中だった。そこに辿り着くまでに、私は、レゲエミュージックが鳴り響くストリートフェスティバル、古いレンガ造りの建物が並ぶヒップスター街、ヨガスタジオやコーヒーショップ、大麻の販売店、クラフトビール醸造所などが延々と続くような場所を通って行った。途中、何度か寄り道をしたため、予想以上に時間がかかってしまった。閘門の隣にあるカール・S・イングリッシュ・ジュニア植物園に到着したのは昼過ぎだった。植物学者であり、三種の新種の植物を記載したことで知られる園芸家のイングリッシュは、陸軍工兵隊のためにこの場所を設計し、一九三一年から一九七四年まで管理した。日陰の多い約二・八ヘクタールの庭園には、現在、世界中から集められた約五〇〇種、一五〇〇品種の植物が植えられている。ヤシの木がシアトルで生き残ることができるなんて、誰が予想できただろう?

外来の植物もさることながら、この庭園で最も人気があるのは、すぐ南にある閘門、工兵隊による傑作である。私が訪れた日、閘門の周辺は観光客でごった返していた。彼らは、ナイアガラの滝を流れ落ちる水のように、閘門が水を溜めては排出し、また溜めては排出するという過程を見物し、行列をなすヨットのデッキで日光浴しながらモヒートを飲む人たちに見とれているのだ。

また、魚を見るために訪れる人もいる。庭園から閘門の南側へは、金属製の歩道が続いていて、訪問者は大胆な設計の長所について読んだり、下の堰を眺めたり、閘門の中に入って、ぶ厚い窓から魚道をさながら激流の水族館にしているのを見ることができる。確かに、堰の中には魚がたくさん泳いでいたが、スチールヘッドではなかった。おそらくそのほとんどは、約一〇〇キロメートル上流のシーダー川孵化場で五年ほど前に生まれたベニザケである。彼らは、生態学的であると同時に産業的でもある、広大な人工システムが生み出したものだ。しかし、それでも魚であることに変わりはなく、そのひたむきな努力を称賛しないではいられない。

洞窟のような閘門の内部から炎天下の午後に出てくると、解説看板が目に飛び込んできた。そこには、アシカとゼニガタアザラシの違いについて書かれていた。その下の吹き出しには、「ハーシェルを知っていますか」と書かれていた。一九八〇年代、ハーシェルは、運河のスチールヘッドの遡上に合わせて毎年移動することを覚えた、体重約三六〇キログラムのアシカであると説明されている。ワシントン州魚類野生生物局の「攪乱作戦」にもかかわらず、他のアシカたちも彼に追随した。「ハーシェルとその仲間たちは、この流域のスチールヘッドの遡上が激減した原因として非難されています」と、この看板はそっけなく記している。

工兵隊はこの物語を語るにあたって、興味深い部分のほとんどを省き、ワシントン湖運河は厳密には流域ではないなど、他の部分も間違えて、誤解を招く結論にいたってしまったのである。せっかくの素晴らしい物語を台無しにしてしまっている。おそらく、より新しい、より良い物語を書くべき時が来たのだと私は考えた。

私たちはまだそこまで到達していない。

一九七〇年代以降、太平洋岸北西部のサケ資源は激減したままだ。ダム、公害、農業、伐採、漁業、気候変動など、それぞれ単独では生態系を破壊するほどではなかったかもしれないものが、一緒になって危機を引き起こしたのだ。その被害は大都市だけでなく、沿岸の小さなコミュニティや先住民族、多様な生物種、遠く離れた生態系にまで及んでいる。海に到達するサケの数があまりにも少ないため、ピュージェット湾に固有のシャチであるサザン・レジデント・オルカ〔南部定住型のシャチ〕のような海の捕食者は、伝統的な食物の一つを奪われつつある。また、源流域の産卵場所に到達するサケがあまりにも少ないため、大陸奥地の生態系は海からもたらされるはずだった重要な栄養素を奪われている。

連邦政府機関は、これらの問題に対して、その原因よりもむしろ症状に焦点を当てることで、しばしば対処してきた。解決策の一つは、ほとんどが孵化場育ちの魚を守るために、何千もの野生の鳥や海洋哺乳類を殺すことだった。二〇一五年から二〇一七年にかけて、陸軍部隊は世界最大のミミヒメウの群れを対象に駆除を行い、少なくとも六一八一の巣を破壊し、オレゴン州のポートランドの西にあるコロンビア川でサケを飽食していると非難されていたこの海鳥を、五五七六羽殺したと報告されている。これにより、思いがけずコロニーは全滅してしまった。二〇二〇年、国立海洋大気庁は、同じ河川流域で七一六頭ものアシカを同じ罪で殺処分する計画を承認した。一方、バラード閘門では、飢えた肉食動物を追い払うため、新世代のハイテク騒音器のテストが繰り返し行われていた。今回の悪役はゼニガタアザラシだ。[*17]

この件は四〇年近く経った今でもうまくいっていない。この複雑な状況に対する単純な解決策はないが、私たちがやってきたさまざまな対応を「やってはいけないこと」の例と考えなければならないのは辛いことだ。エンジニアは、アシカのような動物を引き寄せる条件を整えておきながら、やってきたら罰するという罠を張った。活動家やジャーナリストは、ある種を悪者にし、ある種を称賛した。官僚たちは、絶滅危惧種法のような法律の文言に従いながら、海洋哺乳類保護法や渡り鳥保護条約のような他の法律の精神に違反することもあった。立法者たちは、これらの古ぼけた法律を、変更することが間違いだからではなく、それが大変だからという理由で、そのままにしておくことに決めた。政治家はほとんど不在で、無力な専門家委員会や苛立った裁判官、そして他の動物を守るためにある動物を殺さなければならないというひどい立場に置かれた士気の下がる管理者に難しい決定を任せている。このようなリーダーシップと倫理の空白の中で、各機関はより広い目標に向かって協力するのではなく、限定的で自己中心的な政策を追求した。そして、私たちはこれらの問題を日ごとに悪化させている原動力に対処することができなかった。このような状況は、共存とは言えない。むしろ混乱にしか見えないのだ。

カール・マルクスは、「人は自分の歴史をつくるが、完全に自分の思い通りになるわけではない」という有名な言葉を残している。マルクスは、歴史が現在の出来事に与える影響について言及しているが、同じようなことが、都市の生態系や、現在、人新世と呼ばれる地球規模の生態系破壊の時代にも言えるだろう。人間は自然を変えることはできても、それを完全にコントロールすることはできない。しかし、だからといって、このことが自然との関わり方、自然を育む方法、そして私たちの共通の未来について、より意図的に考えることができないことを意味するのではない。自然を支配し、加工し、徹底的に管理しようとする旧来のアプローチに固執したり、体系的な問題を断片的な解決策で解決しようとしつづけるなら、都市でもどこでも、人と野生生物の共存を実現することはできないだろう。共存とは、コントロールすることではなく、ケアすることなのだ。それは、報復ではなく、互恵性についてのものである。物事が常に計画通りに進まないことを理解する謙虚さをもちながら、相互に繁栄するための状況をつくり出すことなのだ。[*18]

私たちは、都市の生態系とそれを共有する生物に、私たちが実際に何を求めているのかを問うことから始めなければならない。本書で語られる長い歴史にもかかわらず、この最も重要な問いが投げかけられることはほとんどなかった。しかし、この問いに答えることによってのみ、私たちは都市の野生生物の歴史において、偶発的なものからより意図的な時代へと移行することができるのだ。この物語はまだ終わってはいない。アメリカの都市に野生動物が戻ってきたからといって、それがずっと続くとは限らない。私たちは長い道のりを歩んできたが、まだ長い道のりが残されているのだ。

おわりに――コマツグミの巣が教えてくれたこと

もし、あなたがこの街を手にとり逆さまにして揺さぶることができたなら、落ちてくる動物の多さに驚くだろう。ネコやイヌ以外のものも降ってくるのだ。ボアコンストリクター、コモドオオトカゲ、ワニ、ピラニア、ダチョウ、オオカミ、オオヤマネコ、ワラビー、マナティー、ヤマアラシ、オランウータン、イノシシ。あなたの傘に降るのは、そんな雨かもしれない。

ヤン・マーテル *Life of Pi*（邦題『パイの物語』）

二〇二〇年三月、爆発的に流行したCOVID-19のパンデミックに対抗する公衆衛生命令により、世界中の数億人が自宅に避難することを余儀なくされた。その悲惨な日々を過ごした私たちのほとんどは、おそらくその時を生涯忘れないだろう。ロックダウンが始まった時、私は本書の最終章に取り組んでいた。当時について私がけっして忘れられないことの一つは、ほんの一瞬、世界が都市の野生動物に目を向けたということだ。

街には誰もいなくなり、野生の動物が自由に歩き回る様子を、都市住民は身を寄せ合って窓から眺めていた。ソーシャルメディアに投稿された写真やビデオには、フラミンゴ、イノシシ、ピューマ、コヨーテ、シロイワヤギ、そして狂暴なマカク〔マカク属のサルの総称〕の大群が、ほんの一、二週間前には車や歩行者でにぎわっていた荒涼とした地域を徘徊している様子が映っていた。六つの大陸のニュース編集室は、野生動物が都市を「取り戻している」と発表した。ヤン・マーテルの言葉を借りれば、世界中の都市がひっくり返され、揺さぶられたようなものである。数日のうちに、動物の雨が降りはじめたのだ。[*1]

一躍有名になったベネチアの澄みきった運河で戯れるバンドウイルカの写真のように、この手のお話と画像のいくつかは、偽物であることが判明した。*The World without Us*（二〇〇七年、邦題『人類が消えた世界』）のようなベストセラー本や、ハリウッドの大ヒット作*Twelve Monkeys*（一九九五年、邦題「12モンキーズ」）、*I Am Legend*（二〇〇七年、邦題「アイ・アム・レジェンド」）は、何十年もの間、人々に、黙示録後の世界で、自然は時間をかけずに人間に取って代わると信じ込ませてきた。多くの人々がストレスにさらされている中、我々の多くが簡単に騙されるのも無理はない。[*2]

しかし、これらの報告や映像の多くは本物であった。人がいなくなったこと、そして多くの場合、人が与えてくれる資源も同時になくなってしまったことを察知した野生動物は、本当にいつもとは違う自由な発想で外に飛び出していった。この壮大で計画外の実験が動物の行動と都市の生態系について私たちに語っていることを、生物学者たちは理解しようとしている最中だ。しかし、二〇二〇年の春、多くの都市で野生動物が一時的に出現したのは、パンデミックよりも、それ以前の一〇〇年間で都市の野生動物の個体数が増加した結果であることは間違いない。

数週間後、友人からメールが届いた。「ショアライン公園においでよ」そして「あなたに見てほしいものがあるの」と彼女は書いていた。私は家にいて少し落ち込んでいた。ロックダウンが始まって以来、初めて出かけたロス・パドレス国有林でのハイキングは、背中と気分を傷つける結果に終わってしまった。そんな私に、友人は「これなら大丈夫」と太鼓判を押してくれた。「ビーチ沿いのピクニックテーブルの近くよ。こっちに来て」と彼女は言った。

一時間後、私たちは砂浜から一・五メートルほど離れたヤシの木の根元にある、みすぼらしい茂みの隣にある茶色の草の上に立っていた。外は蒸し暑く、マスク越しに、駐車場の向こう側にあるトイレの匂いがしてきた。私の気分はまだ高揚していなかった。

「藪の中を見て」と友人は言った。私はうめき声を上げながら身を屈めた。何もない。「もう一度見てごらん」と彼女は言った。何もない。「もう一回見て」と言った。すると、それは視界に入った。私は手を伸ばし、今まで見たこともない美しいものをそっとすくい上げた。同じようなものがあるという話は何度も読んだことがあった。しかし、実際に手にしてみて、私は、自分が読んできたことをよく理解していなかったことに気づいた。どういう意味なのか。どう感じるのか。

私はコマツグミやムシクイ、ハチドリが毎年春につくる一般的なお椀形の巣を手にしていた。それは、あのヤシの木から落ちてきたようだった。しかし、この巣はフィールドガイドでもロス・パドレス国有林でも見たことがない。そして、都会の巣について書かれた科学文献を調べても、このまばゆいばかりの現代建築の一片には、とても及ばない。

翌日、私はキッチンのテーブルに座り、巣の材料を分類した。イタリアカサマツの針葉、カナリア諸島のナツメヤシの幹の繊維、オーストラリアのユーカリの小枝、ヨーロッパ・アジア原産の地衣類、羽毛、草などがあった。また、茶色の羊毛、青色の紐、紫、オレンジ、黄色、白、黒などの毛糸もあった。ナプキンやペーパータオルの切れ端とともにタバコの吸殻もいくつか見つかった。この吸殻には巣の寄生虫のある種を阻止する可能性のある抗菌特性があるのだ。アルミホイルや、テントの一部だったと思われるグレーのステッチ入りナイロンの切れ端もあった。紙製とプラスチック製の両方で、ストロー袋が半ダースずつあり、枕の中身に用いるような合成詰め物もあった。ティンセル〔クリスマスの飾り〕はいい感じだった。

ようやくそれに気づいた時、私はこの場にいて本当によかったと思った。この豪華な巣、ゆりかごの形をしたポストモダンのコラージュは、私がそれまで五年間書いてきた本よりも、都市の生態系や野生動物について多くを語っている。そう、これは本なのだ。

巣の大きさ、形、位置から判断して、建築家はコマツグミである可能性が高い。コマツグミは、北アメリカではハゴロモガラス、ホシムクドリ、メキシコマシコに次いで四番目に多い鳥である。雑食性で、森や畑がある地域ならどこでも生息でき、人がいるところでも落ち着いているので、都会での生活にも適している。また、ミミズなどの地中に生息する無脊椎動物を大量に食べることから、土壌や水質の指標として有用とする研究者もいる。

しかし、このような称賛に値する特徴や、彼らを有名にした次のようなわらべ歌があるにもかかわらず、コマツグミはあまり尊重されていない。

赤い胸の小さなコマツグミ
柵の上にとまって

〔https://www.youtube.com/watch?v=89E55UCQ_Jcを参考にした〕

頭フリフリ、尻尾フリフリ

ラテン語の*Turdus migratorius*という名前でさえ、ちょっと受動攻撃的な感じがする。しかし、都会のコマツグミの巣を見ると、そのデザイン、構造、機能、斬新さに、自然界では無駄なものは何もないことを思い知らされる。また、人間がつくり出した廃棄物の中には、完全になくなることのないものがあることにも気づかされる。ホモ・サピエンスがドードーと同じ道を歩んだ後も、コマツグミは私たちのゴミで巣をつくっているかもしれないのだ。

より良い社会にするために

本書では、数十年の間に、どのようにして都市が予期せず野生動物でいっぱいになったかを、そしてこれが現在これら都市の生息地を共有している人々や他の動物にとってどのような意味をもつかを説明しようとした。二〇二〇年のパンデミックによるロックダウンの際に現れた野生動物の噴出が、この生態学的変容の程度を示しているとするならば、コマツグミの巣は、ともに生きることが私たちすべてに影響とインスピレーションを与えることを示唆している。他の生き物は他の現実を経験するが、すみかを共有する時私たちは生活を共有する。しかも、私たちはけっして同じではない。私たちは変化し、調整し、妥協し、即興し、進化していくのだ。

現在、都市に住む八〇パーセント以上のアメリカ人は貴重な機会を与えられている。自然保護の歴史において最も偉大な勝利の一つは、ほとんど偶然に起こったものだ。おもに人が数十年前に他の理由で下した決断により、一八世紀から一九世紀にかけて激減した野生種が、二〇世紀から二一世紀にかけて、多くの新参者とともに都市部に戻ってきたのである。ほとんどのアメリカ人は、現在、人も野生動物も、かつてないほど多くなった都市に住んでいる。ある意味、これらの都市は「再野生化」したのだ。野生動物との暮らしには課題がつきものだが、それ以上に大きな利益をもたらしてくれる。生態学、自然保護、環境科学、都市計画などの分野の先駆者たちに倣って、野生生物への配慮を都市生活のあらゆる側面に取り入れることを始めるべき時なのだ。それは簡単なことではない。しかし、科学に基づいた対策を採用して、地域社会の意見と支持を得ながら実施し、信頼できる公共投資で対策を維持する。しかも、最も貧しくて最も弱い立場にある人々にも配慮した対策として設計する。そうすれば、いつか私たちはみんな、より清潔で、より緑豊かで、より健康的で、より公正で、より持続可能な、多様性と共生に満ちた地域社会に住めるようになるだろう。

謝辞

ほとんどの本の表紙には一人の名前が書かれているが、実は本を書くということは、子どもを育てるのと同じように、多くの人の協力が必要だ。私の場合、都市における野生動物についての本を書くには、都市全体分の友人、家族、学生、同僚が必要だった。私は大なり小なり、この方たちにお世話になった。

まず、家族の愛と支援に感謝する。特に、母ジュディが寄せる、私の仕事への関心と熱意は、私の人生において、数少ない不変のものの一つであった。

幸運なことに私は、名前以外はすべて家族だと思っている旅仲間に恵まれている。この中には学生や同僚もいるが、多くは長年にわたってともに働き、遊び、成長してきた親友で、今でも定期的に電話をかけては、発散したり、わめいたり、怒ったり、笑ったり、泣いたり、嘆いたり、助言を求めたりする。このプロジェクトでは、ケヴィン・ブラウン、スコット・クーパー、ロバート・ヘイルマイヤー、ジェシカ・マーター＝ケニオン、ジェニファー・マーティン、アレックス・マッキンターフ、ティム・ポールソン、グレゴリー・サイモン、イーサン・ターピン、ブライアン・ティレル、リッサ・ウェイドウィッツ、ボブ・ウィルソン、マリオン・ウィットマンとの何十回にも及ぶ話し合いが役立った。

カリフォルニア大学サンタバーバラ校では、ジェフ・ホエル、パトリック・マックレイ、ジム・サルツマンなど、何人かの聡明で、そして（私にとっては幸運なことに）忍耐強い同僚たちが、適切なアドバイスを途中で与えてくれた。カリフォルニア・グリズリー・リサーチ・ネットワークのメンバー、特にアンドレア・アダムス、サラ・アンダーソン、エリザベス・フォーブス、エリザベス・ヒロヤス、ブルース・ケンドール、モリー・ムーア、アレクシス・マイカジリウは、支援とインスピレーション、両方の源であった。何人かの学部生、特にベイリー・パターソンをはじめとする数人が、このプロジェクトのさまざまな側面で私を助けてくれた。

また、識見や人脈そして要所での助言を提供してくれた遠方の友人や同僚には、多大な感謝を捧げたい。マーク・バロー、ドーン・ビーラー、ウィルコ・ハーデンバーグ、メラニー・キエル、エマ・マリス、ベス・プレット＝バーグストローム、アンドリュー・ロビカウド、スコット・サンプソン、ルイ・ウォーレンである。カリフォルニア大学デービス校での「環境と社会」セミナー、コロンビア大学での「生物多様性とその歴史」会議、ワシントン大学での「都市と自然の夏季講習会」に出資、企画、参加された皆様に特に感謝する。サラ・ニューウェルは「おわりに」で紹介したコマツグミの巣を発見した。

都市の野生生物と関連分野の二〇人以上の専門家が、彼らの時間と洞察を惜しみなく提供してくれた。その中には私と私の学生に会ったり自分の仕事を直接見に私をフィールドに連れていってくれたりした人たちがいる。キャメロン・ベンソン、ジェニファー・ブレント、ティム・ダウニー、ケイト・フィールド、ダン・フローレス、ジョエル・グリーンバーグ、リザ・レーラー、ロン・マギル、セス・マグル、ジョン・マーズラフ、マイケル・ミスケーネ、エレン・ペヘク、エリック・サンダーソン、ポール・シーズウェルダ、ジェフ・シキッチ、リッチャード・サイモン、ピーター・シンガー、アン・トゥーミー、マーク・ウェッケル、マリー・ウィンに御礼申し上げる。

編集者であるエリック・エングルズに特別な感謝を送る。エリックは、扱いにくい最初の草稿を形にするのを助けてくれた。また、この本の外観と雰囲気をつくり上げてくれたインク・ドゥウェル・スタジオのセイヤーとジェーン、優秀な校正者のジュリアナ・フロッグガット、そして、この出版プロジェクトに専門知識、プロ意識、そして熱心なサポートを提供してくれたカリフォルニア大学出版局のステイシー・エイゼンスタークとその他のスタッフ、以上の方々に感謝の意を表す。

最後に、まえがきに登場したボブキャットと、私の研究と執筆の過程で多くの重要な教訓を与えてくれた他のすべての生き物に感謝する。

訳者あとがき

飛行機の窓から大阪の中心部を見ると、灰色の四角い建物たちが立ち並び、ほんの少しの緑と中心部を流れる、コンクリートで護岸された川が見える。人が住みはじめる前は、森や湿地、草原が広がり、シカや、イノシシやツキノワグマも自由に闊歩していたことだろう。今は大型の獣は姿を消し、樹上棲のリスやムササビを見ることもない。

北アメリカへ人々が移住を始めた時、そして徐々に人口が増加していった時、何が起こったのかをこの本で作者は劇的に明らかにしてくれる。

著者によれば「マンハッタン島だけでも、同規模の典型的なサンゴ礁や熱帯雨林よりも多い五五の異なる生態学的群集が存在したと推定されている。その草原、湿地、池、小川、森林、海岸線には、六〇〇〜一〇〇〇種の植物と三五〇〜六五〇種の脊椎動物が生息していた」という。それらの生態学的群集は人々の手ですっかり破壊され、今ではコンクリートとアスファルトに覆われた無機質な空間に変貌している。

環境は少しずつ改変されていった。初めはネイティブアメリカンはおもに狩猟採集をし少人数の集落を形づくっていた。一部の人々は農耕に従事していたが、大きく環境を変えることはなかった。集落の周りには多くの野生動物が行き来していただろう。やがて移民してきた人々は最も生物多様性が豊かな土地に集中するようになり、野生動物のすみかは人々の住居と家畜に占拠されはじめた。その頃にはすでに大型の哺乳類や食肉類は人間の暮らしに入り込む余地はなかったのだろう。やがて、文明の進化とともに、街にいる動物はイヌ、ネコ、ネズミと行動の自由度の高い鳥類だけになり、街はウマやウシ、ブタの糞尿にまみれることなく、スマートで清潔な都市へと変貌を遂げた。

著者は、その都市部で新たに見かけるようになった野生動物に注目した。これは、これまであまり語られることも研究対象になることもなかった分野だ。本書のタイトルは「都市に侵入する獣たち」としたが、人間の立場からするとこれらの獣たちは侵入者であるが、実際には彼らは失われた土地を再び取り戻そうとしているように見える。

今、日本でも多くの獣たちが都市部へと侵入しはじめていることが報告されている。タヌキ、キツネ、アナグマ、テンなどの小型から中型の動物たち。これらは人にとってあまり問題になるような侵入者ではないが、シカ、イノシシ、ツキノワグマ、ヒグマのような大型動物はさまざまな人との軋轢を生じさせている。人はクマを見ると恐れ、人的被害が生じることから駆除されるものも多い。しかし、クマは本来狂暴な生き物なのだろうか？　訳者の一人はかつて知床半島の奥にある漁師の番屋を訪ねたことがある。年老いた漁師が漁網をつくろっているすぐそばをヒグマの親子がのんびりと通り過ぎ、海岸で食べ物を探していた。そこには人と獣の間になんの緊張感も無く、平和な光景が広がっていた。人と獣がこのように平和に共存できないものか？　著者は語りかける。

アメリカ各地で緑地があればリスがいるのは今では当たり前の光景だが、一八四〇年代まではその姿を都市部では見かけなかった。リスは都市への最初の侵入者であり、現在では考えられないが、人々はリスをめぐって「リスと一緒に暮らすことの賢明さについて確信がもてず、人々はトウブハイイロリスが社会にどのような貢献をしたか、そして人間がそれらをどのように扱うべきかについて議論した。中傷する人は害獣と見なした。この魅力的で働き者の小さな生き物を隣人にもつことで、人々は神の創造物すべてに対して、より優しく、より慈しむようになると支持者たちは主張した」と議論した。しかし、リスは受け入れられ、都市で自由に暮らすようになった。「良い都会の動物であるということは、頭が良く、友好的で、比較的おとなしいことだった」と著者は書いている。

さらに環境づくりとして「アメリカ中の都市が公園を建設し、何百万本もの木を植え、森林保護区をつくり、重要な水源の周りに保護区域を設置した」。その結果さまざまな動物たちが生息可能となった。それに続く生物多様性の保全や絶滅危惧種を保護する法律制定など、アメリカ政府と環境保護団体は動物たちが生息できるさまざまな環境の保全対策を行ってきている。そして、大型動物を含む野生動物の生息可能な場所は準備され、野生動物の「侵入」が可能となった。ただ漫然と都市部に動物たちが戻ってきたのではなく、戻る条件を整えるための長年にわたる努力が実を結びつつあるということだ。

戻ってきた動物たちに都市の人々はどう対応したのだろう？　クマやピューマ、コヨーテをひたすら恐れたのだろうか？

「人間の食べ物を食べたクマは人間に対する恐怖心を失い、子グマに同じことを教えるようになる。（中略）しかし、誰が彼らを責めることができようか。一度ピーナッツバターを食べてしまったら、もう木の実や葉っぱには戻れないのだ」。この本では、クマに対する有効な対策は示されていない。しかし、餌を与えないことやゴミを適切に管理することが、人間との軋轢を避ける方策であると示している。

コヨーテは幼い子どもを殺した。人々は恐れたが、やがて「ニューヨークでは、人々がコヨーテとの生活に慣れるにつれて、恐怖心は寛容さへと変化し、ある種の微妙な受容さえ生まれた」。これは、危険をもたらすかもしれない野生動物への対処の仕方というよりは慣れが一つの解決法であると述べている。

ピューマが動物園に侵入し、コアラを食べたという事件があったが、これも人々はピューマを追い詰めず、共存することを選んでいる。

著者は最後にこう書いている。「本書では、数十年の間に、どのようにして都市が予期せず野生動物でいっぱいになったかを、そしてこれが現在これら都市の生息地を共有している人々や他の動物にとってどのような意味をもつかを説明しようとした」

原題は「Accidental Ecosystem」であり、著者の主張は都市の生態系は偶然に形成されたというものである。「自然保護の歴史において最も偉大な勝利の一つは、ほとんど偶然に起こったものだ。おもに人が数十年前に他の理由で下した決断により、一八世紀から一九世紀にかけて激減した野生種が、二〇世紀から二一世紀にかけて、多くの新参者とともに都市部に戻ってきたのである」。そしてこう主張する。「野生生物への配慮を都市生活のあらゆる側面に取り入れることを始めるべき時なのだ。それは簡単なことではない。しかし、科学に基づいた対策を採用して、地域社会の意見と支持を得ながら実施し、信頼できる公共投資で対策を維持する。しかも、最も貧しくて最も弱い立場にある人々にも配慮した対策として設計する。そうすれば、いつか私たちはみんな、より清潔で、より緑豊かで、より健康的で、より公正で、より持続可能な、多様性と共生に満ちた地域社会に住めるようになるだろう」。果たして、日本人は都市に侵入してきた野生動物に寛容であることができるだろうか？　本書は共生のための即効薬という内容ではない。しかし、現在、都市部に出現するクマやシカ、イノシシたちとの共生を考える手がかりになるのではないだろうか。

都市部に侵入してきた動物たちは小さな個体群を形成している。これらのやや孤立した個体群に変異が多く起こっていることも本書で指摘されている。やがてこれらの変異の積み重ねから新たな種が生まれるかもしれない。都市は進化の実験場になって、私たちは生物の進化を目の当たりにすることができるのではないだろうか？　動物たちの生態や行動、社会、そして進化に興味を持つ若い研究者たちにぜひ本書を読んでいただきたい。多くの研究のヒントがここにはある。

この本と出合うことができたことを、築地書館の土井二郎社長に深く感謝します。これから私たちが考え、取り組まなければならない野生動物との共生への大きな手がかりとなります。また、翻訳にあたって、編集担当の髙橋芽衣さんには入稿が遅れご迷惑おかけしましたが、的確な助力をいただいたことにも深く感謝します。

二〇二四年二月　　訳者を代表して川道美枝子

Sterba, Jim. *Nature Wars: The Incredible Story of How Wildlife Comebacks Turned Backyards into Battlegrounds*. New York: Broadway, 2013.

Sullivan, Robert. *Rats: Observations on the History and Habitat of the City's Most Unwanted Inhabitants*. New York: Bloomsbury, 2005.

Surls, Rachel, and Judith B. Gerber. *From Cows to Concrete: The Rise and Fall of Farming in Los Angeles*. Los Angeles: Angel City Press, 2016.

Thomas, Chris D. *Inheritors of the Earth: How Nature Is Thriving in an Age of Extinction*. New York: Penguin, 2018.（クリス・D・トマス著、上原ゆうこ訳、『なぜわれわれは外来生物を受け入れる必要があるのか』、原書房、2018）

Tuomainen, Ulla, and Ulrika Candolin. "Behavioural Responses to Human-Induced Environmental Change." *Biological Reviews* 86, no. 3 (2011): 640–57.

Tutt, James William. *British Moths*. London: Routledge, 1896.

Walker, Richard A. *The Country in the City: The Greening of the San Francisco Bay Area*. Seattle: University of Washington Press, 2013.

Warren, Louis S. *The Hunter's Game: Poachers and Conservationists in Twentieth-Century America*. New Haven: Yale University Press, 1999.

Zallen, Jeremy. *American Lucifers: The Dark History of Artificial Light*. Chapel Hill: University of North Carolina Press, 2019.

(2008): 2295–300.

Peterson, M. Nils, et al. "Rearticulating the Myth of Human–Wildlife Conflict." *Conservation Letters* 3, no. 2 (April 2010): 74–82.

Pickett, Steward T. A., et al. "Evolution and Future of Urban Ecological Science: Ecology in, of, and for the City." *Ecosystem Health and Sustainability* 2, no. 7 (2016): e01229.

Pickett, S. T. A., et al. "Urban Ecological Systems: Linking Terrestrial Ecological, Physical, and Socioeconomic Components of Metropolitan Areas." *Annual Review of Ecology and Systematics* 32 (2001): 127–57.

Pimentel, D., R. Zuniga, and D. Morrison. "Update on the Environmental and Economic Costs Associated with Alien-Invasive Species in the United States." *Ecological Economics* 52, no. 3 (February 15, 2005):273–88.

Pollak, Daniel. *Natural Community Conservation Planning (NCCP): The Origins of an Ambitious Experiment to Protect Ecosystems*. Sacramento: California Research Bureau, March 2001.

Quammen, David. *The Song of the Dodo: Island Biogeography in an Age of Extinctions*. New York: Random House, 2012.（デイヴィッド・クォメン著、鈴木主税訳、『ドードーの歌――美しい世界の島々からの警鐘』、河出書房新社、1997）

——. *Spillover: Animal Infections and the Next Human Pandemic*. New York: W. W. Norton, 2012.（デビッド・クアメン著、甘糟智子訳、『スピルオーバー――ウイルスはなぜ動物からヒトへ飛び移るのか』、明石書店、2021）

Revels, Tracy J. *Sunshine Paradise: A History of Florida Tourism*. Gainesville: University of Florida Press, 2011.

Robichaud, Andrew A. *Animal City: The Domestication of America*. Cambridge, MA: Harvard University Press, 2019.

Rome, Adam. *The Bulldozer in the Countryside: Suburban Sprawl and the Rise of American Environmentalism*. Cambridge: Cambridge University Press, 2001.

Rosenberg, Kenneth V., et al. "Decline of the North American Avifauna."*Science* 366, no. 6461 (October 4, 2019): 120–24.

Rosenzweig, Roy, and Elizabeth Blackmar. *The Park and the People: A History of Central Park*. Ithaca, NY: Cornell University Press, 1992.

Sanderson, Eric W. *Mannahatta: A Natural History of New York City*. New York: Abrams, 2009.

Schilthuizen, Menno. *Darwin Comes to Town: How the Urban Jungle Drives Evolution*. New York: Picador, 2018.（メノ・スヒルトハウゼン著、岸由二・小宮繁訳、『都市で進化する生物たち――"ダーウィン"が街にやってくる』、草思社、2020）

Sellars, Richard West. *Preserving Nature in the National Parks: A History*. New Haven: Yale University Press, 1999.

Shelford, Victor E., ed. *Naturalist's Guide to the Americas*. Baltimore: Williams and Wilkins, 1926.

Singer, Peter. *Animal Liberation*. New York: Random House, 2015.（ピーター・シンガー著、戸田清訳、『動物の解放　改訂版』、人文書院、2011）

——. *The Most Good You Can Do: How Effective Altruism Is Changing Ideas about Living*. New Haven: Yale University Press, 2015.（ピーター・シンガー著、関美和訳、『あなたが世界のためにできるたったひとつのこと――〈効果的な利他主義〉のすすめ』、NHK 出版、2015）

Snetsinger, Robert. *The Ratcatcher's Child: The History of the Pest Control Industry*. Cleveland: Franzak and Foster, 1983.

Spotswood, Erica N., et al. "The Biological Deserts Fallacy: Cities in Their Landscapes Contribute More Than We Think to Regional Biodiversity." *BioScience* 71, no. 2 (February 2021): 148–60.

Lutts, Ralph H. "The Trouble with Bambi: Walt Disney's *Bambi* and the American Vision of Nature." *Forest and Conservation History* 36, no. 4 (October 1992): 160–71.

Marra, Peter, and Chris Santella. *Cat Wars: The Devastating Consequences of a Cuddly Killer.* Princeton: Princeton University Press, 2016.（ピーター・P・マラ＋クリス・サンテラ著、岡奈理子・山田文雄・塩野﨑和美・石井信夫訳、『ネコ・かわいい殺し屋――生態系への影響を科学する』、築地書館、2019）

Marris, Emma. *Rambunctious Garden: Saving Nature in a Post-wild World*. New York: Bloomsbury, 2011.（エマ・マリス著、岸由二・小宮繁訳、『「自然」という幻想――多自然ガーデニングによる新しい自然保護』、草思社、2018）

——. *Wild Souls: Freedom and Flourishing in the Non-human World*. New York: Bloomsbury, 2021.

Martin, Justin. *Genius of Place: The Life of Frederick Law Olmsted*. New York: Hachette Books, 2011.

Mazur, Rachel. *Speaking of Bears: The Bear Crisis and a Tale of Rewilding from Yosemite, Sequoia, and Other National Parks*. Guilford, CT: Rowman and Littlefield, 2015.

McCleery, Robert A., Christopher E. Moorman, and M. Nils Peterson, eds. *Urban Wildlife Conservation.* New York: Springer, 2014.

McHarg, Ian L. *Design with Nature*. New York: J. Wiley, 1992.（イアン・L・マクハーグ著、インターナショナルランゲージアンドカルチャーセンター訳、『デザイン・ウィズ・ネーチャー』、集文社、1994）

McKinney, Michael L. "Urbanization, Biodiversity, and Conser ation."*BioScience* 52, no. 10 (2002): 883–90..

——. "Urbanization as a Major Cause of Biological Homogenization."*Biological Conservation* 127 (2006): 247–60.

McNeur, Catherine. *Taming Manhattan: Environmental Battles in the Antebellum City.* Cambridge, MA: Harvard University Press, 2014.

McShane, Clay, and Joel A. Tarr. *The Horse in the City: Living Machines in the Nineteenth Century*. Baltimore: Johns Hopkins University Press, 2007.

Meagher, Sharon M., ed. *Philosophy and the City: Classic to Contemporary Writings*. Albany: State University of New York Press, 2008.

Messmer, Terry A. "The Emergence of Human–Wildlife Conflict Management: Turning Challenges into Opportunities." *International Biodeterioration and Biodegradation* 45, no. 3 (2000): 97–102.

Mooallem, Jon. *Wild Ones: A Sometimes Dismaying, Weirdly Reassuring Story about Looking at People Looking at Animals in America.* New York: Penguin, 2014.

Mullineaux, E. "Veterinary Treatment and Rehabilitation of Indigenous Wildlife." *Journal of Small Animal Practice* 55 (2014): 293–300.

Nagel, Thomas. "What Is It Like to Be a Bat?" *Philosophical Review* 83, no. 4 (October 1974): 435–50.

Newman, Catherine E., et al. "A New Species of Leopard Frog (Anura: Ranidae) from the Urban Northeastern US." *Molecular Phylogenetics and Evolution* 63, no. 2 (2012): 445–55.

Ostfeld, Richard. *Lyme Disease: The Ecology of a Complex System*. Oxford: Oxford University Press, 2011.

Palumbi, S. R. "Humans as the World's Greatest Evolutionary Force."*Science* 293, no. 5536 (September 7, 2001): 1786–90.

Parker, Simon. *Urban Theory and the Urban Experience: Encountering the City*. New York: Routledge, 2015.

Pergams, Oliver R. W., and Patricia A. Zaradic. "Evidence for a Fundamental and Pervasive Shift Away from Nature-Based Recreation." *Proceedings of the National Academy of Sciences* 105, no. 7

Halverson, Anders. *An Entirely Synthetic Fish: How Rainbow Trout Beguiled America and Overran the World*. New Haven: Yale University Press, 2010.

Hardin, Scott. "Managing Non-native Wildlife in Florida: State Perspective, Policy, and Practice." *Managing Vertebrate Invasive Species* 14 (2007): 43–52.

Haupt, Lyanda Lynn. *The Urban Bestiary: Encountering the Everyday Wild*. New York: Little, Brown, 2013.

Hawkins, Nichola J., et al. "The Evolutionary Origins of Pesticide Resistance." *Biological Reviews* 94 (2019): 135–55.

Herzog, Hal. *Some We Love, Some We Hate, Some We Eat: Why It's So Hard to Think Straight about Animals*. New York: HarperCollins, 2010.（ハロルド・ハーツォグ著、山形浩生・守岡桜・森本正史訳、『ぼくらはそれでも肉を食う――人と動物の奇妙な関係』、柏書房、2011）

Jackson, Kenneth T. *Crabgrass Frontier: The Suburbanization of the United States*. Oxford: Oxford University Press, 1987.

Jernelöv, Arne. *The Long-Term Fate of Invasive Species: Aliens Forever or Integrated Immigrants with Time?* Cham, Switzerland: Springer, 2017.

Johnson, Benjamin Heber. *Escaping the Dark, Gray City: Fear and Hope in Progressive-Era Conservation*. New Haven: Yale University Press, 2017.

Johnson, Nathanael. *Unseen City: The Majesty of Pigeons, the Discreet Charm of Snails and Other Wonders of the Urban Wilderness*. New York: Rodale Books, 2016.

Johnston, Richard F., and Robert K. Selander. "House Sparrows: Rapid Evolution of Races in North America." *Science* 144, no. 3618 (May 1, 1964): 548–50.

Jones, Bryony A., et al. "Zoonosis Emergence Linked to Agricultural Intensification and Environmental Change." *Proceedings of the National Academy of Sciences* 110, no. 21 (May 21, 2013): 8399–404.

Karesh, William B., et al. "Ecology of Zoonoses: Natural and Unnatural Histories." *Lancet* 380, no. 9857 (2012): 1936–45.

Kellert, Stephen R. "American Attitudes toward and Knowledge of Animals: An Update." *International Journal for the Study of Animal Problems* 1, no. 2 (1980): 87–119.

Kiechle, Melanie A. *Smell Detectives: An Olfactory History of Nineteenth-Century Urban America*. Seattle: University of Washington Press, 2017.

Kisling, Vernon N., ed. *Zoo and Aquarium History: Ancient Animal Collections to Zoological Gardens*. Boca Raton, FL: CRC Press, 2001.

Klingle, Matthew. *Emerald City: An Environmental History of Seattle*. New Haven: Yale University Press, 2009.

Koeppel, Gerard T. *Water for Gotham: A History*. Princeton: Princeton University Press, 2001.

Kolbert, Elizabeth. *Under a White Sky: The Nature of the Future*. New York: Crown, 2021.

Krysko, Kenneth L., et al. "Verified Non-indigenous Amphibians and Reptiles in Florida from 1863 through 2010: Outlining the Invasion Process and Identifying Invasion Pathways and Stages." *Zootaxa* 3028 (2011): 1–64.

Laake, J. L., et al. "Population Growth and Status of California Sea Lions."*Journal of Wildlife Management* 82, no. 3 (April 2018): 583–95.

Lawrence, Henry W. *City Trees: A Historical Geography from the Renaissance through the Nineteenth Century*. Charlottesville: University of Virginia Press, 2008.

Leopold, Aldo. *Game Management*. New York: Charles Scribner's Sons, 1933.

Longcore, Travis. *Ecological Consequences of Artificial Night Lighting*. Washington, DC: Island Press, 2005.

Coates, Peter. *American Perceptions of Immigrant and Invasive Species: Strangers on the Land*. Berkeley: University of California Press, 2007.
Côté, Steeve D., et al. "Ecological Impacts of Deer Overabundance." *Annual Review of Ecology, Evolution, and Systematics* 35, no. 1 (2004): 113–47.
Cranz, Galen. *The Politics of Park Design: A History of Urban Parks in America*. Cambridge, MA: MIT Press, 1982.
Cronon, William. *Nature's Metropolis: Chicago and the Great West*. New York: W. W. Norton, 2009.
Crooks, Kevin R., and Michael E. Soulé. "Mesopredator Release and Avifaunal Extinctions in a Fragmented System." *Nature* 400 (August 5, 1999): 563–66.
Curran, Winifred, and Trina Hamilton, eds. *Just Green Enough: Urban Development and Environmental Gentrification*. London: Routledge, 2018.
Davis, David E. "The Characteristics of Rat Populations." *Quarterly Review of Biology* 28, no. 4 (December 1953): 373–401.
Decker, Ethan H., et al. "Energy and Material Flow through the Urban Ecosystem." *Annual Review of Energy and the Environment* 25 (2000): 685–740.
DeStefano, Stephen. *Coyote at the Kitchen Door: Living with Wildlife in Suburbia*. Cambridge, MA: Harvard University Press, 2010.
DeStefano, Stephen, and Richard M. DeGraaf. "Exploring the Ecology of Suburban Wildlife." *Frontiers in Ecology and the Environment* 1, no. 2 (March 2003): 95–101.
Dingemanse, Niels J., et al. "Behavioural Reaction Norms: Animal Personality Meets Individual Plasticity." *Trends in Ecology and Evolution* 25, no. 2 (February 2010): 81–89.
Douglas, Mary. *Purity and Danger: An Analysis of the Concepts of Pollution and Taboo*. London: Ark Paperbacks, 1984.（メアリ・ダグラス著、塚本利明訳、『汚穢（けがれ）と禁忌』、筑摩書房、2009）
Endler, J. A. *Natural Selection in the Wild*. Princeton: Princeton University Press, 1986.
Evans, K. L., et al. "What Makes an Urban Bird?" *Global Change Biology* 17, no. 1 (January 2011): 32–44.
Fitter, R. S. R. *London's Natural History*. Collins New Naturalist Library, Book 3. London: HarperCollins, 2011.
Flores, Dan. *Coyote America: A Natural and Supernatural History*. New York: Basic Books, 2016. Forman, Richard T. T., and Lauren E. Alexander. "Roads and Their Major Ecological Effects." *Annual Review of Ecology and Systematics* 29, no. 1 (1998): 207–31.
Foster, David R., et al. "Wildlife Dynamics in the Changing New England Landscape." *Journal of Biogeography* 29, nos. 10–11 (October 2002):1337–57.
Gehrt, Stanley D., et al. *Urban Carnivores: Ecology, Conflict, and Conservation*. Baltimore: Johns Hopkins University Press, 2010.
Gilfoyle, Timothy J. "White Cities, Linguistic Turns, and Disneylands: The New Paradigms of Urban History." *Reviews in American History* 26, no. 1 (1998): 175–204.
Grier, Katherine C. *Pets in America: A History*. Chapel Hill: University of North Carolina Press, 2010.
Grooten, M., and R. E. A. Almond, eds. *Living Planet Report—2018: Aiming Higher*. Gland, Switzerland: World Wildlife Fund, 2018.
Haensch, S., et al. "Distinct Clones of *Yersinia pestis* Caused the Black Death." *PLOS Pathogens* 6, no. 10 (2010): e1001134.
Hall, Peter. *Cities of Tomorrow: An Intellectual History of Urban Planning and Design in the Twentieth Century*. 3rd ed. Oxford: Blackwell, 2002.

参考文献

この参考文献は、注で引用した主要な文献をリストアップしたものである。直接的な関連性が低い文献はここには含まれていない。

Adams, Clark E., and Kieran J. Lindsey. *Urban Wildlife Management*. 2nd ed. Boca Raton, FL: CRC Press, 2010.

Adams, Lowell W. "Urban Wildlife Ecology and Conservation: A Brief History of the Discipline." *Urban Ecosystems* 8 (2005): 139–56.

Alberti, Marina, et al. "Global Urban Signatures of Phenotypic Change in Animal and Plant Populations." *Proceedings of the National Academy of Sciences* 114, no. 34 (August 22, 2017): 8951–56.

Anderson, Ted R. *Biology of the Ubiquitous House Sparrow: From Genes to Populations*. New York: Oxford University Press, 2006.

Atkins, Peter J. *Animal Cities: Beastly Urban Histories*. Farnham, Surrey: Ashgate, 2012.

Barber, Jesse R., Kevin R. Crooks, and Kurt M. Fristrup. "The Costs of Chronic Noise Exposure for Terrestrial Organisms." *Trends in Ecology and Evolution* 25, no. 3 (2009): 180–89.

Baron, David. *The Beast in the Garden: A Parable of Man and Nature*. New York: W. W. Norton, 2010.

Barrow, Mark V., Jr. *Nature's Ghosts: Confronting Extinction from the Age of Jefferson to the Age of Ecology*. Chicago: University of Chicago Press, 2010.

Beatley, Timothy. *Biophilic Cities: Integrating Nature into Urban Design and Planning*. Washington, DC: Island Press, 2010.

Benson, Etienne. "The Urbanization of the Eastern Gray Squirrel in the United States." *Journal of American History* 100, no. 3 (2013): 691–710.

Biehler, Dawn Day. *Pests in the City: Flies, Bedbugs, Cockroaches, and Rats*. Seattle: University of Washington Press, 2013.

Bilger, Burkhard. "Swamp Things: Florida's Uninvited Predators." *New Yorker*, April 20, 2009.

Blair, Robert B. "Land Use and Avian Species Diversity along an Urban Gradient." *Ecological Applications* 6, no. 2 (1996): 506–19.

Bolster, W. Jeffrey. *The Mortal Sea*. Cambridge, MA: Harvard University Press, 2012.

Booker, Matthew. *Down by the Bay: San Francisco's History between the Tides*. Oakland: University of California Press, 2020.

Bradley, Catherine A., and Sonia Altizer. "Urbanization and the Ecology of Wildlife Diseases." *Trends in Ecology and Evolution* 22, no. 2 (2007): 95–102.

Brown, Frederick L. *The City Is More Than Human: An Animal History of Seattle*. Seattle: University of Washington Press, 2016.

Bumpus, Hermon C. "The Elimination of the Unfit as Illustrated by the Introduced Sparrow, *Passer domesticus*." In *Biological Lectures Delivered at the Marine Biological Laboratory of Wood's Holl, 1899*, 209–26. Boston: Ginn, 1900.

Bush, Emma R. "Global Trade in Exotic Pets, 2006–2012." *Conservation Biology* 28, no. 3 (June 2014): 663–76.

bia River in Effort to Save Endangered Fish," *Seattle Times*, August 13, 2020; Ben Goldfarb, "For Sea Lions, a Feast of Salmon on the Columbia," *High Country News*, July 6, 2015, https://www.hcn.org/articles/on-the-columbia-river-what-do-you-do-with-a-hungry-sea-lion.

＊18　Karl Marx, *The Eighteenth Brumaire of Louis Bonaparte*, trans. Daniel De Leon (Chicago: C. H. Kerr, 1913), 9. Quoting J. R. McNeill, Elizabeth Kolbert also referred to Marx's quote along these lines in her book *Under a White Sky: The Nature of the Future* (New York: Crown, 2021), 88, 148.（カール・マルクス著、丘沢静也訳、『ルイ・ボナパルトのブリュメール18日』、講談社、2020）

おわりに

＊1　アフリカの事例として、以下を参照。Tess Vengadajellum, "Life in the Time of Lockdown: How Wildlife Is Reclaiming Its Territory," *South African*, April 23, 2020, https://www.thesouthafrican.com/lifestyle/environment/life-in-the-time-of-lockdown-how-wildlife-is-reclaiming-its-territory/; from Asia, Melina Moey, "Animal Crossing: Wildlife in Asia Come Out to Play during Lockdown," *AsiaOne*, April 29, 2020, https://www.asiaone.com/asia/animal-crossing-wildlife-asia-come-out-play-during-lockdown; from Europe, Becky Thomas, "Coronavirus: What the Lockdown Could Mean for Urban Wildlife," *The Conversation*, April 3, 2020, https://theconversation.com/coronavirus-what-the-lockdown-could-mean-for-urban-wildlife-134918; from North America, Louis Sahagún, "Coyotes, Falcons, Deer and Other Wildlife Are Reclaiming L.A. Territory as Humans Stay at Home," *Los Angeles Times*, April 21, 2020; from Oceania, Sarah Bekessy, Alex Kusmanoff, Brendan Wintle, Casey Visintin, Freya Thomas, Georgia Garrard, Katherine Berthon, Lee Harrison, Matthew Selinske, and Thami Croeser, "Photos Showing Animals in Cities Prove That Nature *Always* Wins," *Inverse*, April 18, 2020, https://www.inverse.com/culture/animals-in-cities-photos-covid-19; from South America, "Wild Puma Captured in Deserted Chile Capitol," *Yahoo! News*, March 24, 2020.

＊2　2000年以降、*Wall-E*（2008年、邦題「ウォーリー」）、*Interstellar*（2014年、邦題「インターステラー」）、*Mad Max: Fury Road*（2015年、邦題「マッドマックス――怒りのデス・ロード」）など、終末後の世界では自然が回復するのに時間がかかることを示唆する映画もある。

2016): 738–61. スチールヘッドのほとんどは海で死に、十分な期間生き延びたものでも、すべてが生まれ故郷の川に戻るわけではない。他の群と交配しながら放浪することもある。

＊4 Tamara Jones, "Freeloading Sea Lions Wear Out Welcome, Face Eviction," *Los Angeles Times*, January 29, 1990, A15; Associated Press, "The Steelhead Skunk Sea Lions and Take a Lead—Removal of 3 Big Eaters Cited," *Seattle Post-Intelligencer*, September 18, 1996, B1.

＊5 Carlton Smith, "Lethal Injection for Herschel? 'Jury' to Decide," *Seattle Post-Intelligencer*, September 30, 1994, A1; Katia Blackburn, "Protected Sea Lions Endangering Rare Fish in the Pacific Northwest," *Los Angeles Times*, November 13, 1988, p. 4.

＊6 Associated Press, "Bill Paves Way to Kill Sea Lions at the Locks," *Seattle Post-Intelligencer*, April 29, 1994, C2; Kim Murphy, "Officials Approve Killing of Problem Sea Lions," *Los Angeles Times*, March 14, 1996, 3.

＊7 Will Anderson and Toni Frohoff, "Humans, Not Sea Lions, the True Culprits in Steelhead Decline," *Seattle Post-Intelligencer*, March 29, 1996, A13.

＊8 "Trout Hapless Prey at Fish Ladder: Net to Protect Steelhead from Seals to Be Deployed," *Los Angeles Times*, January 18, 1988, 24; Jones, "Freeloading Sea Lions"; Scott Sunde, "Big Splash for Fake Willy—Decoy Put into Service against Sea Lions," *Seattle Post-Intelligencer*, October 17, 1996, B1; Gil Bailey, "Activist Chains Self to Sea-Lion Cage," *Seattle Post-Intelligencer*, February 2, 1995, B3; Don Carter, "Tribe May Harvest Sea Lions," *Seattle Post-Intelligencer*, December 6, 1994, A1; Tracy Wilson, "Proposal to Relocate Sea Lions Rejected," *Los Angeles Times*, February 18, 1994, 1.

＊9 "Hondo, Bully of Locks, Is Finally Captured," *Seattle Post-Intelligencer*, May 24, 1996, C2; Associated Press, "Trout-Devouring Sea Lion Trio Begin Life Sentence at Sea World," *Washington Post*, July 6, 1996, A15.

＊10 Jack Hopkins, "Refugee Sea Lion from Ballard Locks Dies in Florida," *Seattle Post-Intelligencer*, September 3, 1996, B1; ENN Staff, "Sea Lion Problem Solved in Seattle," *Environmental News Network*, April 8, 1998.

＊11 Jim Sterba, *Nature Wars: The Incredible Story of How Wildlife Comebacks Turned Backyards into Battlegrounds* (New York: Broadway, 2013); David Baron, *The Beast in the Garden: A Parable of Man and Nature* (New York: W. W. Norton, 2010); Nathanael Johnson, *Unseen City: The Majesty of Pigeons, the Discreet Charm of Snails and Other Wonders of the Urban Wilderness* (New York: Rodale Books, 2016); Lyanda Lynn Haupt, *The Urban Bestiary: Encountering the Everyday Wild* (New York: Little, Brown, 2013).

＊12 Timothy Beatley, *Biophilic Cities: Integrating Nature into Urban Design and Planning* (Washington, DC: Island Press, 2010).

＊13 Catherine E. Newman et al., "A New Species of Leopard Frog (Anura: Ranidae) from the Urban Northeastern US," *Molecular Phylogenetics and Evolution* 63, no. 2 (2012): 445–55.

＊14 Frank Kummer, "Philly's Skyline to Get Dark at Midnight to Protect Migrating Birds," *Philadelphia Inquirer*, March 31, 2021.

＊15 Winifred Curran and Trina Hamilton, eds., *Just Green Enough: Urban Development and Environmental Gentrification* (London: Routledge, 2018).

＊16 ヘザー・スワンソン、ボールダー市生態管理監督官への筆者によるインタビュー、2017年9月22日、コロラド州ボールダーにて。

＊17 Karina Brown, "A Federal Bird Kill in the Columbia River Did Nothing to Save Salmon," *Willamette Week*, February 6, 2019; Lynda V. Mapes, "Hundreds of Sea Lions to Be Killed on Colum-

1896–1897 (Boston: Ginn, 1898), 1–15.

＊10 Hermon C. Bumpus, "The Elimination of the Unfit as Illustrated by the Introduced Sparrow, *Passer domesticus*," in *Biological Lectures Delivered at the Marine Biological Laboratory of Wood's Holl, 1899* (Boston: Ginn, 1900), 209–26.

＊11 Richard F. Johnston and Robert K. Selander, "House Sparrows: Rapid Evolution of Races in North America," *Science* 144, no. 3618 (May 1, 1964): 548.

＊12 Adam G. Hart et al., "Evidence for Contemporary Evolution during Darwin's Lifetime," *Current Biology* 20, no. 3 (2010): R95; James William Tutt, *British Moths* (London: Routledge, 1896), 307; Arjen E. van 't Hof et al., "The Industrial Melanism Mutation in British Peppered Moths Is a Transposable Element," *Nature* 534 (June 2, 2016): 102–5.

＊13 A. L. Melander, "Can Insects Become Resistant to Sprays?," *Journal of Economic Entomology* 7 (1914): 167–73; Nichola J. Hawkins et al., "The Evolutionary Origins of Pesticide Resistance," *Biological Reviews* 94 (2019): 135–55.

＊14 J. A. Endler, *Natural Selection in the Wild* (Princeton: Princeton University Press, 1986).

＊15 Menno Schilthuizen, *Darwin Comes to Town: How the Urban Jungle Drives Evolution* (New York: Picador, 2018).

＊16 Gail L. Patricelli and Jessica L. Blickley, "Avian Communication in Urban Noise; Causes and Consequences of Vocal Adjustment," *Auk* 123, no. 3 (2006): 639–49; Erwin Nemeth and Henrik Brumm, "Birds and Anthropogenic Noise: Are Urban Songs Adaptive?," *American Naturalist* 176, no. 4 (October 2010): 465–75; Jesse R. Barber, Kevin R. Crooks, and Kurt M. Fristrup, "The Costs of Chronic Noise Exposure for Terrestrial Organisms," *Trends in Ecology and Evolution* 25, no. 3 (2009): 180–89; Marina Alberti et al., "Global Urban Signatures of Phenotypic Change in Animal and Plant Populations," *Proceedings of the National Academy of Sciences* 114, no. 34 (August 22, 2017): 8951–56.

＊17 Niels J. Dingemanse et al., "Behavioural Reaction Norms: Animal Personality Meets Individual Plasticity," *Trends in Ecology and Evolution* 25, no. 2 (February 2010): 81–89; Ulla Tuomainen and Ulrika Candolin, "Behavioural Responses to Human-Indu ed Environmental Change," *Bio-logical Reviews* 86, no. 3 (2011): 640–57.

＊18 Maggie M. Hantak et al., "Mammalian Body Size Is Determined by Interactions between Climate, Urbanization, and Ecological Traits," *Communications Biology* 4 (2021): 972.

＊19 Schilthuizen, *Darwin Comes to Town*, 9.

＊20 Arne Jernelöv, *The Long-Term Fate of Invasive Species: Aliens Forever or Integrated Immigrants with Time?* (Cham, Switzerland: Springer, 2017), 55–70.

第 14 章　都会の野生をいつくしむ

＊1 J. L. Laake et al., "Population Growth and Status of California Sea Lions," *Journal of Wildlife Management* 82, no. 3 (April 2018): 583–95.

＊2 U.S. Army Corps of Engineers, *Passage to the Sea: History of the Lake Washington Ship Canal and the Hiram M. Chittenden Locks* (Seattle: Northwest Interpretive Association, 1993); Matthew Klingle, *Emerald City: An Environmental History of Seattle* (New Haven: Yale University Press, 2009).

＊3 Anders Halverson, *An Entirely Synthetic Fish: How Rainbow Trout Beguiled America and Overran the World* (New Haven: Yale University Press, 2010); Peter S. Alagona, "Species Complex: Classification and Conservation in American Environmental History," *Isis* 107, no. 4 (December https://wildlife.faa.gov/home, and the State Farm data-tracking webpage "How Likely Are You to Have an Animal Collision?," https://www.statefarm.com/simple-insights/auto-and-vehicles/how-likely-are-you-to-have-an-animal-collision.

＊16 Adams and Lindsey, *Urban Wildlife Management*, 37.

＊17 Carl D. Soulsbury et al., "Red Foxes (*Vulpes vulpes*)," in *Urban Carnivores: Ecology, Conflict, and Conservation*, ed. Stanley D. Gehrt, Seth P. D. Riley, and Brian L. Cypher (Baltimore: Johns Hopkins University Press, 2010), 74; Paul D. Curtis and John Hadidian, "Responding to Human-Carnivore Conflicts in Urban Areas," in ibid., 207.

＊18 Riley et al., "Anticoagulant Exposure," 1875–81; Courtney A. Albert et al., "Anticoagulant Rodenticides in Three Owl Species from Western Canada, 1988–2003," *Archives of Environmental Contamination and Toxicology* 58, no. 2 (2010): 451–59; Monica Bartos et al., "Use of Anticoagulant Rodenticides in Single-Family Neighborhoods along an Urban-Wildland Interface in California," *Cities and the Environment* 4, no. 1 (2012): article 12.

＊19 David A. Jessup, "The Welfare of Feral Cats and Wildlife," *Journal of the American Veterinary Medical Association* 225, no. 9 (2004): 1377–83.

第13章　都市と共進化する生き物たち

＊1 J. D. Summers-Smith, "Decline of the House Sparrow: A Review," *British Birds* 96 (2003): 439–46; A. Dandapat, D. Banerjee, and D. Chakraborty, "The Case of the Disappearing House Sparrow (*Passer domesticus indicus*)," *Veterinary World* 3, no. 2 (2010): 97–100.

＊2 Ted R. Anderson, *Biology of the Ubiquitous House Sparrow: From Genes to Populations* (New York: Oxford University Press, 2006).

＊3 S. R. Palumbi, "Humans as the World's Greatest Evolutionary Force," *Science* 293, no. 5536 (September 7, 2001): 1786–90; A. P. Hendry, K. M. Gotanda, and E. I. Svensson, "Human Influences on Evolution, and the Ecological and Societal Consequences," *Philosophical Transactions of the Royal Society* B 372 (2017): article 20160028. 進化論的楽観主義の例については以下を参照。Chris D. Thomas, *Inheritors of the Earth: How Nature Is Thriving in an Age of Extinction* (New York: Penguin, 2018).

＊4 Anderson, *Ubiquitous House Sparrow*, 9–12.

＊5 Anderson, *Ubiquitous House Sparrow*, 9–12.

＊6 M. P. Moulton et al., "The Earliest House Sparrow Introductions to North America," *Biological Invasions* 12, no. 9 (2010): 2955–58; C. S. Robbins, "Introduction, Spread and Present Abundance of the House Sparrow in North America," *Ornithological Monographs* 14, no. 14 (1973): 3–9; Anderson, *Ubiquitous House Sparrow*, 23.

＊7 Robin W. Doughty, "Sparrows for America: A Case of Mistaken Identity," *Journal of Popular Culture* 14, no. 2 (Fall 1980): 214–15; F. E. Spinner, "An Earnest Appeal to 'Young America,' " *Audubon Magazine* 1, no. 10 (November 1887): 232; Frank Chapman, editorial, *Bird-Lore* 10, no. 4(July–August 1908): 178.

＊8 Anderson, *Ubiquitous House Sparrow*, 426–29; W. B. Barrows, *The English Sparrow* (Passer domesticus) *in North America, Especially in Its Relation to Agriculture*, U.S. Department of Agriculture, Division of Economic Ornithology and Mammalogy Bulletin 1 (Washington, DC: Government Printing Office, 1889).

＊9 Hermon C. Bumpus, "The Variations and Mutations of the Introduced Sparrow, *Passer domesticus*," in *Biological Lectures Delivered at the Marine Biological Laboratory of Wood's Holl,*

Small Animal Practice 55 (2014): 293–300.
＊20 Mullineaux, "Veterinary Treatment."
＊21 Peter Singer, *Animal Liberation* (New York: Random House, 2015), 8.（訳書あり）
＊22 ピーター・シンガーへの著者によるインタビュー。2019年2月11日。
＊23 Jaclyn Cosgrove, "Firefighters' Fateful Choices: How the Woolsey Fire Became an Unstoppable Monster," *Los Angeles Times*, January 6, 2019.
＊24 Jenna Chandler, "Evacuation Orders Lifted as Tally of Buildings Destroyed by Woolsey Fire Swells to 1,500," *LA Curbed*, November 19, 2018, https://la.curbed.com/2018/11/9/18079170/california-fire-woolsey-evacuations-los-angeles-ventura.

第12章　駆除

＊1 M. Nils Peterson et al., "Rearticulating the Myth of Human–Wildlife Conflict," *Conservation Letters* 3, no. 2 (April 2010): 74–82; Jacobellis v. Ohio, 378 U.S. 184 (1964), at 197 (Stewart, J., concurring).
＊2 Terry A. Messmer, "The Emergence of Human–Wildlife Conflict Management: Turning Challenges into Opportunities," *International Biodeterioration and Biodegradation* 45, no. 3 (2000): 97–102.
＊3 野生生物被害管理インターネットセンターのウェブサイトを参照。https://icwdm.org/.
＊4 Robert Snetsinger, *The Ratcatcher's Child: The History of the Pest Control Industry* (Cleveland: Franzak and Foster, 1983).
＊5 Snetsinger, *Ratcatcher's Child*, 20.
＊6 Robert Sullivan, *Rats: Observations on the History and Habitat of the City's Most Unwanted Inhabitants* (New York: Bloomsbury, 2005), 97.
＊7 Thomas G. Barnes, "State Agency Oversight of the Nuisance Wildlife Control Industry," *Wildlife Society Bulletin* 25, no. 1 (1997): 185–88.
＊8 Dawn Day Biehler, *Pests in the City: Flies, Bedbugs, Cockroaches, and Rats* (Seattle: University of Washington Press, 2013); Colby Itkowitz, "Trump Attacks Rep. Cummings's District, Calling It a 'Disgusting, Rat and Rodent Infested Mess,' " *Washington Post*, July 27, 2019.
＊9 Sullivan, *Rats*, 145.
＊10 David E. Davis, "The Scarcity of Rats and the Black Death: An Ecological History," *Journal of Interdisciplinary History* 16, no. 3 (Winter 1986): 455–70; John T. Emlen, Allen W. Stokes, and David E. Davis, "Methods for Estimating Populations of Brown Rats in Urban Habitats," *Ecology* 30, no. 4 (October 1949): 430–42; David E. Davis, "The Characteristics of Rat Populations," *Quarterly Review of Biology* 28, no. 4 (December 1953): 373–401.
＊11 Snetsinger, *Ratcatcher's* Child, 44–55.
＊12 7 USC 8351, Predatory and Other Wild Animals; for information on USDA APHIS Wildlife Services programs, see the reports at https://www.aphis.usda.gov/aphis/ourfocus/wildlifedamage/sa_reports/sa_pdrs.
＊13 Seth P. Riley et al., "Anticoagulant Exposure and Notoedric Mange in Bobcats and Mountain Lions in Urban Southern California," *Journal of Wildlife Management* 71, no. 6 (August 2007): 1874–84.
＊14 Clark E. Adams and Kieran J. Lindsey, *Urban Wildlife Management*, 2nd ed. (Boca Raton, FL: CRC Press, 2010), 98, 267.
＊15 詳細な情報については以下の連邦航空局野生動物衝突データベースにアクセスされたい。

438.

第11章　動物たちがいるべき場所

＊1 "Zoo Miami's Ron Magill Recounts Hurricane Andrew," NBC 6 South Florida, August 23, 2012.
＊2 Burkhard Bilger, "Swamp Things: Florida's Uninvited Predators,"*New Yorker*, April 20, 2009.
＊3 "Zoo Miami's Ron Magill."
＊4 Steve Lohr, "After the Storms: Three Reports," *New York Ti*mes, September 27, 1992.
＊5 John Donnelly, "The Rebuilt MetroZoo Ready to Roar Once More,"*Miami Herald*, December 16, 1992.
＊6 Dan Fesperman, "In Andrew's Wake, a New Wild Kingdom: Monkeys, Cougars Still Running Loose Weeks after Storm," *Baltimore Sun*, September 22, 1992.
＊7 Abby Goodnough, "Forget the Gators: Exotic Pets Run Wild in Florida," *New York Times*, February 29, 2004; Fesperman, "In Andrew's Wake."
＊8 Scott Hardin, "Managing Non-native Wildlife in Florida: State Perspective, Policy, and Practice," *Managing Vertebrate Invasive Species* 14 (2007): 43–52.
＊9 Kenneth L. Krysko et al., "Verified Non-indigenous Amphibians and Reptiles in Florida from 1863 through 2010: Outlining the Invasion Process and Identifying Invasion Pathways and Stages," *Zootaxa* 3028 (2011): 1–64.
＊10 L. C. Corn et al., *Harmful Non-native Species: Issues for Congress*, Congressional Research Service Issue Brief, RL30123 (November 25, 2002);D. Pimentel, R. Zuniga, and D. Morrison, "Update on the Environmental and Economic Costs Associated with Alien-Invasive Species in the United States," *Ecological Economics* 52, no. 3 (February 15, 2005): 273–88.
＊11 Vernon N. Kisling, ed., *Zoo and Aquarium History: Ancient Animal Collections to Zoological Gardens* (Boca Raton, FL: CRC Press, 2001).
＊12 Christina M. Romagosa, "Contribution of the Live Animal Trade to Biological Invasions," in *Biological Invasions in Changing Ecosystems*, ed. João Canning-Clode (Warsaw: De Gruyter, 2015), 116–34; Tracy J. Revels, *Sunshine Paradise: A History of Florida Tourism* (Gainesville: University of Florida Press, 2011); Jack E. Davis, *The Gulf: The Making of an American Sea* (New York: Liveright, 2017).
＊13 Emma R. Bush, "Global Trade in Exotic Pets, 2006–2012," *Conservation Biology* 28, no. 3 (June 2014): 663–76.
＊14 Hazel Jackson, "Parakeets Are the New Pigeons—and They're on Course for Global Domination," *The Conversation*, August 1, 2016, https://theconversation.com/parakeets-are-the-new-pigeons-and-theyre-on-course-for-global-domination-63244.
＊15 動物園からの脱走と、動物園と動物園からの脱走に関する倫理については、以下を参照。Emma Marris, *Wild Souls: Freedom and Flourishing in the Non-human World* (New York: Bloomsbury, 2021).
＊16 詳細についてはボーンフリーのウェブサイトを参照。https://www.bornfreeusa.org/.
＊17 ロン・マギルへの著者によるインタビュー。2019年3月8日、マイアミにて。; Adriana Brasileiro, "Activists Lose Last Legal Battle to Protect Rare Miami Forest from Walmart Development," *Miami Herald*, June 19, 2019.
＊18 Kisling, *Zoo and Aquarium History*.
＊19 E. Mullineaux, "Veterinary Treatment and Rehabilitation of Indigenous Wildlife," *Journal of*

to Human Populations," *Cell Death Discovery* 2 (2016): 16048; Andrew P. Dobson, "What Links Bats to Emerging Infectious Diseases?," *Science* 310 (October 28, 2005): 628–29; Charles H. Calisher et al., "Bats: Important Reservoir Hosts of Emerging Viruses," *Clinical Microbiology Reviews* 19, no. 3 (July 2006): 531–45.

＊ 7 Louise H. Taylor, Sophia M. Latham, and Mark E. J. Woolhouse, "Risk Factors for Human Disease Emergence," *Philosophical Transactions of the Royal Society B* (2001): 356983–89; Barbara A. Han, Andrew M. Kramer, and John M. Drake, "Global Patterns of Zoonotic Disease in Mammals," *Trends in Parasitology* 32, no. 7 (July 2016): 565–77.

＊ 8 Han, Kramer, and Drake, "Global Patterns of Zoonotic Disease."

＊ 9 コウモリの現状と彼らを助ける方法については以下のウェブサイトを参照。Bat Conservation International, https://www.batcon.org/.

＊ 10 For more information, visit the website of the White-Nose Syndrome Response Team, https://www.whitenosesyndrome.org/.

＊ 11 David Quammen, *Spillover: Animal Infections and the Next Human Pandemic* (New York: W. W. Norton, 2012)（訳書あり）; William B. Karesh et al., "Ecology of Zoonoses: Natural and Unnatural Histories," *Lancet* 380, no. 9857 (2012): 1936–45.

＊ 12 Quammen, *Spillover.*

＊ 13 Vanessa O. Ezenwa et al., "Avian Diversity and West Nile Virus: Testing Associations between Biodiversity and Infectious Disease Risk," *Proceedings of the Royal Society* 273, no. 1582 (January 7, 2006): 109–17; S. A. Hamer, E. Lehrer, and S. B. Magle, "Wild Birds as Sentinels for Multiple Zoonotic Pathogens along an Urban to Rural Gradient in Greater Chicago, Illinois," *Zoonoses and Public Health* 59, no. 5 (August 2012): 355–64.

＊ 14 David R. Foster et al., "Wildlife Dynamics in the Changing New England Landscape," *Journal of Biogeography* 29, nos. 10–11 (October 2002): 1337–57.

＊ 15 S. Haensch et al., "Distinct Clones of *Yersinia pestis* Caused the Black Death," *PLoS Pathogens* 6, no. 10 (2010): e1001134.

＊ 16 Catherine A. Bradley and Sonia Altizer, "Urbanization and the Ecology of Wildlife Diseases," *Trends in Ecology and Evolution* 22, no. 2 (2007): 95–102.

＊ 17 Stanley D. Gehrt, Seth P. D. Riley, and Brian L. Cypher, eds., *Urban Carnivores: Ecology, Conflict, and Conservation* (Baltimore: Johns Hopkins University Press, 2010).

＊ 18 Bill Sullivan, "Is the Brain Parasite *Toxoplasma* Manipulating Your Behavior, or Is Your Immune System to Blame?" *The Conversation*, May 4, 2019, https://theconversation.com/is-the-brain-parasite-toxoplasma-manipulating-your-behavior-or-is-your-immune-system-to-blame-116718.

＊ 19 Bryony A. Jones et al., "Zoonosis Emergence Linked to Agricultural Intensification and Environmental Change," *Proceedings of the National Academy of Sciences* 110, no. 21 (May 21, 2013): 8399–404; P. A. Conrad et al., "Transmission of Toxoplasma: Clues from the Study of Sea Otters as Sentinels of Toxoplasma gondii Flow into the Marine Environment," *International Journal for Parasitology* 35, nos. 11–12 (October 2005):1155–68.

＊ 20 Seth P. D. Riley, Laurel E. K. Serieys, and Joanne G. Moriarty, "Infections Disease and Contaminants in Urban Wildlife: Unseen and Often Overlooked Threats," in *Urban Wildlife Conservation*, ed. Robert McCleery, Christopher E. Moorman, and M. Nils Peterson (New York: Springer, 2014), 175–215; Sepp Tuul et al., "Urban Environment and Cancer in Wildlife: Available Evidence and Future Research Avenues," *Proceedings of the Royal Society* B 286, no. 1894 (January 2, 2019):20182434.

＊ 21 Thomas Nagel, "What Is It Like to Be a Bat?," *Philosophical Review* 83, no. 4 (October 1974):

Hopkins University Press, 2010), 35–46; Suzanne Prange, Stanley D. Gehrt, and Ernie P. Wiggers, “Demographic Factors Contributing to High Raccoon Densities in Urban Landscapes,” *Journal of Wildlife Management* 67, no. 2 (2003): 324–33; William J. Graser et al., “Variation in Demographic Patterns and Population Structure of Raccoons across an Urban Landscape,” *Journal of Wildlife Management* 76, no. 5 (July 2012): 976–86.

＊21　Chace and Walsh, “Urban Effects on Native Avifauna”; Michael L. McKinney, “Urbanization, Biodiversity, and Conservation,” *BioScience* 52, no. 10 (2002): 883–90.

＊22　Natural Resources Defense Council, *Wasted: How America Is Losing up to 40 Percent of Its Food from Farm to Fork to Landfill*, 2nd ed. (August 2017). これは2012年報告のアップデートである。

＊23　Amy M. Ryan and Sarah R. Partan, “Urban Wildlife Behavior,” in McCleery, Moorman, and Peterson, *Urban Wildlife Conservation*, 149–73.

＊24　S. A. Poessel, E. C. Mock, and S. W. Breck, “Coyote (*Canis latrans*) Diet in an Urban Environment: Variation Relative to Pet Conflicts, Housing Density, and Season,” *Canadian Journal of Zoology* 95, no. 4 (April 2017): 287–97.

＊25　Jason D. Fischer et al., “Urbanization and the Predation Paradox: The Role of Trophic Dynamics in Structuring Vertebrate Communities,” *BioScience* 62, no. 9 (September 2012): 809–18.

＊26　Michael E. Soulé et al., “Reconstructed Dynamics of Rapid Extinctions of Chaparral-Requiring Birds in Urban Habitat Islands,” *Conservation Biology* 2, no. 1 (March 1988): 75–92.

＊27　Soulé et al., “Reconstructed Dynamics,” 84; Kevin R. Crooks and Michael E. Soulé, “Mesopredator Release and Avifaunal Extinctions in a Fragmented System,” *Nature* 400 (August 5, 1999): 563–66.

＊28　Kelly Hessedal, “San Diego Zoo Safari Park Sees Spike in Mountain Lion Sightings,” CBS 8 San Diego (website), April 16, 2020, https://www.cbs8.com/article/life/animals/san-diego-zoo-safari-park-sees-spike-in-mountain-lion-sightings/509-ce458ca5-c6f9-4776-8b10-30479a48fdad.

＊29　Louis Sahagún, “Southern California Mountain Lions Get Temporary Endangered Species Status,” *Los Angeles Times*, April 16, 2020.

＊30　John F. Benson et al., “Interactions between Demography, Genetics, and Landscape Connectivity Increase Extinction Probability for a Small Population of Large Carnivores in a Major Metropolitan Area,” *Proceedings of the Royal Society B* 283, no. 1837 (August 31, 2016): 1–10.

第10章　不快生物を理解する

＊1　W. Gardner Selby, “Austin's I-Beam Bat Haven,” *Austin American Journal*, October 13, 1984, A-3; James Coates, “2 Problems Vex LBJ's Town: Rapid Bats, Leprous Armadillos,” *Chicago Tribune*, November 7, 1984; “Bats Plaguing City in Texas during Annual Migration,” *Chicago Tribune*, October 4, 1984.

＊2　Stephen R. Kellert, “American Attitudes toward and Knowledge of Animals: An Update,” *International Journal for the Study of Animal Problems* 1, no. 2 (1980): 87–119.

＊3　哺乳類の目が26という数は科学文献で一般に用いられているものだが、このレベルでの哺乳類の一般的に合意された分類は存在しない。

＊4　Cara E. Brook and Andrew P. Dobson, “Bats as ‘Special’ Reservoirs for Emerging Zoonotic Pathogens,” *Trends in Microbiology* 23, no. 3 (March 2015): 172–80.

＊5　Brook and Dobson, “Bats as ‘Special’ Reservoirs.”

＊6　N. Allocati et al., “Bat–Man Disease Transmission: Zoonotic Pathogens from Wildlife Reservoirs

searchers Have a Solution," *Los Angeles Times*, May 16, 2018.
＊3 Thomas Curwen, "A Week in the Life of P-22, the Big Cat Who Shares Griffith Park with Millions of People," *Los Angeles Times*, February 8, 2017.
＊4 Groves and Jennings, "P-22 Vacates Home."
＊5 Douglas Chadwick, "Ghost Cats," *National Geographic*, December 2013, 1–7.
＊6 Ian Lovett, "Prime Suspect in Koala's Murder: Los Angeles's Mountain Lion," *New York Times*, March 23, 2016; Joseph Serna and Hailey Branson-Potts, "Is P-22 Mountain Lion Too Dangerous for Griffith Park?," *Los Angeles Times*, March 11, 2016.
＊7 Louis Sahagún, "L.A. Zoo Wants Mountain Lion to Remain a Neighbor despite Koala Death," *Los Angeles Times*, March 16, 2016.
＊8 K. L. Evans et al., "What Makes an Urban Bird?," *Global Change Biology* 17, no. 1 (January 2011): 32–44.
＊9 K. S. Delaney, S. P. D. Riley, and R. N. Fisher, "A Rapid, Strong, and Convergent Genetic Response to Urban Habitat Fragmentation in Four Divergent and Widespread Vertebrates," *PLoS One* 5, no. 9 (2010): e12767.
＊10 David Quammen, *The Song of the Dodo: Island Biogeography in an Age of Extinctions* (New York: Random House, 2012).（訳書あり）
＊11 Richard T. T. Forman and Lauren E. Alexander, "Roads and Their Major Ecological Effects," *Annual Review of Ecology and Systematics* 29, no. 1 (1998): 207–31; U.S. Department of Transportation, *Wildlife-Vehicle Collision Reduction Study: Report to Congress* (August 2008).
＊12 Joel Berger, "Fear, Human Shields and the Redistribution of Prey and Predators in Protected Areas," *Biology Letters* 3, no. 6 (2007): 620–23.
＊13 Daniel Klem Jr., "Collisions between Birds and Windows: Mortality and Prevention," *Journal of Field Ornithology* 61, no. 1 (1990): 120–28; Becca Cudmore, "This Website Collects Obituaries for Birds—Here's Why You Should Use It," *Audubon*, Summer 2016, 1–9.
＊14 Seth P. D. Riley et al., "Wildlife Friendly Roads: The Impacts of Roads on Wildlife in Urban Areas and Potential Remedies," in *Urban Wildlife Conservation*, ed. Robert McCleery, Christopher E. Moorman, and M. Nils Peterson (New York: Springer, 2014), 323–60; Bill Workman, "Tunnel of Love for Stanford's Salamanders," *SFGate / San Francisco Chronicle*, August 30, 2001.
＊15 Avishay Artsy, "Here's What You Need to Know about the Liberty Canyon Wildlife Crossing," KCRW (website), February 20, 2018, https://www.kcrw.com/culture/shows/design-and-architecture/heres-what-you-need-to-know-about-the-liberty-canyon-wildlife-crossing.
＊16 Darryl N. Jones and S. James Reynolds, "Feeding Birds in Our Towns and Cities: A Global Research Opportunity," *Journal of Avian Biology* 39, no. 3 (May 2008): 265–71; Jameson F. Chace and John J. Walsh, "Urban Effects on Native Avifauna: A Review," *Landscape and Urban Planning* 74, no. 1 (2006): 46–69.
＊17 David N. Clark, Darryl N. Jones and S. James Reynolds, "Exploring the Motivations for Garden Bird Feeding in South-east England," *Ecology and Society* 24, no. 1 (2019): https://www.jstor.org/stable/26796915.
＊18 Richard A. Fuller, "Garden Bird Feeding Predicts the Structure of Urban Avian Assemblages," *Diversity and Distributions* 14, no. 1 (January 2008): 131–37.
＊19 Amanda D. Rodewald, Laura J. Kearns, and Daniel P. Shustack, "Anthropogenic Resource Subsidies Decouple Predator–Prey Relationships," *Ecological Applications* 21, no. 3 (2011): 936–43.
＊20 John Hadidan et al., "Raccoons (*Procyon lotor*)," in *Urban Carnivores: Ecology, Conflict, and Conservation*, ed. Stanley D. Gehrt, Seth P. D. Riley, and Brian L. Cypher (Baltimore: Johns

211; Jennifer R. Wolch, Kathleen West, and Thomas E. Gaines, "Transspecies Urban Theory," *Environment and Planning D: Society and Space* 13(1995): 743.

＊14 Mark V. Barrow Jr., *Nature's Ghosts: Confronting Extinction from the Age of Jefferson to the Age of Ecology* (University of Chicago Press, 2010), 201–33

＊15 Frank Chapman, "Birds and Bonnets," *Forest and Stream* 26, no. 6 (1886): 84.

＊16 Peter G. Ayres, *Shaping Ecology: The Life of Arthur Tansley* (Chichester: John Wiley and Sons, 2012).

＊17 R. S. R. Fitter, *London's Natural History*, Collins New Naturalist Library, Book 3 (London: HarperCollins, 2011); Ulrike Weiland and Matthias Richter, "Lines of Tradition and Recent Approaches to Urban Ecology, Focussing on Germany and the USA," *Gaia* 18, no. 1 (2009): 49–57.

＊18 Aldo Leopold, *Game Management* (New York: Charles Scribner's Sons, 1933), 404; R. Bennitt, "Summarization of the Eleventh North American Wildlife Conference," *Transactions of the North American Wildlife Conference* 11 (1946): 517. 野外調査地についてのもっと新しい評価は以下を参照。Laura J. Martin, B. Blossey, and E. Ellis, "Mapping Where Ecologists Work: Biases in the Global Distribution of Terrestrial Ecological Observations," *Frontiers in Ecology and the Environment* 10 (2012): 195–201.

＊19 Raymond F. Dasmann, "Wildlife and the New Conservation," *Wildlife Society News* 105 (1966): 48–49.

＊20 C. S. Holling and Gordon Orians, "Toward an Urban Ecology," *Bulletin of the Ecological Society of America* 52, no. 2 (1971): 2–6; Andrew Sih, Alison M. Bell, and Jacob L. Kerby, "Two Stressors Are Far Deadlier than One," *Trends in Ecology and Evolution* 19, no. 6 (2004): 274–76.

＊21 Lowell W. Adams, "Urban Wildlife Ecology and Conservation: A Brief History of the Discipline," *Urban Ecosystems* 8 (2005): 139–56.

＊22 マーク・ウェッケルへの著者によるインタビュー。2017年4月27日、ニューヨーク市にて。

＊23 ジョン・マーズラフへの著者によるインタビュー。2017年7月11日、シアトルにて。

＊24 Robert B. Blair, "Land Use and Avian Species Diversity along an Urban Gradient," *Ecological Applications* 6, no. 2 (1996): 506; S. T. A. Pickett et al., "Urban Ecological Systems: Linking Terrestrial Ecological, Physical, and Socioeconomic Components of Metropolitan Areas," *Annual Review of Ecology and Systematics* 32 (2001): 128.

＊25 Steward T. A. Pickett et al., "Evolution and Future of Urban Ecological Science: Ecology in, of, and for the City," *Ecosystem Health and Sustainability* 2, no. 7 (2016): e01229; Pickett et al., "Urban Ecological Systems."

＊26 Laurel Braitman, "Dirty Birds: What It's Like to Live with a National Symbol," *California Sunday Magazine*, March 30, 2017.

＊27 U.S. Fish and Wildlife Service, *Final Report: Bald Eagle Population Size—2020 Update* (Washington, DC: U.S. Fi h and Wildlife Service, Division of Migratory Bird Management, 2020).

第9章　動物のための道

＊1 On P-22 and the L.A. Zoo, see Martha Groves and Angel Jennings, "P-22 Vacates Home, Heads Back to Griffith Park, Wildlife Officials Say," *Los Angeles Times*, April 13, 2015; Carla Hall, "Opinion: The Griffith Park Puma, P-22, May Be Guilty of Killing a Koala at the Zoo, but Let's Not Rush to Judge Him," *Los Angeles Times*, March 11, 2016.

＊2 Joseph Serna, "Mountain Lions Are Being Killed on Freeways and Weakened by Inbreeding. Re-

＊27 Chris Erskine, "It's Words, Not Bullets, for the 'Bear Whisperer' of the Eastern Sierra," *Los Angeles Times*, February 12, 2020.

＊28 スティーブ・サールズへの著者によるインタビュー。2019年9月17日、カリフォルニア州マンモス・レイクにて。

＊29 ニュージャージーのクマ猟についての詳細データは以下を参照。"New Jersey's Black Bear Hunting Season," New Jersey Department of Environmental Protection, Division of Fish and Wildlife, updated June 14, 2021, https://www.nj.gov/dep/fgw/bearseason_info.htm; Frank Kummer, "At 700 Pounds, Black Bear Killed in New Jersey Sets World Record, Says National Hunting Group," *Philadelphia Inquirer*, February 14, 2020.

＊30 Branden B. Johnson and James Sciascia, "Views on Black Bear Management in New Jersey," *Human Dimensions of Wildlife* 18, no. 4 (2013), 249–62.

＊31 Jon Mooallem, "Pedals the Bear," *New York Times*, December 21, 2016.

＊32 Daniel Hubbard, "NJ Releases Disturbing Photos Believed to Be 'Pedals,' Bear Feared Dead," Patch (website), October 17, 2016, https://patch.com/new-jersey/mahwah/state-releases-alleged-photos-killed-bipedal-bear-pedals.

＊33 Mooallem, "Pedals the Bear."

第８章　都市の生態学的な価値

＊1 Mark V. Barrow Jr., "Science, Sentiment, and the Specter of Extinction: Reconsidering Birds of Prey during America's Interwar Years," *Environmental History* 7, no. 1 (January 2002): 69–98.

＊2 John Hayes, "Bald Eagles Thriving in Southwestern Pa.," *Pittsburgh Post-Gazette*, April 24, 2016; Marcus Schneck, "How Bald Eagles Returned to Pennsylvania," *Patriot-News*, August 6, 2013.

＊3 John Hayes, "Burghers of a Feather," *Pittsburgh Post-Gazette*, March 12, 2013, B1.

＊4 James Parton, "Pittsburg [*sic*]," *The Atlantic,* January 1868.

＊5 Hayes, "Burghers of a Feather."

＊6 Hayes, "Burghers of a Feather."

＊7 John Hayes, "Bald Eagles Tending Second Egg," *Pittsburgh Post-Gazette*, February 25, 2014, B-2; "Eagle vs. Raccoon," *Pittsburgh Post-Gazette*, March 2, 2014, D-11.

＊8 John Hayes, "Close-Ups of Eagles Bring Dose of Reality," *Pittsburgh Post-Gazette*, March 9, 2014, A-1.

＊9 Molly Born, "Mom and Dad Know Best—Experts Trying to Calm Public Fear for Eaglets," *Pittsburgh Post-Gazette,* May 6, 2014, A-9; Mahita Gajanan, "Memorial Springs Up in Hays for Eagle Eggs That Didn't Hatch," *Pittsburgh Post-Gazette*, March 31, 2015, B-1.

＊10 John Hayes, "Hays Eagles' Feline Meal Disturbing for Some Viewers," *Pittsburgh Post-Gazette*, April 28, 2016, B-1; PixCams, "Hays bald eagles bring cat to nest for eaglets," YouTube, posted April 28, 2016, https://www.youtube.com/watch?v=PWc6aF6aMQ8.

＊11 Menno Schilthuizen, *Darwin Comes to Town: How the Urban Jungle Drives Evolution* (New York: Picador, 2018), 2; Sharon M. Meagher, ed., *Philosophy and the City: Classic to Contemporary Writings* (Albany: State University of New York Press, 2008), 20–39.

＊12 Meagher, *Philosophy and the City*, 72–80.

＊13 Victor E. Shelford, introduction to *Naturalist's Guide to the Americas*, ed. Shelford (Baltimore: Williams and Wilkins, 1926), 3. See also Jianguo Wu, "Urban Ecology and Sustainability: The State-of-the-Science and Future Directions," *Landscape and Urban Planning* 125 (May 2014):

People Looking at Animals in America (New York: Penguin, 2014), 62–71.

＊6 例として以下を参照。Joseph Dixon, "Food Predilections of Predatory and Fur-Bearing Mammals," *Journal of Mammalogy* 6, no. 1 (February 1925): 34–46.

＊7 Sterling D. Miller, "Population Management of Bears in North America," *Bears: Their Biology and Management* 8 (1990): 357–73.

＊8 Richard West Sellars, *Preserving Nature in the National Parks: A History* (New Haven: Yale University Press, 1999), 78–80.

＊9 Hank Hristienko and John E. McDonald Jr., "Going into the 21st Century: A Perspective on Trends and Controversies in the Management of the American Black Bear," *Ursus* 18, no. 1 (2007): 72–88.

＊10 David L. Garshelis and Hank Hristienko, "State and Provincial Estimates of American Black Bear Numbers versus Assessments of Population Trend," *Ursus* 17, no. 1 (2006): 1–7.

＊11 D. L. Lewis et al., "Foraging Ecology of Black Bears in Urban Environments: Guidance for Human-Bear Conflict Mitigation," *Ecosphere* 6, no. 8 (August 2015): article 141.

＊12 Jon P. Beckmann and Joel Berger, "Rapid Ecological and Behavioural Changes In Carnivores: The Responses of Black Bears (*Ursus americanus*) to Altered Food," *Journal of Zoology* 261, no. 2 (2003): 207–12; Clark E. Adams and Kieran J. Lindsey, *Urban Wildlife Management*, 2nd ed. (Boca Raton, FL: CRC Press, 2010), 258.

＊13 Beckmann and Berger, "Rapid Ecological and Behavioural Changes."

＊14 Jon P. Beckmann and Joel Berger, "Using Black Bears to Test Ideal-Free Distribution Models Experimentally," *Journal of Mammalogy* 84, no. 2 (May 2003): 594–606.

＊15 Wildlife Conservation Society, "Urban Black Bears 'Live Fast, Die Young,' " *ScienceDaily*, October 1, 2008, https://www.sciencedaily.com/releases/2008/09/080930135301.htm; Beckman and Berger, "Using Black Bears."

＊16 Kerry A. Gunther, "Bear Management in Yellowstone National Park, 1960–93," *Bears: Their Biology and Management* 9 (1994): 549–60.

＊17 Sellars, *Preserving Nature*; Joseph S. Madison, "Yosemite National Park: The Continuous Evolution of Human–Black Bear Conflict Management," *Human-Wildlife Conflicts* 2, no. 2 (Fall 2008): 160–67.

＊18 Gunther, "Bear Management."

＊19 Mary Meagher, "Bears in Transition, 1959–1970s," *Yellowstone Science* 16, no. 2 (2008): 5–12.

＊20 Galen A. Rowell, "Killing and Mistreating of National-Park Bears,"*New York Times*, March 23, 1974.

＊21 Rachel Mazur, *Speaking of Bears: The Bear Crisis and a Tale of Rewilding from Yosemite, Sequoia, and Other National Parks* (Guilford, CT: Rowman and Littlefield, 2015), 181.

＊22 Mazur, *Speaking of Bears*, 193.

＊23 John B. Hopkins et al., "The Changing Anthropogenic Diets of American Black Bears over the Past Century in Yosemite National Park," *Frontiers in Ecology and the Environment* 12, no. 2 (March 2014): 107–14.

＊24 Sarah K. Brown, "Black Bear Population Genetics in California: Signatures of Population Structure, Competitive Release, and Historical Translocation," *Journal of Mammalogy* 90, no. 5 (2009): 1066–74.

＊25 Bill Billiter, "6-Foot Bear Killed in Granada Hills," *Los Angeles Times*, June 22, 1982, C-1.

＊26 Stephen R. Kellert, "Public Attitudes toward Bears and Their Conservation," *Bears: Their Biology and Management* 9 (1994): 43–50.

tion," *Conservation Biology* 29, no. 4 (August 2015): 1246–48. ブレアの研究をさらに発展させた論文の例として、以下を参照。Solène Croci, Alain Butet, and Philippe Clergeau, "Does Urbanization Filter Birds on the Basis of Their Biological Traits?," *Condor* 110, no. 2 (2008): 223–40; several chapters in McCleery, Moorman, and Peterson, *Urban Wildlife Conservation*.

＊17 Joy Horowitz, "Urban Coyote: Prairie Wolf Has Become Citified," *Los Angeles Times*, August 19, 1980; S. R. Kellert, "American Attitudes toward and Knowledge of Animals: An Update," *International Journal for the Study of Animal Problems* 1, no. 2 (1980): 107.

＊18 Hal Herzog, *Some We Love, Some We Hate, Some We Eat: Why It's So Hard to Think Straight about Animals* (New York: HarperCollins, 2010), 1.（訳書あり）

＊19 Andrew Flowers, "The National Parks Have Never Been More Popular," FiveThirtyEight, May 25, 2016, https://fivethirtyeight.com/features/the-national-parks-have-never-been-more-popular/; Oliver R. W. Pergams and Patricia A. Zaradic, "Evidence for a Fundamental and Pervasive Shift Away from Nature-Based Recreation," Proceedings of the National Academy of Sciences 105, no. 7 (2008): 2295–300; Kristopher K. Robison and Daniel Ridenour, "Whither the Love of Hunting? Explaining the Decline of a Major Form of Rural Recreation as a Consequence of the Rise of Virtual Entertainment and Urbanism," *Human Dimensions of Wildlife* 17, no. 6 (2012): 418–36.

＊20 Benjamin Mueller and Lisa W. Foderaro, "A Coyote Eludes the Police on the Upper West Side," *New York Times*, April 22, 2015.

＊21 Heather Wieczorek Hudenko, William F. Siemer, and Daniel J. Decker, *Living with Coyotes in Suburban Areas: Insights from Two New York State Counties*, HDRU Series No. 08–8 (Ithaca, NY: Human Dimensions Research Unit, Department of Natural Resources, Cornell University, 2008), iv.

＊22 Christine Dell'Amore, "Downtown Coyotes: Inside the Secret Lives of Chicago's Predator," *National Geographic* (website), November 21, 2014, https://www.nationalgeographic.com/animals/article/141121-coyotes-animals-science-chicago-cities-urban-nation.

＊23 コヨーテ748の来歴はStan Gehrt and Shane McKenzieによる以下の文献に詳しい。"Human-Coyote Incident Report, Chicago, IL, April 2014," Max McGraw Wildlife Foundation, July 22, 2014, https://urbancoyoteresearch.com/sites/default/files/resources/Bronzeville%20Hazing%20Final%20Public%20Report.pdf.

第7章　大型獣と生息地を共有するということ

＊1 Greg Macgowan, "Oak ridge nj bipedal bear," YouTube, posted July 19, 2014, https://www.youtube.com/watch?v=vuJlsmTG2ik.

＊2 John McPhee, "Direct Eye Contact: The Most Sophisticated, Most Urban, Most Reproductively Fruitful of Bears," *New Yorker*, February 26, 2018.

＊3 北アメリカでは、ヒグマ（*Ursus arctos*）は亜種である「ハイイログマ」や「コディアックヒグマ」を含む。ニュージャージーのアメリカクロクマについての詳細は以下を参照。the New Jersey Division of Fish and Wildlife "Know the Bear Facts: Black Bears in New Jersey," updated January 21, 2021, https://www.state.nj.us/dep/fgw/bearfacts.htm.

＊4 Michael R. Pelton et al., "American Black Bear Conservation Action Plan (*Ursus americanus*)," in *Bears: Status Survey and Conservation Action Plan*, compiled by Christopher Servheen, Stephen Herrero, and Bernard Peyton (Gland, Switzerland: IUNC, 1999), 144–56.

＊5 Jon Mooallem, *Wild Ones: A Sometimes Dismaying, Weirdly Reassuring Story about Looking at*

第6章　都市で成功する動物

＊1　ケリー・キーン事件についての詳細は以下を参照。Stuart Wolpert, "Killing of Girl Underlines Urban Danger of Coyotes," *Los Angeles Times*, August 28, 1981.

＊2　Dan Flores, *Coyote America: A Natural and Supernatural History* (New York: Basic Books, 2016); Stephen DeStefano, *Coyote at the Kitchen Door: Living with Wildlife in Suburbia* (Cambridge, MA: Harvard University Press, 2010).

＊3　D. Gill, "The Coyote and the Sequential Occupants of the Los Angeles Basin," *American Anthropologist* 72 (1970): 821–26; William L. Preston, "Post-Columbian Wildlife Irruptions in California: Implications for Cultural and Environmental Understanding," in *Wilderness and Political Ecology: Aboriginal Influences and the Original State of Nature*, ed. Charles E. Kay and Randy T. Simmons (Salt Lake City: University of Utah Press, 2002), 111–40.

＊4　Joy Horowitz, "Urban Coyote: Prairie Wolf Has Become Citified," *Los Angeles Times*, August 19, 1980.

＊5　Sid Bernstein, "County Will Renew War against Coyote," *Los Angeles Times*, July 29, 1982.

＊6　"County Bans Coyote Feeding," *Los Angeles Times*, November 11, 1981.

＊7　Jianguo Wu, "Urban Ecology and Sustainability: The State-of-the-Science and Future Directions," *Landscape and Urban Planning* 125 (May 2014): 209–21.

＊8　Clark E. Adams and Kieran J. Lindsey, *Urban Wildlife Management*, 2nd ed. (Boca Raton, FL: CRC Press, 2010), 68.

＊9　Ethan H. Decker et al., "Energy and Material Flow through the Urban Ecosystem," *Annual Review of Energy and the Environment* 25 (2000): 685–740.

＊10　Kirsten Schwarz et al., "Abiotic Drivers of Ecological Structure and Function in Urban Systems," in *Urban Wildlife Conservation*, ed. Robert A. McCleery, Christopher E. Moorman, and M. Nils Peterson (New York: Springer, 2014), 55–74; S. T. A. Pickett et al., "Urban Ecological Systems: Linking Terrestrial Ecological, Physical, and Socioeconomic Components of Metropolitan Areas," *Annual Review of Ecology and Systematics* 32 (2001): 127–57.

＊11　Christopher J. Walsh et al., "The Urban Stream Syndrome: Current Knowledge and the Search for a Cure," *Journal of the North American Benthological Society* 24, no. 3 (2005): 706–23; Seth J. Wenger et al., "Twenty-Six Key Research Questions in Urban Stream Ecology: An Assessment of the State of the Science," *Journal of the North American Benthological Society* 28, no. 4 (2009): 1080–98.

＊12　Matthew Gandy, "Negative Luminescence," *Annals of the American Association of Geographers* 107, no. 5 (2017): 1090–107; Jeremy Zallen, *American Lucifers: The Dark History of Artificial Light* (Chapel Hill: University of North Carolina Press, 2019).

＊13　Travis Longcore, *Ecological Consequences of Artificial Night Lighting* (Washington, DC: Island Press, 2005).

＊14　J. L. Dowling, D. A. Luther, and P. P. Marra, "Comparative Effects of Urban Development and Anthropogenic Noise on Bird Songs," *Behavioral Ecology* 23, no. 1 (January–February 2012): 201–9.

＊15　S. S. Ditchkoff, S. T. Saalfeld, and C. J. Gibson, "Animal Behavior in Urban Ecosystems: Modifications due to Human-Induced Stress," *Urban Ecosystems* 9 (January 2006): 5–12.

＊16　Robert B. Blair, "Land Use and Avian Species Diversity along an Urban Gradient," *Ecological Applications* 6, no. 2 (1996): 506–19; J. D. Fischer et al., "Categorizing Wildlife Responses to Urbanization and Conservation Implications of Terminology: Terminology and Urban Conserva-

nia Gnatcatchers on the Palos Verdes Peninsula, 1993–1997," *West Birds* 29 (1988): 340–50.
＊4 Department of the Interior, U.S. Fish and Wildlife Service, "Determination of Threatened Status for the Coastal California Gnatcatcher," *Federal Register* 58 (March 20, 1993): 16742–57.
＊5 Daniel Pollak, *Natural Community Conservation Planning (NCCP): The Origins of an Ambitious Experiment to Protect Ecosystems* (Sacramento: California Research Bureau, March 2001).
＊6 Pollak, *Natural Community Conservation Planning.*
＊7 California Department of Fish and Wildlife, *Summary of Natural Community Conservation Plans (NCCPs)*, October 2017.
＊8 Cristina E. Ramalho and Richard J. Hobbs, "Time for Change: Dynamic Urban Ecology," *Trends in Ecology and Evolution* 27, no. 3 (March 2012): 179–88.
＊9 Galen Cranz, *The Politics of Park Design: A History of Urban Parks in America* (Cambridge, MA: MIT Press, 1982); Richard A. Walker, *The Country in the City: The Greening of the San Francisco Bay Area* (Seattle: University of Washington Press, 2013).
＊10 Walker, *Country in the City.*
＊11 Matthew Booker, *Down by the Bay: San Francisco's History between the Tides* (Oakland: University of California Press, 2020).
＊12 Walker, *Country in the City.*
＊13 Hadley Meares, "A Cast of Characters: The Creation of the Santa Monica Mountains National Recreation Area," KCET (website), June 25, 2015, https://www.kcet.org/shows/california-coastal-trail/a-cast-of-characters-the-creation-of-the-santa-monica-mountains-national-recreation-area.
＊14 Rebecca Coleen Retzlaff, "Planning for Broad-Based Environmental Protection: A Look Back at the Chicago Wilderness Biodiversity Recovery Plan," *Urban Ecosystems* 11, no. 1 (2008): 45–63.
＊15 Peter Simek, "Dallas May Now Get Two New Trinity River Parks," *D Magazine*, September 19, 2018, https://www.dmagazine.com/front-burner/2018/09/dallas-may-now-get-two-new-trinity-river-parks/.
＊16 Joe Trezza, "Where Coyotes, Foxes and Bobolinks Find a New Home: Freshkills Park," *New York Times*, June 9, 2016.
＊17 Cait Fields, Fresh Kills research director, interview with the author, New York, April 28, 2017; Kate Ascher and Frank O'Connell, "From Garbage to Energy at Fresh Kills," *New York Times*, September 15, 2013.
＊18 Virginia H. Dale, "Ecological Principles and Guidelines for Managing the Use of Land," *Ecological Applications* 10, no. 3 (June 2000): 639–70.
＊19 George R. Hess et al., "Integrating Wildlife Conservation into Urban Planning," in *Urban Wildlife Conservation,* ed. Robert A. McCleery, Christopher E. Moorman, and M. Nils Peterson (New York: Springer, 2014), 239–78.
＊20 Mark Hostetler and Sarah Reed, "Conservation Development: Designing and Managing Residential Landscapes for Wildlife," in McCleery, Moorman, and Peterson, *Urban Wildlife Conservation*, 279–302.
＊21 Cranz, *Politics of Park Design.*
＊22 *Natura Urbana: The Brachen of Berlin*, directed by Matthew Gandy (UK and Germany, 2017), 72 min.
＊23 エレン・ペヘク、ニューヨーク市公園野生生物専門官への著者によるインタビュー。2017年5月1日、ニューヨークにて。
＊24 Joseph Berger, "Reclaimed Jewel Whose Attraction Can Be Perilous," *New York Times*, July 19, 2010.

＊11 Larry R. Brown, M. Brian Gregory, and Jason T. May, "Relation of Urbanization to Stream Fish Assemblages and Species Traits in Nine Metropolitan Areas of the United States," *Urban Ecosystems* 12, no. 4 (2009): 391–416.

＊12 Rachel Surls and Judith B. Gerber, *From Cows to Concrete: The Rise and Fall of Farming in Los Angeles* (Los Angeles: Angel City Press, 2016).

＊13 Hall, *Cities of Tomorrow*, 303–8, 350.

＊14 Eric D. Stein et al., *Wetlands of the Southern California Coast: Historical Extent and Change Over Time*, Southern California Coastal Water Research Project Technical Report 826, San Francisco Estuary Institute Report 720, August 15, 2014.

＊15 Eric D. Stein et al., *Historical Ecology and Landscape Change of the San Gabriel River and Floodplain*, Southern California Coastal Water Research Project Technical Report 499, February 2007.

＊16 V. C. Radeloff et al., "Rapid Growth of the U.S. Wildland-Urban Interface Raises Wildfire Risk," *Proceedings of the National Academy of Sciences* 115, no. 13 (March 27, 2018): 3314–19.

＊17 Louis S. Warren, *The Hunter's Game: Poachers and Conservationists in Twentieth-Century America* (New Haven: Yale University Press, 1999).

＊18 Thomas Heberlein and Elizabeth Thomson, "Changes in U.S. Hunting Participation, 1980–90," *Human Dimensions of Wildlife* 1, no. 1 (1996): 85–86; U.S. Department of the Interior, U.S. Fish and Wildlife Service, and U.S. Department of Commerce, U.S. Census Bureau, *2016 National Survey of Fishing, Hunting, and Wildlife-Associated Recreation*, available at https://www.census.gov/content/dam/Census/library/publications/2018/demo/fhw16-nat.pdf.

＊19 Sterba, *Nature Wars*, 89–90.

＊20 U.S. Department of the Interior, Fish and Wildlife Service, and U.S. Department of Commerce, U.S. Census Bureau, *2006 National Survey of Fishing, Hunting, and Wildlife-Associated Recreation*, available at https://www.census.gov/content/dam/Census/library/publications/2006/demo/fhw06-nat_rev_new.pdf.

＊21 Côté et al., "Ecological Impacts of Deer Overabundance."

第５章　生息地を保全する

＊1 Lee Jones, "Cooperation Is Key," *Los Angeles Times*, August 28, 1991. 私は本書で「南カリフォルニア」をサンタバーバラ、ベンチュラ、ロサンゼルス、リバーサイド、サンバーナーディーノ、オレンジ、インペリアル、サンディエゴの各郡を含む地域を指す言葉として用いている。この地域はカリフォルニアブユムシクイの生息地である沿岸セージ低木地域よりかなり大きい。南カリフォルニアにおけるカリフォルニアブユムシクイと開発に関する長期論争については以下を参照。Audrey L. Mayer, *Bird versus Bulldozer: A Quarter-Century Conservation Battle in a Biodiversity Hotspot* (New Haven: Yale University Press, 2021).

＊2 J. L. Atwood and D. R. Bontrager, "California Gnatcatcher (*Polioptila californica*)," in the Cornell Lab of Ornithology's Birds of the World (database), ed. A. F. Poole and F. B. Gill, https://birdsoftheworld.org/bow/home; Joseph Grinnell, "Birds of the Pacific Slope of Los Angeles County," *Pasadena Academy of Sciences* 11 (1898): 50; Joseph Grinnell and Alden H. Miller, "The Distribution of Birds of California," *Pacific Coast Avifauna* 27, no. 1 (1944): 369–70.

＊3 J. T. Rotenberry and T. A. Scott, "Biology of the California Gnatcatcher: Filling in the Gaps," *West Birds* 29 (1988): 237–41; J. L. Atwood et al., "Distribution and Population Size of Califor-

* 8　Simon Parker, *Urban Theory and the Urban Experience: Encountering the City* (New York: Routledge, 2015).
* 9　Parker, *Urban Theory*; Bill Steigerwald, "City Views: Urban Studies Legend Jane Jacobs on Gentrification, the New Urbanism, and Her Legacy," *Reason*, June 2001.
* 10　Ian L. McHarg, *Design with Nature* (New York: J. Wiley, 1992)（訳書あり）; Frederick Steiner, "Healing the Earth: The Relevance of Ian McHarg's Work for the Future," *Philosophy and Geography* 23, no. 2 (February 2004): 75–86.
* 11　"Central Park's Creator Tells of Its Beginning," *New York Times*, August 11, 1912; Roy Rosenzweig and Elizabeth Blackmar, *The Park and the People: A History of Central Park* (Ithaca, NY: Cornell University Press, 1992).
* 12　Paul H. Gobster, "Urban Park Restoration and the 'Museumification' of Nature," *Nature and Culture* 2, no. 2 (Autumn 2007): 95–114; Matthew Klingle, Emerald City: *An Environmental History of Seattle* (New Haven: Yale University Press, 2007).
* 13　Henry W. Lawrence, *City Trees: A Historical Geography from the Renaissance through the Nineteenth Century* (Charlottesville: University of Virginia Press, 2008).
* 14　Cook County Forest Preserve District Act (70 ILCS 810/), sec. 7, available at https://www.ilga.gov/legislation/ilcs/ilcs3.asp?ActID=876& ChapterID=15; Liam Heneghan et al., "Lessons Learned from Chicago Wilderness—Implementing and Sustaining Conservation Management in an Urban Setting," *Diversity* 4 (2012): 74–93.
* 15　Gerard T. Koeppel, *Water for Gotham: A History* (Princeton: Princeton University Press, 2001).

第４章　郊外の成長と狩猟の衰退がもたらしたもの

* 1　Ralph H. Lutts, "The Trouble with Bambi: Walt Disney's *Bambi* and the American Vision of Nature," *Forest and Conservation History* 36, no. 4 (October 1992): 160–71.
* 2　Miles Traer, "The Nature of Disney," interview with Richard White, May 13, 2016, in *Generation Anthropocene*, produced by Leslie Chang, Mike Osborne, and Miles Traer, podcast, 29:45.
* 3　Lutts, "Trouble with Bambi"; Jim Sterba, *Nature Wars: The Incredible Story of How Wildlife Comebacks Turned Backyards into Battlegrounds* (New York: Broadway, 2013).
* 4　Aldo Leopold, Lyle K. Sowls, and David L. Spencer, "A Survey of Over-populated Deer Ranges in the United States," *Journal of Wildlife Management* 11, no. 2 (April 1947): 162–77.
* 5　Steeve D. Côté et al., "Ecological Impacts of Deer Overabundance," *Annual Review of Ecology, Evolution, and Systematics* 35, no. 1 (2004): 113–47.
* 6　Timothy J. Gilfoyle, "White Cities, Linguistic Turns, and Disneylands: The New Paradigms of Urban History," *Reviews in American History* 26, no. 1 (1998): 175–204.
* 7　Peter Hall, *Cities of Tomorrow: An Intellectual History of Urban Planning and Design in the Twentieth Century*, 3rd ed. (Oxford: Blackwell, 2002), 319.
* 8　Hall, *Cities of Tomorrow*, 316–28; James F. Peltz, "It Started with Levittown in 1947: Nation's 1st Planned Community Transformed Suburbia," *Los Angeles Times*, June 21, 1988.
* 9　Adam Rome, *The Bulldozer in the Countryside: Suburban Sprawl and the Rise of American Environmentalism* (Cambridge: Cambridge University Press, 2001); Kenneth T. Jackson, *Crabgrass Frontier: The Suburbanization of the United States* (Oxford: Oxford University Press, 1987).
* 10　Stephen DeStefano and Richard M. DeGraaf, "Exploring the Ecology of Suburban Wildlife," *Frontiers in Ecology and the Environment* 1, no. 2 (March 2003): 95–101; Hall, *Cities of Tomorrow*, 330–33.

bridge, MA: Harvard University Press, 2014), 161–72.

＊8 Frederick L. Brown, *The City Is More Than Human: An Animal History of Seattle* (Seattle: University of Washington Press, 2016), 82.

＊9 Jessica Wang, "Dogs and the Making of the American State: Voluntary Association, State Power, and the Politics of Animal Control in New York City, 1850–1920," *Journal of American History* 98, no. 4 (2012):998–1024.

＊10 McShane and Tarr, *Horse in the City*, 105.

＊11 McNeur, *Taming Manhattan*, 101–20; McShane and Tarr, *Horse in the City*, 26.

＊12 McNeur, *Taming Manhattan*, 136–39; Atkins, *Animal Cities*, 95–103.

＊13 Melanie A. Kiechle, *Smell Detectives: An Olfactory History of Nineteenth-Century Urban America* (Seattle: University of Washington Press, 2017), 5.

＊14 "The Water Question Again," Chicago Tribune, March 5, 1862, quoted in Kiechle, *Smell Detectives*, 143–55.

＊15 Dawn Day Biehler, *Pests in the City: Flies, Bedbugs, Cockroaches, and Rats* (Seattle: University of Washington Press, 2013).

＊16 McShane and Tarr, *Horse in the City*, 103, 128–29, 169; Horse Association of America, "Grain Surplus due to Decline in Horses" leaflet (1930), National Agricultural Library.

＊17 McNeur, *Taming Manhattan*, 170.

＊18 McNeur, *Taming Manhattan*, 19–20.

＊19 Katherine C. Grier, *Pets in America: A History* (Chapel Hill: University of North Carolina Press, 2010).

＊20 Andrew A. Robichaud, *Animal City: The Domestication of America*(C mbridge, MA: Harvard University Press, 2019), 170.

＊21 Kiechle, *Smell Detectives*.

第３章　都市の緑が野生生物を繁栄させた

＊1 "New-York City: An Unusual Visitor," *New-York Daily Times*, July 4, 1856, p. 6; Etienne Benson, "The Urbanization of the Eastern Gray Squirrel in the United States," *Journal of American History* 100, no. 3 (2013): 691–710.

＊2 Benjamin Franklin to Georgiana Shipley, September 26, 1772, in *The Two-Hundredth Anniversary of the Birth of Benjamin Franklin: Celebration by the Commonwealth of Massachusetts and the City of Boston in Symphony Hall, Boston, January 17, 1906* ([Boston]: Printed by order of the Massachusetts General Court and the Boston City Council, 1906), 106.

＊3 Benson, "Urbanization of the Eastern Gray Squirrel," 694.

＊4 Vernon Bailey, "Animals Worth Knowing around the Capitol" (1934), unpublished manuscript, p. 1, folder 5, box 7, record unit 7267, Vernon Orlando Bailey Papers 1889–1941 and undated, Smithsonian Institution Archives, Washington, DC, quoted in Benson, "Urbanization of the Eastern Gray Squirrel," 691.

＊5 Peter Hall, *Cities of Tomorrow: An Intellectual History of Urban Planning and Design in the Twentieth Century*, 3rd ed. (Oxford: Blackwell, 2002).

＊6 Benjamin Heber Johnson, *Escaping the Dark, Gray City: Fear and Hope in Progressive-Era Conservation* (New Haven: Yale University Press, 2017).

＊7 Justin Martin, *Genius of Place: The Life of Frederick Law Olmsted*(New York: Hachette Books, 2011).

＊6　William Cronon, *Nature's Metropolis: Chicago and the Great West*(New York: W. W. Norton, 2009).

＊7　Ethan H. Decker et al., "Energy and Material Flow through the Urban Ecosystem," *Annual Review of Energy and the Environment* 25 (2000): 685–740.

＊8　Thomas Edwin Farish, *History of Arizona*, vol. 6 (San Francisco: Filmer Brothers Electrotype, 1918), 70; Charles L. Camp, "The Chronicles of George C. Yount: California Pioneer of 1826," *California Historical Society Quarterly* 2, no. 1 (April 1923): 3–66.

＊9　Karin Bruilliard, "Harvey Is Also Displacing Snakes, Fire Ants and Gators," *Washington Post*, August 28, 2017.

＊10　Clark County Multiple Species Habitat Conservation Plan (2000), https://www.clarkcountynv.gov/government/departments/environment_and_sustainability/desert_conservation_program/current_mshcp.php.

＊11　生物多様性が「非常に高い」都市部は、ザ・ネイチャー・コンサーバンシー（The Nature Conservancy）から公開されている空間データを用いて、著者がマッピングした。また、以下を参照。Erica N. Spotswood et al., "The Biological Deserts Fallacy: Cities in Their Landscapes Contribute More Than We Think to Regional Biodiversity," *BioScience* 71, no. 2 (February 2021): 148–60; Mark W. Schwartz, Nicole L. Jurjavcic, and Joshua M. O'Brien, "Conservation's Disenfranchised Urban Poor," *BioScience* 52, no. 7 (2002): 601–6; Sanderson, *Mannahatta,* 142.

＊12　Norbert Müller and Peter Werner, "Urban Biodiversity and the Case for Implementing the Convention on Biological Diversity in Towns and Cities," in *Urban Biodiversity and Design*, ed. Norbert Müller, Peter Werner, and John G. Kelcey (Chichester, UK: Wiley-Blackwell, 2010), 3–34; Gary W. Luck, "A Review of the Relationships between Human Population Density and Biodiversity," *Biological Reviews* 82, no. 4 (2007): 607–45.

＊13　W. Jeffrey Bolster, *The Mortal Sea* (Cambridge, MA: Harvard University Press, 2012).

＊14　David R. Foster et al., "Wildlife Dynamics in the Changing New England Landscape," *Journal of Biogeography* 29, nos. 10–11 (October 2002): 1337–57.

第２章　家畜が都市を支配していた時代

＊1　Ashley Soley-Cerro, "Runaway Cow Captured in Brooklyn after Hours-Long Chase," PIX 11, October 17, 2017, https://pix11.com/news/watch-cow-on-the-loose-in-brooklyn/.

＊2　Alex Silverman, "Child Injured after Bull Runs Loose in Prospect Park, Brooklyn," WLNY–CBS New York, October 17, 2017, https://newyork.cbslocal.com/2017/10/17/cow-on-the-loose-in-brooklyn/.

＊3　Ellen McCarthy, "Jon Stewart Just Saved a Runaway Bull in Queens. Here's the Backstory," *Washington Post*, April 2, 2016.

＊4　Peter J. Atkins, *Animal Cities: Beastly Urban Histories* (Farnham, Surrey: Ashgate, 2012).

＊5　Thomas Jefferson, *Notes on the State of Virginia*, "Query XIX" (1787)（トマス・ジェファーソン著、中屋健一訳、『ヴァジニア覚え書』、岩波書店、1972）; Jefferson to Uriah Forrest, with Enclosure, December 31, 1787, available at https://founders.archives.gov/documents/Jefferson/01-12-02-0490.

＊6　Clay McShane and Joel A. Tarr, *The Horse in the City: Living Machines in the Nineteenth Century* (Baltimore: Johns Hopkins University Press, 2007).

＊7　Catherine McNeur, *Taming Manhattan: Environmental Battles in the Antebellum City* (Cam-

原註

序論　猛獣たちのいるところは、今

＊1　Sharon M. Meagher, ed., *Philosophy and the City: Classic to Contemporary Writings* (Albany: State University of New York Press, 2008).

＊2　M. Grooten and R. E. A. Almond, eds., *Living Planet Report—2018: Aiming Higher* (Gland, Switzerland: World Wildlife Fund, 2018); Kenneth V. Rosenberg et al., "Decline of the North American Avifauna," *Science* 366, no. 6461 (October 4, 2019), 120–24; E. S. Brondizio et al., eds., *Global Assessment Report on Biodiversity and Ecosystem Services of the Intergovernmental Science-Policy Platform on Biodiversity and Ecosystem Services* (Bonn, Germany: IPBES, 2019).

＊3　以下の文献を参照。Michael L. McKinney, "Urbanization as a Major Cause of Biological Homogenization," *Biological Conservation* 127 (2006): 247–60; Jim Sterba, *Nature Wars: The Incredible Story of How Wildlife Comebacks Turned Backyards into Battlegrounds* (New York: Broadway, 2013).

＊4　たとえば、以下を参照。Emma Marris, *Rambunctious Garden: Saving Nature in a Post-wild World* (New York: Bloomsbury, 2011)（訳書あり。以下、参考文献に訳書が掲載されている場合は「訳書あり」と記す）; Menno Schilthuizen, *Darwin Comes to Town: How the Urban Jungle Drives Evolution* (New York: Picador, 2018)（訳書あり）; Chris D. Thomas, *Inheritors of the Earth: How Nature Is Thriving in an Age of Extinction* (New York: Penguin, 2018)（訳書あり）

＊5　U.S. Census Bureau, *Geographic Areas Reference Manual* (Washington, DC: U.S. Department of Commerce, Economics and Statistics Administration, and Bureau of the Census, 1994), ch. 12; N. E. McIntyre, K. Knowles-Yánez, and D. Hope, "Urban Ecology as an Interdisciplinary Field: Differences in the Use of 'Urban' between the Social and Natural Sciences," *Urban Ecosystems* 4 (2000): 5–24; Karen C. Seto et al., "A Meta-analysis of Global Urban Land Expansion," *PLOS One* 6, no. 8 (2011): 1–9.

＊6　Peter Coates, *American Perceptions of Immigrant and Invasive Species: Strangers on the Land* (Berkeley: University of California Press, 2007).

第１章　都市は生命あふれる場所にこそつくられた

＊1　Eric W. Sanderson, *Mannahatta: A Natural History of New York City* (New York: Abrams, 2009), 138.

＊2　Sanderson, *Mannahatta*, 36–39.

＊3　Jelena Vukomanovic and Joshua Randall, "Research Trends in U.S. National Parks, the World's 'Living Laboratories.'" *Conservation Science and Practice* 3, no. 6 (2021): e414.

＊4　William J. Broad, "How the Ice Age Shaped New York," *New York Times*, June 5, 2018.

＊5　Sanderson, *Mannahatta*.

【ラ・ワ行】

【マ行】

【ヤ行】

【ナ行】

【ハ行】

【タ行】

【カ行】

索引

著者紹介

ピーター・アラゴナ（Peter S. Alagona）

アメリカの環境史家、保全科学者、自然文化地理学者で、カリフォルニア大学サンタバーバラ校の環境学教授。

2011年に、21世紀の学術的リーダーになる可能性を秘めた研究者を支援する米国国立科学財団（NSF）主催のCAREER助成金を獲得した。絶滅危惧種についての研究に加え、現在は野生生物との共存や失われた種の再導入といった課題に取り組んでいる。

カリフォルニアにグリズリー（ハイイログマ）を再導入することを目指して立ち上げられたCalifornia Grizzly Research Networkの創立者兼ファシリテーター。

本書はカリフォルニアの絶滅危惧種について綴った最初の著書『After the Grizzly』（2013）から約10年を経て書き上げられた著者の第2作である。

訳者紹介

川道美枝子（かわみち　みえこ）

1947年北海道生まれ。関西野生生物研究所代表。立命館大学歴史都市防災研究所客員研究員。リス類の生態研究をするとともに外来生物、特にアライグマ・ハクビシンの有効な対策を研究。北海道大学理学部卒、同大学院博士課程単位取得退学。理学博士。

森田哲夫（もりた　てつお）

1950年三重県生まれ。小型哺乳類で見られる日内休眠の生態学的役割について研究。京都大学大学院農学研究科博士課程単位取得退学。宮崎大学名誉教授。環境カウンセラー。宮崎大学フロンティア科学総合研究センタープロジェクト研究員。

細井栄嗣（ほそい　えいじ）

1962年静岡県生まれ。農林業加害獣と希少動物を対象にシカ、イノシシ、クマ、ヤマネなどの生態を研究。京都大学農学部を経て博士課程はコロラド州立大学で野生動物学を学ぶ。博士（Range Science：牧野科学）。山口大学大学院准教授。

正木美佳（まさき　みか）

1975年長野県生まれ。生息地域差による小型哺乳類の休眠の多様性に関して研究。宮崎大学農学研究科修士課程修了。九州保健福祉大学薬学部講師。

都市に侵入する獣（ケモノ）たち

クマ、シカ、コウモリとつくる都市生態系

2024年3月22日　初版発行

著者　ピーター・アラゴナ
訳者　川道美枝子＋森田哲夫＋細井栄嗣＋正木美佳
発行者　土井二郎
発行所　築地書館株式会社
東京都中央区築地 7-4-4-201　〒104-0045
TEL 03-3542-3731　FAX 03-3541-5799
http://www.tsukiji-shokan.co.jp/
振替 00110-5-19057
印刷・製本　シナノ印刷株式会社
装丁・装画　秋山香代子

ISBN 978-4-8067-1662-4